배

PEAR

국립원예특작과학원 著

21세기사

배 [PEAR]

Contents

제V장 과원 관리 기술

제VI장 생리장해와 병해충 방제

제VII장 수확과 저장

제VIII장 배 경영

제 I 장
일반 현황

01 배의 **특성**

Pear cultivation

　배나무는 장미과에 속하는 낙엽성으로 수명은 500년 이상 되고 나무의 높이가 20m 이상 자라는 큰 나무이다. 꽃은 잎이 전개되기 전에 피며 백색으로 꽃잎은 5매, 암술은 5개, 수술은 20~30개 정도이다. 과실은 칼슘, 나트륨, 칼륨 함량이 많고 인이나 유기산 등의 함유량이 적어 중요한 알칼리성 식품에 속한다. 배나 배 가공품을 많이 먹으면 혈액을 중성으로 유지시켜 건강을 유지하는 데 효과적일 뿐아니라 천식 및 숙취 해소와 육류를 부드럽게 하는 기능이 있다.

(그림 1-1) 집 뜰 한켠에서 함께해온 재래배(원주)

　배 속(屬) 식물의 원산지는 중국 서부와 남서부로 알려져 있다. 여기에서 점차 세계로 전파되어 한쪽은 동아시아를 경유하여 한국과 일본으로, 다른 한쪽은 서부로 이동하면서 일부는 중앙 아시아와 내륙으로, 또 다른 일부는 소아시아, 서부 유라시아 쪽으로 이동하였다. 현재는 중국, 한국, 일본을 중심으로 한 중국배(북방형 동양배)와 한국배(일본배, 남방형 동양배)가 정착되었다. 우즈베키스탄, 인도, 파키스탄 지역을 포함하는 중앙아시아에는 서양배와의 교잡종이, 코카서스 산맥과 소아시아 지역을 중심축으로 서양배 재배 품종이 발달하여 분포되었다.

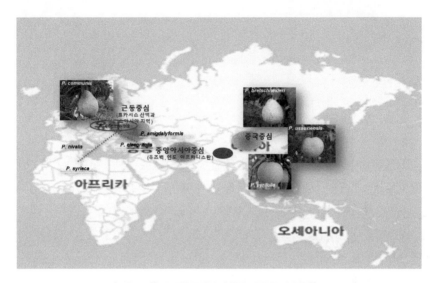

(그림 1- 2) 배 기원 중심지 및 주요 배 종의 지리적 분포

02 세계의 배 **생산 동향**

Pear cultivation

2018년 세계 배 재배 면적은 138만 1,925ha로 16년 대비 12.8% 감소하였고 같은 기간 단위수량도 0.5% 낮아져 생산량은 2,373만 3,772톤으로 13.2% 줄어들었다(표 1-1). 2018년 배의 주요 수출국은 중국, 네덜란드, 아르헨티나 순으로 각각 세계 수출량의 21.2%, 15.2%, 10.7%를 차지하였으며, 주요 수입국은 독일, 러시아, 인도네시아, 네덜란드 순이었다.

표 1-1 세계 배 생산 및 수출동향(FAOSTAT)

연도 구분	2006	2008	2010	2012	2014	2016 (A)	2018 (B)	증감률 (B-A/A) ×100
재배 면적(천 ha)	1,591	1,562	1,546	1,566	1,575	1,585	1,382	-12.8
생산량(천 톤)	19,940	21,127	22,558	24,301	26,003	27,346	23,734	-13.2
단위수량(톤/ha)	12.5	13.5	14.6	15.5	16.5	17.3	17.2	-0.5
생산액(백만 불)*	12,041	12,574	12,970	13,629	14,801	13,190	13,472	21.4

* Gross Production Value (constant 2014-2016 million US$)

2018년 세계 배 생산량 2,373만 3,772톤 중 세계의 76.4%를 차지하고 있는 곳은 아시아로 1,814만 3,606톤이 생산되었다. 그중 중국은 1,607만 8,000톤을 생산하여 세계 생산량의 67.7%를 차지하고 있다. 그다음 인도, 일본, 한국이 각각 1.3%, 1.1%, 0.9%를 차지하였다. 유럽은 세계 생산량의

12.8%를 차지하며 이탈리아, 터키, 네덜란드, 벨기에 등이 주요 생산국이다. 이외에 미국, 아르헨티나, 남아프리카 등이 서양배의 주요 산지이며 오세아니아 지역에서는 호주와 뉴질랜드가 주 생산지이다(표 1-2).

표 1-2 2018년 지역 및 국가별 배 생산 현황(FAOSTAT)

지역 및 국가	생산액(천 불)	생산액 비중 (%)	생산량(천 톤)	생산량 비중 (%)
세계	13,472,235	100	23,734	100
아시아	**9,911,389**	**73.6**	**18,144**	**76.4**
중국	7,984,112	59.3	16,078	67.7
인도	131,433	1.0	318	1.3
일본	741,519	5.5	259	1.1
한국	297,501	2.2	203	1.0
유럽	**2,097,069**	**15.6**	**3,045**	**12.8**
이탈리아	510,865	3.8	717	3.0
터키	374,474	2.8	519	2.2
네덜란드	243,828	1.8	402	1.7
벨기에	228,018	1.7	370	1.6
스페인	205,660	1.5	332	1.4
아메리카	**812,046**	**6.0**	**1,685**	**7.1**
미국	489,596	3.6	731	3.1
아르헨티나	66,011	0.5	566	2.4
칠레	179,112	1.3	281	1.2
아프리카	**550,122**	**4.1**	**733**	**3.1**
남아프리카	196,349	1.5	398	1.7
알제리	259,151	1.9	200	0.8
오세아니아	**101,599**	**0.8**	**127**	**0.5**
호주	87,154	0.6	104	0.4
뉴질랜드	14,446	0.1	23	0.1

03 우리나라의 배 재배 역사

Pear cultivation

우리나라에서는 삼국시대 이전부터 야생종 배가 재배되고 있었다. 제민 요술(530~550)에 배를 재배한다고 되어 있고 고려 명종 18년에는 배나무를 심어 소득을 높이도록 나라에서 권장했다는 사실이 있다. 조선 성종(1469~ 1494) 때에는 배가 주요 과수로 재배되어, 품질이 좋은 상품을 골라서 진상 품으로 나라에 바쳤다는 기록도 있다.

청천양화록(강희안 저서)에 의하면 거름 주기, 관수 등의 기술도 상당한 수준에 이르렀던 것으로 보인다. 산림경제서(1664~1715)에서 원예에 관한 부분을 보면 이식 방법, 실생법, 삽목법, 해충방제법 등의 재배 기술이 설명 되어 있다. 19세기 작품인 춘향전에는 '청실배'라는 이름이 나오며, 구한말에 '황실배', '청실배' 등과 같은 명칭이 있어 일반적으로 널리 재배되었음을 짐 작하게 한다.

그 후 재래종 배의 명산지는 봉산, 함흥, 안변, 금화, 수원, 평양 등이었고 품질이 우수한 품종은 '황실배', '청실배', '함흥배', '봉화배' 등이 알려졌다. 이 중에서 청실배는 경기도 구리시 묵동에서 재배되었는데 감미가 높고 품질 이 우수하여 구한말까지 왕실에 진상되었으며, 최근까지 먹골배로 명성을 유 지하고 있다.

04 육성 품종 재배 경위

Pear cultivation

우리나라에서 현재와 같은 배 품종의 재배는 약 110년 전인 1906년에 구한말 정부가 지금의 뚝섬에 원예모범장을 설치하여 12ha의 시험 재배지에 '장십랑', '금촌추', '만삼길', '태평조생', '적룡'과 서양배 '바틀렛(Bartlett)' 6품종을 재식하면서 시작되었다. 이후 1908년까지 일본, 중국, 미국 등에서 40여 품종을 도입하여 재래종 59품종과 함께 품종비교시험 및 품종 간 교배친화성 시험을 하였다.

1929년에는 '이십세기', '압리', '자리' 등을 교배 모본으로 하여 1941년 22품종이 육성 및 개발되었다. 이후 1953년 중앙원예기술원 설치와 함께 배에 관한 연구도 활발히 진행되기 시작하였다.

1954년부터는 교배 육종 사업이 시작되었는데 당시 교배친은 '장십랑', '금촌추', '이십세기', '청실배' 등이 이용되었다. 한국재래종 '청실리'를 일본 품종 '장십랑'과 교배한 계통 중에서 1968년 '단배'를 국내 최초로 육성하였다. '단배' 품종은 북방형 동양배와 남방형 동양배의 종간 교잡종에 해당되며 대과, 고감미로서 식미가 뛰어나다. 내병성이 강해 육종소재로 많이 이용되어 한국 배 육성 수준을 한 차원 올려놓았으나 재배 현장에 보급은 미진하였다.

이후 농촌진흥청 국립원예특작과학원에서 육성된 '황금배', '감천배', '추황배' 등이 농가에 보급되기 시작하였다. 1990년대 초에 개발된 '화산', '원황' 등 국내 육성 품종의 보급이 점차 확대되어 '원황'은 우리나라 대표 조생종 품종으로 자리매김하였다. 최근에는 뛰어난 식미를 가진 '만풍배', '한아름', '슈퍼골드', '신화' 등 추석에 출하할 수 있는 품종들이 개발되어 보급되고 있다. 껍질째 먹을 수 있는 '스위트스킨', '조이스킨' 등과 신선 편이 가공에 적합한 '설원', 향기가 좋은 '진향' 등 2019년까지 다양한 숙기와 과피색, 기능성을 가진 39개 품종이 육성되어 소비자가 원하는 과실을 생산할 수 있는 기반이 마련되었다.

05 우리나라 재배 품종의 변천

Pear cultivation

우리나라의 배 재배 품종 구성 비율은 1954년에 '장십랑', '금촌추', '만삼길' 3품종이 전체 재배 면적의 80% 이상을 차지하였다. 그러나 1970년대부터 '신고' 재배 면적이 급증하면서 '장십랑'과 '만삼길', '금촌추'를 대체하여 1997년에는 74%를 차지하였고, 이후 편중이 더욱 심화되어 2014년도에는 83%까지 증가하였다.

1980년대 후반부터 신품종 육성 사업이 활발해지면서 국내 육성 품종인 '황금배', '추황배'를 심기 시작했고 1990년대에 들어 '감천배', '화산', '원황' 등이 '장십랑', '만삼길' 등 품질이 열악한 기존 품종을 대체하였다. 신품종들은 '신고'보다 식미가 우수하여 소비자들의 선호도가 높지만 수확량이 적고 저장성이 약해 생산자가 재배를 기피하고 있어 보급에 어려움을 겪고 있다.

소비자와 생산자의 요구가 반영된 다양한 기능을 가진 품종과 재배가 용이한 생력형 품종의 육성이 추진되고 있다. 그 결과 껍질째 먹는 배나 신선편이 가공에 적합한 배 등 가시적인 성과가 얻어지고 있다.

06 연도별 배 재배 면적 및 생산량

Pear cultivation

가 생산동향

최근 약세 지속으로 농가 수익성이 하락하였고 작목전환, 도시 개발, 농가 고령화 등으로 폐원 면적이 증가하면서 면적의 지속적인 감소로 배 재배 면적은 2000년 이후 연평균(2000~2017년) 5% 감소하였다. 2017년 배 재배 면적은 전년보다 3% 감소한 1만 861ha이었다. 배 생산량은 2000년 이후 전체 재배 면적에서 성목 면적이 차지하는 비중이 늘면서 증가하여 2008년 47만 톤으로 역대 최대치를 기록하였다. 이후 태풍, 저온 피해 등 기상 이변에 따른 단수 변동으로 생산량은 증감을 반복하고 있으나 전반적으로는 재배 면적 감소로 줄어드는 추세이다.

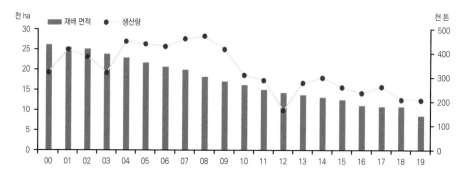

(그림 1-3) 배 재배 면적과 생산량
※ 출처 : KREI, 2020 농업전망

2016~2017년에 국내 육성 품종 보급 사업이 시행되면서 이른 추석에 '신고'를 대체할 수 있는 '신화', '화산', '한아름' 등의 품종갱신 및 식재가 소폭 늘어나는 추세이다. 이뿐만 아니라 껍질째 먹는 배인 '조이스킨', 당도가 높은 '창조' 등 이른 추석용 품종이 도입되고 있다.

나 소비 및 소비자 구매행태

1인당 배 연간 소비량은 2000년 6.7kg에서 2008년 9.2kg까지 증가하였으나, 이후 재배 면적 및 생산량 감소로 4kg 내외 수준까지 감소하였다. 2017년 1인당 배 소비량은 4.6kg으로 전년보다 소폭 증가한 것으로 추정된다(그림 1-4).

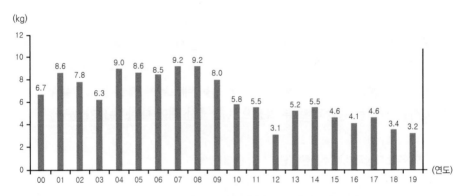

(그림 1-4) 1인당 배 연간 소비량 (※출처 : KREI, 2020 농업전망)
주: 1인당 소비량=(생산량+수입량-수출량)/인구 수

소비자는 대부분 잘 알려져 있는 품종을 소비하는 경향이 있으며, 인지하고 있는 품종에 대한 만족도가 높은 편이다. 따라서 '신고' 이외에도 타 품종에 대한 소비자의 인지도를 높이기 위해서는 품종 특성을 홍보할 수 있는 차별화된 마케팅 전략 및 판촉 행사 등이 필요하다. 소비자의 배 선택 기준에서 '맛'이 가장 우선시되므로 그해 처음 먹어본 배의 맛이 향후 구입 의향에도 크게 영향을 미쳐 수확기 및 저장 과실 가격에도 영향을 줄 수 있다.

다 수출동향

배 수출은 국내 가격의 안정, 대만 시장의 수출 재개, 대미 현지 검역 물량의 증대, 유럽 등 주 수출국에서 현지 판촉 전 홍보행사 성과 등에 의해 수출량이 꾸준히 증가하여, 매년 2만 톤 내외의 배가 꾸준히 수출되고 있다(표 1-3).

표 1-3 국내 배 수출동향

구분	2004	2006	2008	2010	2012	2014	2016	2018	2019
수출물량 (톤)	16,914	16,300	23,668	23,048	15,709	23,142	25,607	32,947	30,730
수출금액 (천 달러)	35,238	36,623	47,384	54,054	49,918	62,318	65,356	80,059	83,271

미국은 신선 배의 주 수출국으로 수출은 증가하였으나 중국산과의 가격경쟁 심화로 수출단가가 떨어졌다(표 1-4). 최근에는 베트남, 말레이시아 등 동남아시아 국가로의 수출이 크게 증가하고 있는데 이들 국가는 기후적인 특성상 수분이 많은 과일을 선호하는 경향이 있다. 특히 베트남은 매월 음력 1일과 15일에 제사를 지내는 관습과 한류 열풍으로 한국산 배에 대한 수요가 높다.

표 1-4 주요 대상국별 배 수출현황(단위 : 톤, 천 달러, %)

구분	2018(A)		2019(B)		증감률(B/A)	
	물량	금액	물량	금액	물량	금액
합계	32,947	80,059	30,730	83,271	△6.7	4.0
미국	12,052	35,595	11,238	34,222	△6.8	△3.9
대만	9,286	21,283	10,084	26,610	8.6	25.0
베트남	8,984	16,450	7,096	16,054	△21.0	△2.4
홍콩	801	1,748	470	1,111	△41.3	△36.4
캐나다	386	1,167	402	1,300	4.1	11.4

(※출처 : 농식품부, 농림수산식품 수출입동향 및 통계 2017)

제Ⅱ장
배 품종 육성과 특성

01 품종의 **재배 동향**

Pear cultivation

배의 기본종(基本種)은 24종으로 보고되어 있다(미국농업청, 2015). 이 중 생식용으로 널리 재배되는 종은 극동아시아에 퍼져 있는 남방형 동양배(*Pyrus pyrifolia*), 중국의 북방형 동양배(*P. ussuriensis*)와 유럽, 미국, 오세아니아 등 가장 넓은 지역에서 재배되는 서양배(*P. communis*)이다(부록 3).

우리나라와 일본에서 개량된 품종들은 남방형 동양배를 기본으로 하고 있으며 남방형 동양배와 북방형 동양배의 자연교잡에 의해 지역별 재배종으로 분화·정착되었다.

우리나라의 배는 생식, 약용, 제사 등으로 중요하게 취급되어 매우 오래전부터 재배되어 왔다. 한국 전래의 재래종들은 자생종인 산돌배 계통과 중국배와의 잡종이 대부분으로, 학명이 밝혀진 33품종과 학명이 밝혀지지 않은 26품종이 보고되어 왔다. 한국 전래의 재래종은 1900년대 초까지만 해도 '황실리', '청실리', '청당로리', '합실리' 등이 있었으며 이러한 한국 재래종 배는 북방형 동양배나 남방형 동양배와는 다른 특성을 보이고 있다. 첫째, 과실은 남방형 동양배보다는 다소 작고 과피색이 선명하지 않으며 꽃받침이 남아 있는 종류가 많다. 둘째, 수확 당시 과실은 과즙과 감미가 적으나 저장을 하면 과피가 검게 되면서 당도가 극히 높아지고 독특한 향기를 낸다.

그러나 우리나라 재래종 배는 계속적인 육종 사업이 이루어지지 않아 일본 도입 품종에 밀려 현재는 거의 재배되지 않는다. 현재 오지의 농가나 전남 광양 등에서 일부 약용으로 이용하기 위해 재배하는 경우를 볼 수가 있다. 최근에는 재래종 배의 우수한 유전인자를 이용하여 한국 특유의 배 품종을 육성하기 위해 재래종 배의 수집, 조사, 평가, 보존에 관한 연구를 추진하고, 수집된 자생자원에 대한 평가가 활발하게 진행되고 있다.

우리나라 배 재배 품종은 추석(그림 2-1)과 설에 유통될 수 있는 품종을 위주로 재배 면적이 확대되어 1954년까지는 '장십랑', '금촌추', '만삼길'의 3개 품종이 전체의 80% 이상을 차지하였다. 1970년대부터는 '신고'가 급증하기 시작해 추석용으로 품질이 나쁜 '장십랑'과 중북부 지방에서 품질이 저하되는 '만삼길', '금촌추'를 대체해 왔다.

한편 1980년대에 들어와서는 소득이 향상되어 양적 생산보다는 품질을 중시하게 되면서 조생종 계통으로 품질이 우수한 '신수', '행수'와 추석용으로 '풍수'의 재배 면적이 늘어났다. 1980년대 후반부터 신품종 육성 사업이 활발해지면서 국내 육성 품종인 '황금배', '추황배' 등의 재배가 꾸준히 증가하였으며 1990년대에 들어서는 '감천배', '수황배', '화산', '원황', '선황', '만풍배', '신천' 등이 육성·보급되었다. 2000년대에 들어서면서 재배의 편리성으로 다양한 이용 방법에 적합한 배를 생산할 수 있도록 품종에 기능성을 부여하려 노력하고 있다. 그 결과 껍질째 먹을 수 있는 '스위트스킨'과 '조이스킨'을 육성하고 소비자들의 이용을 편리하게 할 수 있는 신선편이 가공용 '설원' 등의 보급을 준비하고 있다. 향후 고급 조생종과 만생종 배 품종의 비율을 증가시켜 연중 공급 시스템을 구축하고, 수출에 적합한 품종의 보급을 통해 수출은 물론 배의 국제 경쟁력 향상을 도모할 수 있을 것으로 전망된다.

1992년 1만 200ha에서 1997년 2만 2,700ha로 5년 사이에 배 재배 면적이 2.2배로 급속하게 증가되었다. 또한 '장십랑'이나 '금촌추' 등에 비해 과실의 품질이 좋고 재배가 용이한 '신고' 품종의 재식 비율이 2007년에 81.5%를 차지하여 일시에 많은 과실이 출하되므로 공급 확대에 따른 가격 폭락의 우려가 있어 장기적인 관점에서 이에 대한 대책이 필요하다.

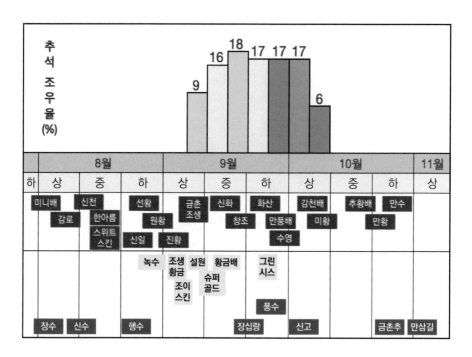

(그림 2-1) 추석 조우율과 배 주요 품종의 익음 때 분포 (나주 기준)
※ 지역별 익음 때 분포 : 남부 해안보다 경기 북부가 약 10~15일 늦음

02 우리나라 품종의 개량 방향

Pear cultivation

품종의 육성 목표는 시대와 사회환경에 따라 많은 변화를 보이고 있다. 그 동안 우리나라에서 육성된 많은 품종들에 적용된 개량 목표는 다음과 같다.

○ 과실 크기는 1~2인 가구 확대에 따라 한 번에 소비가 가능한 작은 과실(200~300g)과 제수나 선물용으로 적합한 큰 과실(700g 이상) 품종

○ 생산자 노령화와 인건비 상승에 대응한 주요 병해충(검은별무늬병, 꼬마배나무이, 복숭아순나방 등)에 강한 내병충성, 봄철 불량 환경에도 안정적인 결실이 가능하며 인공수분 노력이 필요 없는 자가결실성, 적과 노력이 적게 소요되는 자가적과성, 결과지 및 단과지 형성이 용이한 착과안정성 품종

○ 시장개방에 따라 기존 온대 과수 및 열대와 아열대 과수와의 경쟁이 가능한 고기능성, 방향성, 통째로 먹을 수 있는 편리성, 다양한 과피 및 과육색, 가공 및 요리 적합성 품종

○ 지구온난화에 따라 낮은 저온요구도, 고착색 품종

이들 목표에 맞게 대과이며 과육이 부드럽고 감미가 뛰어난 조생종에서 만생종까지 다양한 품종이 육성되고 있다. 하지만 재배의 용이성, 저장

성, 내병성 등에서 아직은 목표에 미흡한 부분이 있어 이에 대한 보완이 필요하다. 앞으로는 이러한 기본적인 방향과 함께 특수한 기능을 가진, 즉 적색 과피, 통째로 먹을 수 있는 배, 향기와 약리성분이 강화된 배 등 기능성이 우수하여 다양한 소비를 촉진할 수 있는 품종을 육성해야 할 것으로 생각된다.

03 주요 품종의 **특성**

가 현재의 주요 재배 품종

(1) 신고(新高, Niitaka)

국지추(菊池秋雄)옹 씨가 1915년 '天の川'에 '금촌추'를 교배하여 1927년에 명명되었고 우리나라에 1930년대에 도입되었다.

(그림 2-2) 신고

가. 주요 특성

○ 나무 : 어린나무 때부터 나무자람새가 강하여 큰 나무가 되면 더욱

강해지고 수관이 크다. 나무자람새는 다소 곧게 자라는 경향이고, 가지는 굵고 강하게 자란다.

○ 결실성 : 짧은 열매가지와 겨드랑이 꽃눈이 잘 생기고 중간 열매가지도 많다. 결실 과다 시에는 짧은 열매가지와 중간 열매가지의 눈이 중간아로 변한다. 배수가 불량하고 질소가 많은 토양조건에서는 겨울철 꽃눈의 고사가 많이 발생할 수 있다. 착과를 위해서는 과실 내에 많은 수의 종자가 형성되어야 한다. 종자가 적게 될 경우 착과율이 감소하고 과형이 비대칭으로 발육하여 상품성이 저하된다. 수량성은 3,600kg/10a으로 다수성이다.

○ 꽃과 과실 : 재배 품종 중 개화기가 가장 빨라 '장십랑'보다 2~3일 일찍 핀다. 꽃은 희고 꽃잎 수는 5개이다. 꽃가루가 없어 수분수로 이용할 수 없다. '신고'에 적합한 수분수 품종은 '추황배', '감천배', '화산', '장십랑', '풍수', '원황' 등이 있다. 숙기는 9월 하순에서 10월 상중순으로 중만생종에 속한다. 과중은 550g 이상의 큰 과일로 과형은 반듯한 원형이다. 껍질이 매끈하며 담황갈색으로 과점은 작고 선명하지 않다. 과육은 희고 육질이 부드럽고 과즙이 많다. 당도는 11°Bx 내외로 신맛이 적어 첫맛은 달콤하지만 금방 심심해져 깊은 맛을 느낄 수 없기에 고유의 풍미를 회복할 수 있는 재배 관리가 요구된다.

나. 재배 요점

○ 한랭지보다는 난지에서 단맛이 높고 비옥한 양토가 적지이다.

○ 수세 관리 : 가지의 자람은 직립성이고 다소 강한 편에 속한다. 짧은 열매가지의 형성과 유지가 쉬워 전정상 어려움은 없다. 큰 나무가 되면 주지 기부에서 강한 발육지가 발생하게 되어 꽃눈 형성이 나빠지기 쉬우므로 약전정을 한다. 유목기는 짧은 열매가지 위주로 결실시키고 성과기가 되면 단과지와 장과지를 일정 비율로 조절한다.

○ 가지의 발생 수는 적지만 나무자람새가 강하므로 강한 절단전정은 피하고 가능한 한 솎음전정 위주로 하며(단과지, 중과지 형성이 잘됨), 유목기에는 원가지를 세워 강하게 키워준다. 유목기의 과다 결

실은 수관 확대를 방해하고 원하는 위치에서 버금가지가 나오지 않으므로 주의해야 한다.

○ 개화기가 빨라 늦서리 피해가 우려되기 때문에 이에 대한 대책 수립이 필요하다. 수분·수정 불량에 의해 과실 내 종자 형성이 적은 경우 착과가 저하되고, 비대칭 기형과 발생이 많아지는 등 기상재해에 약한 경향을 보이므로 인공꽃가루받이를 하는 것이 유리하다. 인공꽃가루받이를 위해서 사용하는 꽃가루는 자가불화합 유전자형이 S_3과 S_9를 가지지 않은 것이 좋다. 만일 둘 중 하나를 가진 꽃가루의 경우에는 증량제의 첨가 수준을 절반 수준으로 낮추어야 안정적인 결실량 확보가 가능하다. 또한 '신고'는 꽃가루가 거의 없으므로 수분수를 심을 경우 최소한 2품종 이상을 혼식해야 한다.

○ 가지 발생이 많아 수관 내의 일조가 극히 나쁜 밀식원, 질소 위주의 비료를 준 경우, 강한 절단전정을 하여 새 가지가 강하게 웃자랄 경우, 배수가 나쁜 땅 등에서는 바람들이나 돌배 등이 발생하기 쉬운 것으로 알려져 있다. 따라서 초생재배를 통하여 토양을 개량하고 퇴구비, 석회, 인산 사용과 함께 나무자람새에 맞춰 전정을 해주어야 한다. 화학 비료는 나누어 주고 칼리 비료는 여름에 웃거름으로 준다.

○ 토양갈이층이 얕고 땅심이 낮은 곳이나 질소를 과다하게 주었을 때, 토양이 너무 습하거나 건조가 되풀이될 때는 과실이 성숙되면서 꽃이 떨어진 자리에 조그만 균열이 생길 수 있다.

○ 수체가 지나치게 강한 경우 꽃받침이 떨어지지 않고 과실에 남아 있는 유체과(有體果: 꽃받침을 가지고 있는 과실)의 발생이 많아진다. 유체과는 체와부 돌출에 의한 변형과를 발생시키기 때문에 적과 시 제거해야 한다.

○ 검은무늬병에는 강하나 검은별무늬병에는 약하므로 주의를 요한다. 바이러스에 의해 발병되며 접목 전염하는 것으로 알려진 배나무잎검은점병에 대해 발현성이므로 묘목 생산을 할 때는 건전한 나무에서 접수를 채취해야 한다.

○ 수확 후 예건을 하지 않고 곧바로 저온 저장고에 저장하면 과피흑변이 일어난다. 특히 수확기 전후에 비가 많아 다습한 해에 심하게 발생하기 때문에 저장 전 예건 처리가 요구된다.

다. 금후 전망

최근 육성된 신품종을 제외한 기존 품종 중 품질이 가장 우수하여 현재 가장 많이 보급되어 있다. 수출시장에서 한국 대표 과실로 알려져 있는 수출 주력 품종으로 미국, 유럽의 서양배나 중국배와는 달리 우리나라(다량재배)와 일본(소량재배)에서 주로 생산된다. 풍부한 과즙과 아삭한 육질의 독특한 과실로 미국, 캐나다, 유럽 등에서 인정받고 있어 수요가 증가할 가능성이 높다. 그러나 현재 외국에서도 재배가 시작되고 있으므로 앞으로 보다 더 정밀재배를 하여 품종의 장점을 잘 살려나가야 한다(700g의 대과, 당도 12˚Bx 이상).

(2) 한아름(Hanareum)

1988년 '신고'에 '추황배'를 교배하여 1997년부터 지역 적응성을 검토한 결과 조생종으로 품질의 우수성이 인정되어 2001년 최종 선발하였다.

(그림 2-3) 한아름

가. 주요 특성

○ 나무 및 결실성 : 나무자람새가 강하고, 어린나무에서는 나무의 자태가 직립하나 큰 나무가 되면 반개장성을 보인다. 단과지 형성 및 유지성은 비교적 좋은 편이다. 검은무늬병에 저항성이며 검은별무늬병에는 약하나 배나무잎검은점병(괴저반점병)에는 비발현성이다. 꽃눈의 확보가 용이하나 조생종으로 과실 크기가 작아 수량은 10a당 3,000kg 정도이다.

○ 꽃과 과실 : 꽃 피는 시기는 '신고'보다 2일 정도 늦으며 꽃가루가 적어 수분수로 이용하기에는 부적합하다. '신일', '진황', '녹수', '조생황금', '슈퍼골드' 등과 불친화성을 보여 이들을 수분수로 이용할 수 없다. 익는 시기는 나주에서 8월 중하순인 조생종이다. 과형은 원형이고 과중은 480g 전후의 중대과이며 과피색은 담황갈색이지만 해에 따라 과피에 황색과 갈색이 혼재된 황금 무늬가 나타나기도 한다. 육질은 약간 단단하고 치밀하여 아삭아삭하고 과즙이 많다. 당도가 13.8°Bx로서 단맛이 많고 산미는 적어 식미가 우수하다. 상온 저장력은 10일 정도이다.

나. 재배 요점

재식 초기에 잔가지 발생이 많아 다른 품종에 비해 초기 생육이 다소 늦으므로 초기 신초 관리에 유의해야 한다. 주지 예비지를 곧게 자랄 수 있도록 3m 이상의 지주를 설치하여 유인해 주면 좋다.

○ 꽃가루가 적어 수분수로 이용될 수 없고 2품종 이상의 수분수 품종이 요구된다.

○ 과형은 원형이나 수세에 따라 달라질 수 있다. 수세가 강하거나 유체과일 경우 원원추형이 되고 남부 지방에서 이러한 경향이 강하게 나타난다.

○ 해에 따라서는 과피에 '행수'에서와 같이 황색과 갈색이 혼재된 황금 무늬가 나타나 외관 품질을 저해시킬 수 있으므로 코르크화를 촉진시켜야 한다.

○ 배나무잎검은점병(괴저반점병)에 비발현성으로 이병된 배나무의 고접갱신 품종으로 이용될 수 있다.

○ 조생종 품종으로 수확 후 긴 생육 기간 동안 시비, 병해충 및 신초 관리를 철저히 하여 충실한 꽃눈 형성을 도모한다.

다. 금후 전망

우리나라에서 초여름 단경기에 출하되는 여름배에 대한 인식이 점차 증가되고 있고, 가정의 행사용에서 일상 소비용 배에 대한 요구가 증가하고 있다. 고유의 풍미를 살린 맛 좋은 과실을 생산할 경우 도시 근교에서 직판을 통한 소비 증가가 기대된다.

(3) 원황(園黃, Wonwhang)

1978년 '조생적'에 '만삼길'을 교배하여 1991년부터 지역 적응성을 검토한 결과 대과 고당도의 조생종으로 그 우수성이 인정되어 1994년 선발·명명되었다.

(그림 2-4) 원황

가. 주요 특성

○ 나무 및 결실성 : 나무자람새가 강하고 나무의 형태는 반개장형이다. 새 가지는 다소 가늘며, 자라면서 구부러지고 아래로 늘어지는 완곡형이다. 겨드랑이 꽃눈의 분화는 잘되나 단과지에서 과대지의 발생이 많아 단과지로의 유지가 어렵다. 과실이 커서 수량성은 3,300kg/10a 정도이다.

○ 꽃과 과실 : 만개기는 '신고'보다 2~3일 늦으며 꽃가루가 100화당 244mg으로 풍부하고 주요 재배 품종과 교배친화성이 있어 수분수 품종으로도 유망하나 '만풍배'와는 교배 불친화성이다. 숙기는 9월 1일로(나주 기준) '장십랑'보다 15일 빨라 중부 지방에서는 9월 중순 이전에 추석인 해에 크게 유리하다. 그러나 과실 특유의 맛은 과일이 잘 익기 바로 직전에 나타나기 때문에 숙기 판정에 유의해야 한다. 과형은 편원형이고, 과피색은 선명한 황갈색으로서 외관이 보기 좋다. 과일 무게는 560g 이상으로서 같은 시기에 수확되는 어느 품종보다도 대과이다. 당도는 13.4°Bx로서 단맛이 높다. 과육은 '장십랑'보다 연하고 물이 많고 석세포가 없으며 맛이 매우 좋다.

나. 재배 요점

○ 수체 관리 : 가지 발생량이 많고 겨드랑이 꽃눈이 잘 형성되나 단과지의 유지성이 낮아 어린나무에서는 주지상의 단과지에 착과가 가능하다. 하지만 3년 이상 된 주지는 단과지가 적으므로 결실을 위해서는 겨드랑이 꽃눈을 이용하는 장과지 전정법을 도입해야 한다. 결실지로 이용된 장과지가 3년이 경과되기 이전에 예비지를 확보해야 안정된 수량을 유지할 수 있다.

○ 성숙기에 가뭄이 심하거나 강우로 과습하여 석회, 붕소 등의 비료성분 흡수가 저해되면 생리장해(과심갈변, 밀 증상 등)가 다소 발생되기 때문에 너무 건조하거나 너무 습한 것을 피하기 위해 관수와 배수를 철저히 한다.

○ 적숙기 2~3일 전에 이르러서야 품종 고유의 맛을 가진 과실을 생산할 수 있다. 따라서 예상 수확기 무렵에 미리 과실을 평가하여 농가별 또는 지역별로 정확한 숙기를 확인하고 수확 시기를 결정해 놓아야 한다. 수확 시기가 지나서 과실을 수확할 경우 과심갈변 등 생리장해 발생이 많아지고 저장력이 많이 떨어질 수 있다. 유통 특성을 고려한 '원황'의 적숙기는 만개 후 125일 정도이다.

○ 남부 지방에서는 황갈색으로 완전하게 착색되어 고유의 맛을 가진 시

기에 수확한 과실은 저장력이 급격히 떨어지기 때문에 유통 과정에서 변질될 수도 있다. 따라서 과피에 녹색이 약간 남아 있는 시기에 수확하는 것이 좋지만 공판장을 통한 경매에서는 제값을 받지 못할 수도 있기 때문에 착색 봉지를 이용하여 과피색을 개선하도록 한다. 착색을 촉진한 경우에도 수확기는 정확하게 판정해 두어야 한다.

다. 금후 전망
'신고'가 83%를 점하고 있는 현 실정에서 조생종으로 대과인 '원황'을 남부 지방에서 배가 생산되지 않을 때 수확하여 출하할 수 있어 소득 증대가 예상된다. 중부 지방에서는 추석 출하용 품종으로의 가치가 높다. 대만 등 동남아로 수출되고 있지만 저장력이 다소 짧아 유통 과정에서 문제가 발생할 수 있기 때문에 항상 주의가 필요하다.

(4) 황금배(黃金배, Whangkeumbae)
1967년 '신고'에 '이십세기'를 교배하여 1977년 1차 선발과 1982년 2차 선발을 거쳐 1984년에 명명한 품종이다.

(그림 2-5) 황금배

가. 주요 특성
○ 나무 : 나무 세력은 비교적 강하며 나무의 형태는 반개장성 내지 개장

성이고 새 가지는 비교적 강하게 뻗는다. 봄에 잎이 전개될 때 새 가지 윗잎의 잎색이 녹색이다. '이십세기' 품종에서 가장 문제가 되었던 검은무늬병에 내병성이지만 검은별무늬병에는 다소 약하고 새로 발생한 가지가 연하기 때문에 진딧물 발생이 다소 많다.

○ 결실성 : 양친을 닮아 짧은 가지가 잘 형성되며 '신고'처럼 중간 열매 가지도 잘 나온다. 봄철 개화기의 불량한 기후 환경에서도 비교적 착과가 안정적이다. 착과 수는 '신고' 정도이지만 과실의 크기가 작기 때문에 수량은 '신고'보다 다소 낮은 3,200kg/10a 정도이다.

○ 꽃과 과실 : 꽃 피는 시기는 '신고'보다는 1~2일 늦으며 꽃잎은 개화 직전에는 흰색이지만 꽃봉오리 때는 담녹색이다. 꽃가루가 없으므로 수분수로 이용할 수 없다. 자가불화합 유전자형은 S_3S_4이다. 과실은 430g 내외의 중과(열매솎기를 철저히 하면 500g 이상도 무난함)이고 과형은 반듯한 원형이며 과피색은 황금색으로서 모양이 매우 좋다. 지역과 해에 따라서 과피에 동록이 발생하여 상품성이 저하되는 문제가 있다. 과심이 적어 먹을 수 있는 과육 비율이 비교적 높다. 과육은 희고 즙이 많으며 육질은 부드럽고 치밀하고, 당도는 14.9°Bx로 높으며 신맛이 적절하여 품질이 우수하다. 수확 시기는 만개 후 149일로 9월 중순(9.18)이며 과피색이 황금색으로 바뀌는 때이다. 과육 경도는 9월에 들어서면서 급격히 저하된다. 신맛은 8월 중순부터 수확기까지 거의 일정하고, 당도는 8월 하순부터 13°Bx 이상이 된다. 과피색은 9월 상중순에 녹색이 완전히 사라지며 맛이 좋아지므로 과실 수확은 9월 상중순부터 시작하면 된다.

나. 재배 요점
○ 재배할 토양은 물빠짐이 양호하고 비옥한 양토가 적지이다.
○ 수체 관리 : 나무 세력은 다소 강하나 개장성이며 가지가 늘어지는 성질이 있다. 꽃눈이 곁눈보다 먼저 발육하는 정부우세성이 약하여 가지 발생이 많다. 성목이 되면 주지연장지의 세력이 약해져 수관 확대가 늦으므로 지주를 이용하여 연장지를 수직으로 자라게 한다. 결

과지 전정 시 강하게 절단하면 중간에 가지가 난립하기 쉬우므로 약하게 절단하거나 절단하지 않는다. 액화아와 단과지 형성이 잘되고 좋은 각도의 가지 발생이 많아 Y자 수형에 잘 적응한다. 그러나 선단 빈약형이 되기 쉬워 주지 분지점 근처에 강한 웃자람가지가 발생해 끝가지가 약해질 우려가 있다. 따라서 적심, 여름전정을 이용하여 주지 분지부의 생장을 억제시켜 원가지 끝부분의 가지 생장을 좋게 해야 한다. 성목에 있어서도 정부우세성이 약해 선단부 생장이 쇠약해지기 쉽기 때문에 원가지 끝부분은 동계전정 시 다소 강전정하여 세력을 유지해야 한다. 주지의 사면 또는 측면에서 발생한 발육지는 저절로 굽어져 하수되는 경향이 있으므로 별도의 유인 작업이 필요 없는 경우가 많아 하기 유인이 용이하다.

○ 꽃가루가 없으므로 수분수는 '신고'처럼 2품종 이상이 필요하다. 현재 재배되는 주요 품종과 교배친화성이 있다. 적합한 수분수 품종은 '추황배', '감천배', '화산', '풍수', '원황' 등이 있다. 수분수로 사용할 수 없는 품종으로는 '조생황금', '진황', '녹수', '슈퍼골드', '신일', '신세기' 등이 있다.

○ 개화기의 불량 환경에서도 과실에 종자가 많이 형성되며 과실 내 한 개의 종자만 형성되어도 착과가 가능하기 때문에 결실률이 높은 환경적응형 품종이다.

○ 유체과는 수출용 과일 선별 시 과일 밑부분에 존재하는 해충의 제거에 어려움이 있기 때문에 적과 시 유체과를 제거해야 한다.

○ 봉지는 조기 적과(낙화 2주 이내) 뒤 즉시 씌우며 봉지 재료는 잘 찢어지지 않는 종이를 쓰는데, 특히 동록을 방지하기 위해서는 '황금배' 전용 봉지를 이용하는 것이 좋다. 봉지를 씌울 때 봉지 안에 배 잎이 들어가거나 봉지의 입구가 느슨하게 매어진 경우 동록 발생이 증가하기 때문에 봉지 작업에 세심한 주의가 필요하다. 봉지를 씌우면 당도가 0.2~0.6% 떨어지지만 동록이 줄고 검은별무늬병 피해과가 많이 줄어든다.

○ 동록은 배수 불량한 저습지와 과습 조건 등 재배지 환경과 강우가 많은 다습한 기상조건에서 많이 발생하는 경향이 있다. 개화기 전후에

유제나 동수화제를 살포하는 경우에 동록이 발생할 수 있으므로 가급적 살포하지 않는다.

○ 배수 불량지, 유효토심이 얕은 척박지에서 질소 비료를 많이 주면 과육의 치밀도가 떨어져 과육붕괴나 과심갈변 등이 발생할 수 있다.

○ 결과지에 강한 측지나 웃자람가지가 발생하면 기형과나 돌배 현상이 나타날 수 있으므로 유의한다.

○ 상온에서의 저장력은 보통 1개월 정도이나 저온 저장은 보다 장기간 저장된다. 저온 저장 시 온도, 습도를 정확하게 조절하지 않을 경우 수확 후 2개월 내에서도 과육의 갈변 바람들이(Pithy Browning; 과육이 갈색으로 변하며 무 바람들이 같은 현상이 생김)가 일어나며 또한 연화, 분질화도 생길 수 있다.

다. 금후 전망

현재 총 재배 면적의 2.3%를 점하고 있다. 동록이 다소 발생되고 있으나 맛있는 배로 소비자에게 품질의 우수성을 인정받고 있다. 황금색 과피는 제수용품으로 사용할 수 없다는 오해가 있지만 유교에서는 과피색을 이유로 제수용품으로 사용을 금하는 규정이 없다. 그리고 먹을 수 있는 것은 무엇이든 제수용품으로 사용할 수 있다고 되어 있어 이에 대한 올바른 이해가 필요하다. 일상 소비에 적합한 크기의 맛있는 과실로 소비자의 선호도가 높아지고 있다. 특히 캐나다와 미국 등으로 수출되고 있어 과잉생산에 따른 배 경쟁력 저하에 대처할 수 있는 품종의 하나이다. 수출 시 경쟁력을 확보하기 위해서는 내수용과 수출용 과실을 구분하여 생산해야 한다. 봉지 씌우기, 철저한 봉오리 따기, 열매솎기 등 정밀재배를 하여 수출용은 300g 내외를, 내수용은 450g 이상 대과 생산을 목표로, 균일한 크기와 당도가 높고 연하며 물이 많고 과피면이 깨끗한 과실을 만들어야 한다. 특히 최근에 맛을 중시하는 소비 패턴에 맞추어 외형보다는 내부 품질에 더 많은 관심을 기울여야 한다.

(5) 화산(華山, Whasan)

1981년에 '풍수'에 '만삼길'을 교배하여 1988년 1차 선발한 후 지역 적응성 시험을 거쳐 1992년 명명하였다.

(그림 2-6) 화산

가. 주요 특성

○ 나무 및 결실성 : 나무자람새가 강하고 나무의 형태는 반개장형이다. 가지 발생이 매우 많으며 가지가 곧게 뻗고 단과지 형성이 양호하며 결실 연령이 빠르다.

○ 꽃과 과실 : 꽃이 피는 시기는 '신고'보다 2~3일 늦으며 꽃가루는 100화당 191mg으로 풍부하다. 주요 재배 품종과 교배친화성이나 '미황', '만수', '감천배'와는 교배 불친화성이다.

수확기는 '신고'보다 약 1주일 빨라 추석 출하용으로 유리한 점이 있어 '신고'를 일부 대체할 수도 있다. 과실의 무게는 500~600g으로 중·대과종이며, 과실 모양은 원형 또는 편원형이다. 목기나 나무자람새가 강한 나무의 과실은 측면에 골이 지는 특징이 있다. 과피색은 밝은 황갈색으로 외관이 아름답다. 당도는 12.9°Bx로 비교적 높고 신맛은 거의 없으며 과심이 작아 먹을 수 있는 부위가 많다. 중부 지방에서 재배된 과실도 석세포가 적고 과즙이 풍부하며 맛이 뛰어나 한냉지 재배 시 품질이 불량한 '풍수' 품종의 대체가 가능하다. 과육이 부드럽고 과피가 얇은 편으로 수송 중 취급에 세심한 주의가 필요하다. 저장력은 다소 약한 편으로 상온 저장 시 30일까지 선도유지가 가능하다.

나. 재배 요점
○ 수체 관리 : 정부우세성이 강하고 가지 발생량은 많은 편이다. 겨드랑이 꽃눈이 잘 형성되고 단과지의 유지성은 중 정도이다. 장과지를 이용할 경우 미리 예비지를 확보해 두면 안정된 수량을 유지할 수 있다.
○ 정확한 원인은 구명되지 않았으나 뿌리가 표토 부근에 많이 분포하여 토양수분 함량의 변화가 심할 경우 열매터짐(열과) 현상이 많이 나타날 수 있다. 특히 배수 불량지나 유목기의 결실 초기에 비가 많거나 극심한 가뭄 조건에서 매우 심하게 발생하고 있기 때문에 배수와 관수를 적절하게 조절하여야 한다.
○ 배수 불량이나 질소 비료를 많이 주었을 때, 수세가 지나치게 강할 때는 유부과가 많이 발생하기 때문에 철저한 배수 관리와 유기물 사용, 적정 수세 관리 등의 재배적 조치가 필요하다.
○ 지나치게 가지 발생이 많거나 결과지를 겹치게 배치하여 햇빛 투과량이 줄어들 경우 조기 낙엽이 발생할 수 있으므로 유인 등을 통하여 나무 내부까지 충분하게 햇빛이 들어갈 수 있도록 나무를 관리해야 한다.
○ 개화기 때 저온, 강풍, 강우 등의 기상조건에 의해 과실 내 종자가 적게 생기는 경우와 지나치게 수세가 강하여 종자가 중도에 퇴화된 경우에는 과면에 골이 지게 된다. 그러므로 적극적인 인공수분을 실시하고 수세 안정과 적정 착과에 유념해야 한다.
○ 남부 지역에서는 수확기에도 과피에 녹색이 남아 착색이 불량하며 이는 질소질 과다 시에 더욱 심하게 나타난다. 봉지에 의해 착색 촉진이 가능하나 질소질 비료의 적량 및 적기 사용이 요구된다.
○ 과피의 착색보다 과육이 먼저 맛이 드는 과육선숙형 품종으로 과피 착색도를 기준으로 수확할 경우 과숙되어 밀병 증상이 발생할 수 있기 때문에 적기에 수확해야 하며 장기저장용 과실은 그보다 일찍 수확할 필요가 있다.

다. 금후 전망

추석 무렵에 출하할 수 있는 고급 갈색배 품종이 부족한 현 실정에서 추석용 고급 품종으로 면적이 확대될 것으로 예상된다. 중부 내륙의 '풍수' 및 '신고'를 보완할 전국 재배용 고품질 품종이며 수출용으로도 유망하다.

(6) 만풍배(滿豐배, Manpungbae)

1982년에 '풍수'에 '만삼길'을 교배하여 1993년 1차 선발한 후 지역 적응성 시험을 거쳐 1997년 명명하고, 2001년부터 보급하기 시작하였다.

(그림 2-7) 만풍배

가. 주요 특성

○ 나무 및 결실성 : 나무자람새가 강하고 나무의 자태는 반개장성으로 단과지 형성이 잘된다. 하지만 착과된 후 꽃눈이 퇴화되거나 불충실해지기 쉽고 겨드랑이 꽃눈의 형성도 쉽지 않다. 한번 결실된 부위에서 발생된 눈은 맹아가 되거나 퇴화되어 꽃눈의 소질이 불량해질 수 있다. 검은무늬병에 저항성이며 검은별무늬병에도 비교적 강하고, 배나무잎검은점병에 비발현성이다. 결실지 확보가 어려워 착과 수가 적지만 대과종으로 수량성은 10a당 3,600kg 정도이다.

○ 꽃과 과실 : 꽃 피는 시기는 '신고'보다 3~4일 정도 늦지만 꽃가루는 100화당 213mg으로 풍부하고 주요 재배 품종과 친화성이 있어 수

분수로도 적합하나 '원황'과 불친화성이다. 중생종으로 익을 때는 나주 기준 '신고'보다 1주일 빠른 9월 하순에 중생종으로 수확할 수 있다. 과형은 편원형이고, 과중은 770g 전후로 매우 크다. 껍질의 착색보다 과실의 맛이 먼저 드는 과육선숙형 품종이다. 과피색은 다 익은 상태에서도 녹황갈색을 나타내며 과숙되면 황갈색으로 착색되지만 유통 중에 문제가 발생할 수 있어 착색되기 전에 수확해야 한다. 과육은 백색이며 육질은 극히 유연하고 과즙이 많다. 당도는 13.3°Bx로서 감미가 높고 산미는 극히 적어 식미가 우수하다. 상온 저장력은 30일 정도로 비교적 약한 편이다. 또한 저장한계기가 넘은 과실은 과육이 물러지지만 '장십랑'과 다르게 수분이 많은 상태로 분질화가 진행되는 특징이 있다.

나. 재배 요점
○ 단과지 유지성이 떨어지므로 밀식재배 시 주간거리를 넓히고 솎음전정과 유인으로 액화아 형성을 촉진시켜 장과지를 결실지로 이용하고, 충실한 예비지를 안정적으로 확보해야 한다.
○ 한번 결실된 눈은 퇴화되어 꽃눈 불량으로 소과가 되므로 불필요한 양분 소모를 최소화할 수 있도록 관리해야 한다. 결실하지 않는 꽃눈은 미리 적뢰 작업을 실시하면 충실한 꽃눈으로 발달시킬 수 있으므로 개화기에 적극적인 꽃눈 관리가 요구된다.
○ '원황'과 교배 불친화성이므로 수분수로 이용할 수 없다.
○ 성숙되어도 과피에 녹색이 남아 숙기 판정에 주의해야 한다. 대과종이므로 규격이 작은 일반 봉지를 씌워 봉지가 찢어지게 되면 해충의 피해 및 노출 부위의 과피 미려도 저하 등 문제가 발생할 수 있다.
○ 수확 후 선과 작업 시 미세한 상처에도 쉽게 과피가 검은색으로 변하므로 봉지째 선과하고 최종 포장 직전에 봉지 제거 등 취급에 주의가 요구된다. 과피의 착색을 증진할 목적으로 사용하는 햇빛 투과가 낮은 착색 봉지의 과실에서 발생이 심해지므로 롤지나 인쇄 신문지 등을 이용하여 생산하는 것이 좋다.

○ 상온 저장력이 다른 중생종 품종에 비해 다소 약한 편으로 장기저장은 지양하는 것이 바람직하다.

○ 물빠짐이 나쁘거나 질소질 비료를 너무 많이 사용한 곳에서는 석세포가 증가하고 유부과가 발생할 수 있으므로 토양 관리를 철저히 해야 한다.

○ 크기에 따라 품질이 변할 수 있으며 고유 특성이 발현되는 한계과중이 600g 정도이므로 고품질의 '만풍배' 브랜드화를 위해 600g 크기 미만은 가급적 생과 판매를 지양하고, 가공을 통해 부가가치를 높이는 것이 좋다.

(7) 추황배(秋黃배, Chuwhangbae)

1967년 '금촌추'에 '이십세기'를 교배하여 1983년 1차 선발, 1985년에 최종 선발·명명한 품종이다.

(그림 2-8) 추황배

가. 주요 특성

○ 나무 : 나무자람새가 비교적 강하고 나무의 형태는 반개장성이다. 단과지 형성 및 유지는 중 정도이며 액화아 형성이 잘 안 되기 때문에 여름철 적절한 유인 작업이 요구된다. 새 가지는 다른 품종에 비해 굵고 힘있게 자라지만 전체적인 길이가 짧고 발생이 많은 편이다. 검은무늬병에 내병성이고 검은별무늬에도 비교적 강한 편이다. 하나의

열매 송이당 잎사귀 수가 많고 잎의 뒷면에 잔털이 많아 다른 품종에 비해 응애의 발생이 다소 많다.

○ 결실성 : 짧은 열매가지 및 중간 열매가지 형성이 중 정도인 중소과 품종으로 수량은 3,300kg/10a 정도이다.

○ 꽃과 과실 : 개화기는 '신고'보다 1일 정도 늦으나 꽃가루의 양이 많아 수분수로 많이 이용되고 있다. 성숙기는 꽃 핀 후 191일인 10월 20일(나주 지방)로 만생종이다. 과실의 무게는 400~450g 정도이며 과형은 원형에 가깝다. 과피색은 밝은 황갈색으로 외관이 보기 좋으나 과피에 과분이 많아 촉감이 거칠게 느껴진다. 과육은 흰색으로 석세포가 다소 있고 섬유소가 많아 육질은 다소 거친 편이다. 과즙이 많으며 당도는 14.1°Bx로 매우 높고 산미가 있어 당산의 조화로 맛이 매우 좋다. 과육의 절단면이 공기 중에서 쉽게 산화 및 갈변한다. 저장력은 강한 편으로 상온 저장은 90일까지, 저온 저장은 150일까지 선도가 유지된다. 저온 저장 중에 과피흑변이 발생할 수 있으며 수분 증발로 인해 과피가 말라 주름이 질 수 있으므로 수분 손실을 막아야 한다. 저장 후에도 맛의 변화가 없는 장점이 있으나 해에 따라 저장 말기에 생리장해인 밀 증상, 바람들이, 과심갈변붕괴, 과육 갈색심 등과 같은 현상이 발생할 수 있다.

나. 재배 요점

○ 수체 관리 : 정부우세성이 강한 편에 속하며 2년생 가지에서는 새 가지 발생이 적으나 단과지 및 중과지 발생은 많고, 3년생 이상의 가지에서는 새 가지 발생량도 많아진다. 각도가 넓은 가지의 발생이 많아 과실이 달릴 가지의 확보와 곁가지 형성이 쉽다. 주지와 부주지 등면에서 발생되는 웃자람가지는 굵고 강하게 자란다. 겨드랑이 꽃눈의 형성은 잘 안 되나 중과지 및 각도가 좋은 가지 발생량이 많아 Y자 수형에 의한 밀식재배 적응성이 높다. 3년생 이상의 주지에서는 가지 발생이 많고, 열매 송이당 엽수가 많아 나무의 내부 일조가 나빠지므로 여름전정으로 이를 개선해야 한다.

○ 뿌리의 발달이 좋지 못한 토양조건(배수 불량지)에서 새 가지 윗부분의 잎이 작아지고 말라죽는 현상이 발생하는데, 새 뿌리의 발달이 불량하여 미량요소의 흡수가 저해되어 나타나는 현상이다. 배수를 철저히 하여 뿌리의 발달을 촉진하고, 특히 다른 품종에 비해 질소 흡수력이 높기 때문에 질소 비료를 줄여 주어야 한다.

○ 긴 열매가지를 열매가지로 이용할 경우 겨드랑이 꽃눈의 착생이 불량하므로 여름철에 적극적인 유인 작업으로 겨드랑이 꽃눈이 잘 피도록 해야 된다.

○ 수분수가 없거나 부족한 경우, 지나친 강전정을 하면 과면에 골이 지는 불량과실의 발생이 심해지고 토심이 얕고 배수가 불량한 저습지에서 유부과 증상이 발생한다.

○ 과피흑변 현상이 많이 발생한다. 성숙기에 비가 많고 배수가 불량한 저습지나 토심이 얕은 경우 수확기에 나무에서도 발생되는 경우가 있으나, 대부분 저온 저장 시 많이 발생한다. 생육기에 칼리 비료를 충분히 주고, 저장고가 과습되지 않게 해야 한다. 수확 2주 전에 봉지 제거, 수확 후 예건, 봉지가 마른 후 수확, 약제처리 등 과피흑변 방지에 효과적인 다양한 저장 전처리 방법들이 연구, 보급되어 있다.

○ 수확기를 지나 수확한 과실이나 장기저장된 과실에서 과육이 괴사하여 갈색심이 나타나는데, 배수가 불량한 토양이나 성숙기에 비가 많고 일조가 부족한 해에 특히 많이 발생한다.

다. 금후 전망

꽃가루가 많아 수분수용 품종으로 재배가 확대되고 있다. 만생종의 재배가 부적합한 중북부 및 중부 내륙에서 재배할 경우 신맛이 강하게 남을 수는 있으나 '만삼길'과 '금촌추'에 비해 품질이 우수하기 때문에 이들 품종의 대체가 가능하다. 최근에 향기와 맛이 부각되면서 국내의 고품질 과일을 찾는 수요층 기호에 잘 맞고, 수출시장에서 요구하는 과실의 크기에 알맞아 재배가 확대될 것으로 전망된다.

(8) 감천배(甘川배, Gamcheonbae)

1970년 '만삼길'에 '단배'를 교배하여 1980년 1차 선발하고 지역 적응성 시험을 거친 후 1990년에 최종 선발·명명한 품종이다.

(그림 2-9) 감천배

가. 주요 특성

○ 나무 및 결실성 : 나무자람새가 비교적 강한 편이고 나무의 모양은 반개장성으로 정부우세성이 강하다. 짧은 열매가지 형성 및 유지성이 나쁘기 때문에 겨드랑이 꽃눈을 이용한 긴 열매가지 전정을 해야 한다. 기존의 '신고'와 같은 전정 방법으로는 정상적인 과실을 생산할 수 없다. 검은무늬병에 내병성이고 검은별무늬병에도 강한 편이다.

○ 꽃과 과실 : 꽃 피는 시기는 '신고'보다 3~4일 늦고 만개는 나주 지방에서 평균 4월 18일이다. 꽃가루는 100화당 176mg으로 풍부하고 주요 품종과의 교배친화성도 높으나 '만수', '미황', '화산'과는 교배 불친화성이다. 성숙기가 10월 상중순으로 중만생종이며 과일 모양은 편원형이고 과피색은 담황갈색이다. 과일 무게는 590g, 당도가 13.3°Bx인 대과, 고당도 품종으로 산 함량이 낮아 맛이 좋다. 과심이 작아 먹을 수 있는 부위가 많으며 육질은 연하나 치밀하지는 않다. 과실이 성숙되어도 과피에 녹색이 남아 있어 숙기 판정에 주의해야 하며 수확 후 저장하면 녹색이 없어진다. 1월 하순까지 저장이 가능하나 너무 늦게 수확하여 장기저장하면 과심갈변 등 생리장해가

발생되기 쉬우니 장기저장용 과실은 조기에 수확하여 저장한다.

나. 재배 요점

○ 과실이 익을 무렵 비교적 고온이 지속되는 충남, 경북 이남 지역이 적지이며 경기도와 강원도 등 한랭지에서는 품종 고유의 특성이 나타나지 않으므로 유의한다.

○ 수체 관리 : 정부우세성이 강하고 가지 발생량은 많으나 겨드랑이 꽃눈이 잘 형성되지 않고 짧은 열매가지의 착생과 유지가 어렵다. 어린 나무에서는 주지상의 단과지에 착과가 가능하지만, 3년생 이상 된 주지에서는 단과지가 없어 결실을 위해서는 새 가지를 유인해 겨드랑이 꽃눈을 분화시켜야 한다. 긴 열매가지를 이용할 경우 3년이 경과되기 이전에 예비가지를 확보해야 안정된 수량을 유지할 수 있어 여름철 유인이 절대적으로 필요한 품종이다. 따라서 절단전정을 삼가고 여름에 유인을 철저히 하여 겨드랑이 꽃눈의 분화를 촉진해야 한다. 특히 정부우세성이 강하기 때문에 겨울철에 가지를 유인할 경우 수평에 가깝게 유인해야 가지 기부의 눈에서 2차 가지 발생이 적게 된다.

○ 한번 결실된 짧은 열매가지는 꽃의 소질이 나빠져 과실이 작아지기 때문에 미리 예비지를 준비하여 갱신전정을 하지 않으면 과실이 불균일해지기 쉽다.

○ 과육이 먼저 익는 품종으로 착색이 불량하다. 9월 하순경에 이르면 과피는 녹색을 띠지만 단맛이 높아서 소비가 가능하다. 따라서 완전하게 과피가 착색된 완숙과를 장기저장하면 과육 및 과심갈변, 바람들이 장해 발생이 우려된다. 토심이 얕고 배수 불량한 척박지에 질소를 과다 사용할 때 많이 발생한다.

○ 하나의 꽃떨기(화총) 내에서 화번에 따라 암술 수에 차이가 있고 새 가지의 생육이 강해 양분 경합에 의하여 종자의 발육이 중간에 정지해 과형이 일그러지는 변형과가 되기 쉽다. 따라서 적극적인 인공수분과 철저한 여름철 유인으로 과실과의 양분 경합을 줄이는 재배적 노력이 필요하다.

○ 저장력은 강한 편으로 상온 저장 시 1월 하순까지 선도가 유지되며 장기저장용은 조기(10월 5일 이전, 남부)에 수확하면 생리장해 발생이 적어진다.

다. 금후 전망

중북부 및 중부 내륙 지방에서 '만삼길', '금촌추'를 대체할 만생 저장용 품종이다. 특히 맛이 우수한 품종으로 소비자들에게 인식되기 시작하여 재배가 늘어날 것으로 예상된다. 검은별무늬병에 강하여 유기재배 등 친환경 재배 농가에서 선호도가 높다.

(9) 만수(晚秀, Mansoo)

1978년 '단배'에 '만삼길'을 교배하였고 대과 만생종으로서 저장력이 매우 강하며 품질의 우수성이 인정되어 1995년 최종 선발·명명하였다.

(그림 2-10) 만수

가. 주요 특성

○ 나무 및 결실성 : 나무자람새가 강하고 나무의 형태는 '만삼길'처럼 직립성이다. 단과지 형성이 용이한 다수확 품종이다.

○ 꽃과 과실 : 만개기는 '신고'보다 2~3일 늦고, '만삼길'보다는 3일 빠르다. 꽃가루가 많고 주요 재배 품종과 교배친화성으로 수분수 품종으로도 좋으나 '미황', '화산', '감천배'와는 교배 불친화성이다. 숙

기는 10월 하순으로 '만삼길'보다는 7일 빠른 만생종이다. 과형은 편원형이고 과피색은 황갈색으로 모양이 좋다.

○ 과실 무게는 660g 정도로 대과이며 당도가 높다. 육질은 부드럽고 치밀하며 석세포가 극히 적어 '신고'보다 부드럽고 맛이 뛰어나다. 저온 저장력은 '만삼길' 정도로 강하고 맛이 우수하여 익년 봄철(단경기)에 출하하면 동남아시아, 유럽 등 원거리 수출용으로 유리할 것으로 생각된다.

나. 재배 요점

○ 배수 불량지, 질소 과다 사용, 수세가 강한 경우에 유부과가 많이 발생된다. 따라서 배수를 철저히 하고, 퇴비 등 유기물 위주로 시비하며, 수세를 안정시켜야 한다.

○ 극대과로 적정 엽수를 확보해야 하며 조기 낙엽이 되지 않도록 철저히 관리해야 한다. 착색이 다소 불량하나 봉지재배로 해결이 가능하다.

○ 수확 후 선과 과정에서 발생한 과피의 미세한 상처 부위가 검게 변하기 쉬워 선과할 때 조심스럽게 다루어야 한다. 황갈색 과실을 만들기 위해 착색 봉지를 사용한 과실에서 특히 심하므로 광 투과성이 높은 롤지나 인쇄 신문지 등을 사용하여 재배하는 것이 좋다.

다. 금후 전망

수확 당시보다는 저장 후에 맛이 더 좋은 후숙형 품종이며 장기저장이 가능하다. 따라서 원거리 수출에도 맛이 저하되지 않아 수출 가능성이 높은 품종의 하나이다.

최신 육성 품종

(1) 스위트스킨(Sweet Skin)

1989년에 '신수'에 '원교 나-11호'를 교배하여 1997년 1차 선발한 후 지역 적응성 시험을 거쳐 2007년 최종 선발·명명하였다.

(그림 2-11) 스위트스킨

가. 주요 특성

○ 나무 및 결실성 : 나무자람새가 강하고 나무 형태는 개장형이며 단과 지를 잘 만든다. 검은무늬병에는 저항성이나 검은별무늬병에는 매우 약하다. 수량성은 3,100kg/10a(대비 : '원황' 3,300kg/10a)이다.

○ 꽃과 과실 : 꽃 피는 시기는 '신고'보다 3~4일 늦고 꽃가루는 많지 않다. '신고', '원황' 등 주요 재배 품종과 교배친화성이 높다. 익는 시기는 나주에서 8월 15일로 '원황'보다 2주일 이상 빠른 조생종이다. 과형은 편원형, 과피색은 황갈색이며, 과중은 450g(380~570g) 내외이고 당도는 12.7°Bx이다. 과즙이 많고, 육질이 다소 단단하고 치밀하여 아삭아삭하다. 껍질이 얇고 쓴맛이 적어 껍질째 먹을 수 있으며 껍질 부위에 기능성 물질을 많이 함유하고 있다. 과심이 작고 가식 부위가 73%로 많아 중소과 생산에도 유리하다. 신맛이 거의 없어 당도가 낮을 경우 다소 심심하게 느껴질 수 있다.

나. 재배 요점

○ 수세가 강하고 신초 발생이 많으므로 신초 정리, 유인 등 하계전정으로 수관 내부 광 환경을 개선해야 한다.

○ 단과지 형성은 잘되지만 유지성이 낮으므로, 충실한 예비지를 확보하고 적기 유인하여 결실지로 이용해야 한다.

○ 배나무잎검은점병에 비발현성이고 검은별무늬병 발병도는 '신고' 정도이다. 동계 약제살포 및 봄철 다우·저온 시기에 방제를 철저히 해야 한다.

다. 금후 전망

껍질을 깎지 않고 먹는 미국이나 유럽으로 수출이 가능한 품종이다. 학교 급식이나 식당에서 후식용으로 이용이 가능할 것으로 기대된다.

(2) 녹수(綠秀, Noksu)

1983년 '단배'에 '행수'를 교배하여 1995년 1차 선발하고 지역 적응성 시험을 거쳐 2005년에 최종 선발·명명하였다.

(그림 2-12) 녹수

가. 주요 특성

○ 나무 및 결실성 : 나무자람새가 '단배'와 같이 강하고 나무 형태는 '행

수'와 유사한 반개장성이다. 단과지 형성은 비교적 잘되지만 단과지의 유지성이 중간 정도로 각각의 꽃눈 간에 소질의 차이가 있어 충실한 꽃눈 확보가 요구된다. 액화아 형성도 중간 정도이다. 검은무늬병에는 저항성이나 검은별무늬병에는 약한 편이다. 익는 시기가 빠른 품종 중에서는 과실의 크기가 크다. 꽃눈 확보가 용이하지 않아 수량성은 높지 않으며 약 3,300kg/10a(대비 : '원황' 3,300kg/10a) 정도이다.

○ 꽃과 과실 : 꽃 피는 시기는 나주에서 4월 14일로 '신고' 품종에 비해 3~4일 늦지만 꽃가루는 풍부하다. 자가불화합 유전자형은 S_3S_4이다. 최근에 개발되어 재배 중인 '만풍배', '화산', '원황' 등과는 친화성이 높고 개화기가 유사하여 수분수로 이용성이 높다. 익는 시기가 나주에서 8월 하순인 조생종이며 녹색 편원형 과실이다. 육질은 유연, 다즙하면서 아삭아삭 씹히는 맛이 있어 식미가 극히 우수하나 대부분의 조생종과 같이 상온 저장력은 10일 정도로 짧은 편이다. 수확기가 지나면 내부 성숙이 진행되면서 과피가 부분적으로 황색으로 착색되며 이때 과실은 보구력이 급격히 저하되므로 수확기 판정에 주의해야 한다.

나. 재배 요점

○ 화분량이 많아 수분수로 적합하지만 만개기가 늦은 계통으로 '신고' 등 개화기가 빠른 품종은 주 수분수보다는 보조 수분수로 활용하는 것이 좋다. 자가불화합 유전자형이 같은 '황금배', '조생황금', '신일', '한아름', '신천', '진황', '신세기' 등과는 불친화성이므로 이들을 수분수로 사용할 수 없다.

○ 동록 발생 방지를 위해 '황금배' 전용 봉지를 조기에 씌워야 한다.

○ 수세가 강하고 신초 발생이 많기 때문에 솎음전정과 유인을 철저히 한다. 단과지 형성 및 유지성은 '원황'에 비해 좋은 편이나 5년 이상 된 꽃눈은 소질이 나빠질 수 있으므로 철저한 결과지 관리가 요구된다.

○ 과실의 균일도(모양, 숙도 등) 향상을 위해 꽃눈 정리를 철저히 하여 균일한 소질의 꽃눈을 확보할 수 있도록 정밀한 수체 관리가 필요하다.

○ 녹색 과피 계통으로 수확기 판정에 유의하고 수확 즉시 출하하여 유통시키는 것이 좋다.

다. 금후 전망

배는 주로 황갈색 과피의 과실로 단순하지만, 녹색 과피의 과실은 소비자의 호기심을 자극할 수 있는 새로운 상품으로 개발이 가능하기 때문에 다양한 판로 개척에 유리하다.

(3) 금촌조생(今村早生, Geumchonjosaeng)

1971년 '금촌추'에 '단배'를 교배하여 1996년 1차 선발하고, 1997년부터 지역 적응성을 검토한 결과, 조생종이며 대과로 맛이 좋아 2001년 최종 선발·명명되었다.

(그림 2-13) 금촌조생

가. 주요 특성

○ 나무 및 결실성 : 나무자람새가 강하고, 나무 형태는 반개장성이다. 단과지 형성 및 유지성이 좋으며 겨드랑이 꽃눈 형성은 중간 정도이다. '행수'나 '원황'에 비해서는 꽃눈 형성과 유지가 잘되어 재배가 용이하다. 풍산성으로 수량은 3,600kg/10a 정도이다. 검은무늬병에 저항성이고 검은별무늬병에도 '신고'보다 강하다.

○ 꽃과 과실 : 꽃 피는 시기는 '신고'보다 2일 정도 늦고 꽃가루는 풍부하며 주요 재배 품종과 교배친화성이 있어 수분수로 이용할 수 있다.

과실이 익는 시기는 나주에서 9월 5일에서 10일 사이인 조생종으로 이른 추석에 출하가 가능하다. 과실 모양은 과정부가 돌출하는 '금촌추'와 같은 형태이며 껍질보다 과육이 먼저 익는 과육선숙형으로 과피색은 녹황갈색이다. 과실 무게는 593g으로 '금촌추'와 같이 대과종이고 당도는 13.2 °Bx의 고당도이다. 육질은 유연, 다즙하면서 '단배'와 같이 아삭아삭 씹히는 맛이 있어 식미가 극히 우수한 품종이다. 조생종 품종으로는 상온보구력이 20일 정도로 아주 강하여 동일 시기에 출하되는 다른 품종에 비해 유통 및 판매에 유리하다.

나. 재배 요점
○ '금촌추'처럼 단과지 형성 및 유지성이 좋아 전정상 어려운 점은 없으나 강한 절단전정보다는 여름철 유인 작업을 철저히 하고 솎음전정 위주로 해야 한다. 세력이 강한 가지는 약전정으로 형질이 우수한 결과지를 확보하고 세력이 약한 가지는 강전정하여 예비지로 이용한다.
○ 배수가 불량하거나 질소 비료가 과다하면 과피가 거칠어지고 착색이 불량하므로 배수가 잘되게 하고 질소질이 과다하지 않도록 해야 한다. 또한 대과종으로 과경이 길고 약하여 태풍 내습 시 낙과가 우려되므로 방풍 대책이 필요하다.
○ 과육이 과피보다 먼저 성숙하는 과육선숙형 품종으로 과실이 성숙되어도 과피에 녹색이 남아 있다. 과피가 황갈색으로 착색이 진행되면 완숙과가 되어 과육갈변, 밀증, 바람들이 등 생리장해 발생이 많아질 수 있으므로 수확기 판정에 주의해야 한다.
○ 수량은 '금촌추'와 비슷하나 적정 착과량 유지로 수세 안정을 도모한다. 충분한 수분수를 확보하고, 개화기 일기 불순 시 인공수분을 실시하여 정형과 생산에 힘쓰도록 해야 한다.

(4) 조이스킨(Joyskin)
　　1994년 '황금배'에 '조생적'을 교배하여 2005년 1차 선발하고, 2006년부터 지역 적응성을 검토한 결과, 중소과이며 맛이 좋고 껍질째 먹을 수 있어 2011년 최종 선발·명명되었다.

(그림 2-14) 조이스킨

가. 주요 특성

○ 나무 및 결실성 : 나무자람새가 다소 강하고 나무 형태는 반개장형이다. 신초 발생은 잘되는 편이며, 단과지 형성이 쉽고 결실도 안정적이다. 검은무늬병에 저항성이며 검은별무늬병에는 중 정도의 감수성을 보인다.

○ 꽃과 과실 : 꽃 피는 시기는 '황금배'보다 1일 늦고 꽃가루는 거의 없다. 과실이 익는 시기는 나주에서 '황금배'보다 8일 정도 빠른 9월 8일로 조생종이다. 과형은 원형, 과피색은 녹황색이며, 평균 과중은 320g 내외이다. 당도는 15.2°Bx로 높고 당산이 조화되어 맛이 진하며 육질이 아삭아삭하여 식미가 우수하다. 껍질이 쉽게 부서지며 이취가 없어 껍질째 먹을 수 있다.

나. 재배 요점

○ 단과지 형성 및 유지성이 좋아 연차가 다른 꽃눈이 혼재하여 과실의 균일도가 떨어질 수 있으므로 적절한 꽃눈 정리로 균일한 꽃눈 확보가 필요하다.

○ 수세가 약해질 수 있으므로 적절한 수체 관리가 요구된다.

○ 과피에 동록이 발생하므로 '황금배' 전용 봉지를 조기에 씌워 동록 발생을 방지해야 한다.

○ 꽃가루가 없어 안정적인 착과를 위해 수분수 확보와 인공수분을 철저히 해야 한다.
○ 여름철 야간 온도가 고온으로 지속되면 과피가 질겨질 수 있으므로 열대야가 예상되는 날에는 수관 상부에서 스프링클러 등으로 관수하여 야간 온도를 낮추어 주는 것이 좋다.

다. 금후 전망

껍질을 깎지 않는 품종들이 조생종 중심으로 구성되어 있어 저장력이 약해 단일 품종으로는 시장 공급에 한계가 있다. 이 때문에 9월 상순에 껍질째 먹는 배 시장에 지속적인 과실 공급을 위한 품종 다변화에 유용할 것으로 기대된다.

(5) 설원(雪園, Seolwon)

1994년에 '수황배'에 '만풍배'를 교배하여 2005년 1차 선발한 후 지역 적응성 시험을 거쳐 2010년 최종 선발·명명하였다.

(그림 2-15) 설원

가. 주요 특성
○ 나무 및 결실성 : 나무자람새가 비교적 강하고 나무 형태는 반개장형이다. 신초 발생은 잘되는 편이고 단과지 형성이 쉽다. 결실은 잘되

어 수량은 3,400kg/10a 정도이다. 검은무늬병에 저항성이며 검은 별무늬병에도 비교적 강하여 친환경 재배가 가능하다.

○ 꽃과 과실 : 꽃 피는 시기는 '신고'보다 3~4일 늦지만 꽃가루가 풍부하고 주요 재배 품종과 친화성이 있다. 꽃이 늦게 피어 늦서리 피해를 피할 수 있다. 익는 시기는 나주에서 9월 9일 전후이며 원편원형의 녹색 과피이다. 과중은 520g, 당도는 13.7°Bx로 비교적 높고 신맛이 없으며, 육질이 아삭아삭하고 과즙이 풍부하여 식미가 좋다. 깎아놓은 과육의 변색이 적고 과육이 다소 단단하여 신선 편이 가공에 적합하다. 신선 편이 제작 후 냉장 조건에서 15일 후에도 육질의 아삭함이 유지되어, 제작 과정에서 유해균에 오염되지 않을 경우 10일 정도는 안정적으로 냉장유통이 가능하다. 저온 저장 시 익년 2~3월까지 저장이 가능하다.

나. 재배 요점

○ 단과지 형성 및 유지성이 좋아 연차가 다른 꽃눈이 혼재하여 과실의 균일도를 떨어뜨릴 수 있으므로 적절한 꽃눈 정리로 균일한 결과지를 확보해야 한다.

○ 수세가 약해질 수 있으므로 적절한 수체 관리가 요구된다.

○ 생과용으로 생산할 경우에는 과피에 동록이 발생하여 품질을 저하시킬 수 있으므로 '황금배' 전용 봉지를 조기에 씌워 동록 발생을 방지한다.

○ 병해에는 강하지만 꼬마배나무이 등이 발생할 수 있으므로 해충 관리에 유의한다.

다. 금후 전망

핵가족화와 맞벌이의 증가 등으로 가정에서 편리하게 먹을 수 있는 간편한 상품이 개발되어 유통되고 있다. 과실도 작은 크기로 절단하여 바로 먹을 수 있는 신선 편이 제품이 점차 증가하고 있다. '설원'은 과육 절단면의 변색이 적고 과육이 다소 단단하여 신선 편이 가공에 적합하여 가공용으로 생산이 기대된다.

(6) 슈퍼골드(Supergold)

1994년 '추황배'에 '만풍배'를 교배하여 2004년 1차 선발하고 지역 적응성 시험을 거쳐 2008년에 최종 선발·명명하고, 2011년부터 보급을 시작하였다.

(그림 2-16) 슈퍼골드

가. 주요 특성

○ 나무 및 결실성 : 나무자람새가 강하며 나무의 형태는 반개장성이다. 단과지가 잘 형성되며 유지성도 좋아 재배 관리가 쉽다. 검은무늬병에 저항성이나 검은별무늬병에는 다소 약하여 적극적인 병해방제가 요구된다.

○ 꽃과 과실 : 꽃 피는 시기는 나주 기준 4월 14일로, '신고'보다 1~2일 늦다. 개화 직전의 꽃잎 색은 백색이고, 약색은 자주색이다. 꽃가루는 100화당 245mg으로 풍부하여 수분수로 이용할 수 있으나 개화기가 다소 늦다. 자가불화합 유전자형은 S_3S_4이다. 익는 시기는 나주에서 9월 12일 전후인 중생종이다. 과중은 680g의 중대과종으로 과형은 편원형에, 과피색은 녹황색으로 외관이 수려하다. 과실의 성숙이 계속 진행되면 황금색으로 착색되지만, 착색된 과실은 과숙 상태이므로 과육에 힘이 없고 식미가 떨어진다. 적숙기에 수확한 과실의 과육은 유연하며 과즙이 많고, 당도가 14.3°Bx로 높으며 신맛이 있어 식미가 매우 우수하다.

나. 재배 요점

○ 녹황색 과실로 숙기 판정 주의가 필요하다. 황색으로 착색된 과실은 완숙된 과실이므로 수확 즉시 유통하는 것이 바람직하다.

○ 단과지 유지성이 좋아 연차가 다른 꽃눈이 혼재되어 있을 경우 과실 균일도가 저하될 수 있다. 따라서 소질이 균일한 3~4년생 꽃눈을 확보할 수 있도록 적절한 결실지 관리가 필요하다.

○ 녹황색 과실로 동록이 발생하므로 '황금배' 전용 봉지를 조기에 씌워 동록 발생을 줄여야 한다. 그러나 식미 등 내부 품질 저하의 우려가 있어 직판 등 맛을 위주로 판매할 경우 외관보다는 식미에 주안점을 두고 과실을 생산하는 것이 바람직하다.

○ 검은별무늬병에 이병성이므로 봄철 저온기에 초기 방제를 철저히 한다.

○ 자가불화합 유전자형은 S_3S_4로 확인되었으며 동일한 유전자형을 가진 '황금배', '조생황금', '신일', '진황', '녹수' 등의 품종과는 교배 불친화성이나 '신고' 등 주요 재배 품종과 교배친화성이 높다. 특히 꽃 피는 시기가 다소 늦은 '화산', '만풍배', '원황' 등의 수분수로 적합하다. S_3 유전자를 가진 '신고', '원황', '화산', '만풍배' 등에 인공수분용 꽃가루로 활용 시 증량제는 1/2 수준으로 줄여서 사용하는 것이 좋다.

다. 금후 전망

최근 소비 동향 조사에서 맛이 뛰어난 과실을 선호하는 소비자가 증가하고 있다. 크기가 작은 과실로 식미가 비교적 균일하며 당산이 조화되고 부드러운 육질과 풍부한 과즙으로 소비자 만족도가 높아 일상 소비용 품종으로 적합하다.

(7) 신화(新華, Sinhwa)

1995년에 '신고'에 '화산'을 교배하여 2003년 1차 선발한 후 지역 적응성 시험을 거쳐 2009년 명명하고, 2013년부터 묘목을 생산하여 보급하고 있다.

(그림 2-17) 신화

가. 주요 특성

○ 나무 및 결실성 : 나무자람새가 강하고 나무 형태는 반개장형으로 신초 발생이 잘된다. 단과지 형성이 쉽고 결실이 양호하여 수량이 높다. 검은무늬병에 저항성이며 검은별무늬병에도 비교적 강하여 친환경 재배도 가능하다.

○ 꽃과 과실 : 꽃 피는 시기는 '신고'와 거의 같으며 꽃가루가 적어 단일 수분수로 활용하기는 어렵다. 나주에서 평균 숙기가 9월 15일로 '원황'보다 15일 늦고 '신고'보다 15일 이상 빠른 중생종이다. 과형은 편원형, 과피색은 황갈색이며, 평균 과중은 630g 내외이다. 당도는 13.0°Bx 정도로 높고 풍부한 과즙과 부드러운 육질로 뛰어난 식미를 가진 고품질의 추석 선물용으로 적합하다. 상온에서 30~50일 정도 보관이 가능하여 저장력도 우수한 편이다.

나. 재배 요점

○ 단과지 형성 및 유지성이 좋아 연차가 다른 꽃눈이 혼재하여 과실의

균일도가 떨어질 수 있으므로 적절한 꽃눈 정리로 균일한 꽃눈을 확보해야 한다.

○ 검은별무늬병에 비교적 강하여 친환경 재배도 가능하지만 꼬마배나무이가 발생하기 쉬우므로 방제에 유의해야 한다.

○ 수정이 불량하여 종자 형성이 빈약할 경우 과경부에 골이 질 수 있다. 수분수 확보, 인공수분 등을 철저히 하여 많은 종자가 형성될 수 있도록 결실 관리를 해야 한다.

○ 유목기에는 만개 후 60~70일(6월 하순)에 열과가 발생할 수 있다. 만개 후 50~80일경에는 토양 내에 급격한 수분 변화가 발생하지 않도록 관리를 철저히 해야 한다.

다. 금후 전망

부드러운 육질과 풍부한 과즙으로 맛이 뛰어나 일상 소비에도 적합하다. 추석이 9월 중순 이후에 오는 해에는 추석용으로 출하가 가능한 중생, 중대과 품종으로 추석 선물용으로 재배가 증가될 것으로 기대된다.

(8) 창조(創造, Changjo)

1995년 '수진조생'에 '81-1-27'(단배×만삼길)을 교배하여 2000년에 1차 선발하고 2005년부터 5년간 지역 적응성 시험을 거쳐 2009년에 최종 선발·명명하였다.

(그림 2-18 창조)

가. 주요 특성

○ 나무 및 결실성 : 나무자람새가 다소 강하며 나무의 형태는 반개장성이다. 단과지가 잘 형성되며 유지성도 양호하다.

○ 꽃과 과실 : 5년간 수원에서 평균 만개일은 4월 22일로 '신고'보다 2일 가량 늦고, 숙기는 10월 2일로 만개일부터 성숙일까지 163일이 소요되었다. 171일 소요되는 '신고'보다 8일 정도 빠른 중생종이다. 과형은 원형, 과피색은 황갈색이며, 평균 과중은 789g이다. 당도는 13.1°Bx로 높고 부드러운 육질과 과즙이 많아 식미가 우수하다. 상온보구력이 20일 정도로 짧기 때문에 저온유통하는 것이 바람직하다. 자가불화합 인자형이 S_3S_4로 '황금배'와는 교배 불친화성이며 '신고', '원황', '화산' 등 국내 주요 재배 품종들과는 교배친화성이 있다. 꽃가루도 풍부하여 수분수로도 활용할 수 있다.

나. 재배 요점

○ 단과지 형성 및 유지성이 좋아 연차가 다른 꽃눈이 혼재하여 과실의 균일도가 떨어질 수 있으므로 적절한 꽃눈 정리로 균일한 꽃눈을 확보해야 한다.

○ 검은무늬병에는 저항성이나 검은별무늬병에는 '신고' 정도의 감수성으로 적기 방제가 필요하다.

○ 수정이 불량하여 종자 형성이 빈약할 경우 과경부에 골이 질 수 있다. 수분수 확보, 인공수분 등을 철저히 하여 많은 종자가 형성될 수 있도록 결실 관리를 해준다.

다. 금후 전망

수확기는 9월 중순(남부 지역)~10월 상순(중북부 지역)으로, 추석에 적합한 제수 및 선물용 대과 품종이다. 지역에 따라 주 품종 또는 수분수 품종으로 재배될 것으로 예상된다.

(9) 그린시스(Greensis)

1994년 '황금배'에 '바틀렛'을 교배하여 2006년에 1차 선발하고, 2007년부터 지역 적응성을 검토한 결과, 검은별무늬병에 강하고 품질이 우수하여 2012년 최종 선발·명명하였다.

(그림 2-19) 그린시스

가. 주요 특성

○ 나무 및 결실성 : 나무자람새가 다소 강하고 나무 형태는 반개장형이며 신초 발생이 잘되는 편이다. 단과지 형성은 중간 정도이나 결실이 양호하다. 검은무늬병에 저항성이며 검은별무늬병에도 강하다. 실내에서 검은별무늬병에 대한 평가 결과 이병률이 3.3%로 거의 감염되지 않았다. 수량성은 3,300kg/10a 정도이다.

○ 꽃과 과실 : 꽃 피는 시기는 '신고'보다 4~5일 늦고 꽃가루는 거의 없으나 주요 재배 품종과 친화성이 높다. '그린시스'의 적정 수확 시기는 만개 후 150~160일 사이로 추정되지만 만개 125일 전후로 과실 내부의 생리적 변화가 급격하게 일어난다. 그러므로 만개 125일 이후부터는 주기적인 품질 평가를 실시하고, 이를 기준으로 유통하고자 하는 목적에 따라 과실을 수확할 필요가 있다. 원형에 녹색 과피의 과실로 과중은 470g, 당도는 12.3˚Bx이다. 과실의 성숙기가 가까워질수록 프럭토스가 증가하고 소르비톨과 글루코스 함량은 상

대적으로 안정적으로 유지된다. 성숙기가 가까워져도 수크로스 함량이 급격하게 증가하지 않아 서양배와 비슷한 당 조성을 보여준다. 육질이 아삭아삭하고 부드러우며 석세포가 거의 없고 과즙이 풍부하여 식미가 좋다. 꽃눈이 불충실하거나 수정이 불량할 경우 과면에 골이 질 수 있다. 상온에서 50일 이상 유통이 가능하고 저온 저장을 할 경우 다음 해 7~8월까지도 보관이 가능하다.

나. 재배 요점
○ 단과지 형성 및 유지성이 중 정도이고 불충실한 꽃눈에서 착과한 과실은 과형이 불안정해진다. 안정적인 결실량 확보 및 정형과 생산을 위해 예비지 전정을 통한 우량 결과지 확보에 유의해야 한다.
○ '그린시스'의 자가불화합 유전자형은 S_4S_e로 모친인 '황금배'로부터 S_4, 부친인 '바틀렛'으로부터 S_e인자가 유전되었다.
○ 개화기가 비교적 늦고 꽃가루가 거의 없다. 따라서 개화기가 유사하며 꽃가루가 풍부한 수분수를 병행하여 안정적인 결실 및 정형과 생산을 도모해야 한다.

다. 금후 전망
안전한 농산물에 대한 소비자 요구가 증대되면서 배에서도 친환경 재배가 요구되고 있다. 유기재배 등 친환경 생산에서 병해방제가 가장 큰 문제 중 하나인데, 검은별무늬병에 저항성인 '그린시스'는 친환경 재배 농가와 수출 농가에서 유망할 것으로 판단된다.

(10) 만황(滿黃, Manhwang)

1986년 '만삼길'에 '추황배'를 교배하여 2000년에 만생종으로 품질이 우수하여 1차 선발하였다. 2002년부터 지역 적응성을 검토한 결과, 장기저장용 만생종으로 우수성이 인정되어 2006년 선발·명명하고, 2011년부터 보급하고 있다.

(그림 2-20) 만황

가. 주요 특성

○ 나무 및 결실성 : 나무자람새가 강하고 나무 형태는 직립성이며, 단과지 형성 및 유지성이 좋은 편이다. 1년생 신초는 굵고 짧게 발생하며 단단하여 동절기 유인이 쉽지 않다. 과실의 크기가 중대과종으로 수량성은 3,400kg/10a(대비 : 추황배 3,200kg/10a) 정도이다.

○ 꽃과 과실 : 꽃 피는 시기는 '신고'보다 3~4일 정도 늦다. 꽃이 많이 피고 꽃가루도 풍부해 대부분의 재배 품종과 친화성이 있어 수분수용 품종으로 활용이 가능하다. 익는 시기는 나주에서 10월 26일로 만생종이다. 황갈색 원형 과실로 과피에 갈색 가루가 있고, 평균 과중이 563g으로 중대과종이다. 당도는 14.0°Bx로 높고 단맛과 신맛이 잘 조화되어 있다. 육질은 유연, 다즙하면서 아삭아삭 씹히는 맛이 있어 식미가 매우 우수하다. 상온보구력은 90일 정도이며 저온 저장 시 익년 7월까지 저장이 가능하다. 장기저장 후에 과실의 신맛은 신선한 느낌을 준다.

나. 재배 요점

○ '만황'의 자가불화합 유전자형은 S_5S_6으로 현재 재배 중인 대부분의 품종과 친화성이 있다. 만개기는 다소 늦고 꽃가루가 풍부하다. 최근에 육성된 대부분의 품종에 대해서 수분수로 활용이 가능하지만 '신고', '황금배' 등 개화가 빠른 품종은 주 수분수보다는 보조 수분수로 활용하는 것이 좋다.

○ 수세가 강하고 신초 발생이 많기 때문에 솎음전정과 유인을 철저히 해야 한다. 꽃눈의 소질에 따라 과실의 균일도가 좌우되므로 3~4년 생의 충실한 꽃눈을 확보할 수 있도록 수체 관리를 해야 한다.

○ 신초가 짧고 강하게 발생하여 유인이 어렵기 때문에, 유인이 필요한 가지는 새 가지가 경화되기 전에 실시하는 것이 효율적이다. 지나치게 일찍 유인하거나 심하게 유인할 경우 2차 생장이나 2차지 발생으로 불량 결과지가 될 수 있으므로, 과원의 상태와 조건에 맞추어 유인 시기를 잘 설정해야 한다.

○ 종자가 불충분할 경우 과형이 일그러질 수 있으므로 수분수를 충분하게 확보하거나 인공수분 등을 실시하는 것이 좋다.

○ 수확기에 저온이 빨리 오는 중북부 지방이나 고산지에서는 과실에 신맛이 강하게 남을 수 있으므로 중부나 남부 지방, 해안 지역의 만생종으로 적합하다.

○ 저온 저장 시 과피흑변이 나타날 수 있으므로 수확 후 예건 등 적절한 예방 조치가 요구된다.

○ 검은별무늬병에 비교적 강하나 꼬마배나무이의 발생에 유의해야 한다.

다. 금후 전망

꽃가루가 없는 '신고' 단일 품종 재배와 노동력 부족으로 적절한 시기에 인공수분을 실시할 수 없어 결실량 확보가 점점 어려워지고 있다. 이를 해소하기 위해 수분수 품종을 함께 재배해야 한다. '만황'은 꽃가루가 풍부하고 친화성이 높아 수분수 품종으로도 좋고 저온 저장력이 뛰어나 배 과실의 연중 공급도 가능하기 때문에 소비시장의 안정적 확보에도 좋다.

(11) 스위트코스트(Sweet Cost)

2000년 '원황'에 '오사이십세기' 자식 호모계통(자가불화합인자형 $S_4{}^{sm}$ $S_4{}^{sm}$)인 '92-18-31'을 교배하여 2006년 1차 선발하고 2008년부터 지역 적응성 시험을 거쳐 2012년에 최종 선발·명명하였다.

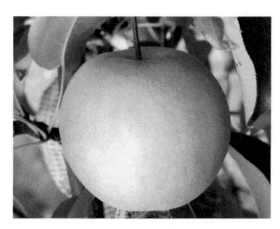

(그림 2-21) 스위트코스트

가. 주요 특성

○ 나무 및 결실성 : 나무자람새가 다소 강하며 나무의 형태는 반개장성 이다. 단과지가 잘 형성되며 유지성은 중간 정도이다.검은무늬병에 저항성이나 검은별무늬병에는 다소 약하여 적극적인 병해방제가 요 구된다.

○ 꽃과 과실 : 6년간 수원에서 평균 숙기가 9월 13일로, 만개일부터 성 숙일까지 137일이 소요되어 134일인 '원황'보다 3일 정도 늦고 '신 고'보다는 2주가량 빠른 중생종이다. 과형은 원편원형, 과피색은 황 갈색이며, 평균 과중은 464g이다. 당도는 12.2°Bx로 높고 풍부한 과 즙과 부드러운 육질로 식미가 우수하다. 자가결실성으로 단일 품종 재배가 가능하다. '신고', '원황', '황금배' 등과 교배친화성이 있고 꽃 가루 양이 100화당 292mg으로 '원황' 113mg 등 다른 품종보다 많 아 수분수로도 활용가치가 높다.

나. 재배 요점

○ 자가결실성으로 과다 착과에 의한 수세가 약화되고 균일도가 떨어질 수 있으므로 조기 적뢰, 적화 및 적과로 수체 양분 유지가 필요하다.

○ 배 검은무늬병에는 저항성이나 검은별무늬병에는 감수성으로 적기 방제가 필요하다.

다. 금후 전망

대표 추석 품종 '원황' 등 34개 품종을 개발했으나, 배는 다른 과수에 비해 봉지 씌우기, 인공수분 등 재배 관리에 많은 노력이 소요되어 최근 10년간 재배 면적이 감소하였다. 인공수분을 하지 않아도 안정 결실이 가능하여 매년 결실이 불량한 지역을 중심으로 보급될 것으로 보인다.

(12) 솔미(Solmi)

1997년에 조생종이면서 식미와 외관이 우수한 '원황'과 조생종이면서도 보구력이 뛰어난 '선황'을 교배하여 2005년 1차 선발하고 2008년부터 지역 적응성 시험을 거쳐 2013년에 최종 선발·명명하였다.

(그림 2-22) 솔미

가. 주요 특성

○ 나무 및 결실성 : 나무자람새가 강하며 나무의 형태는 반개장성이고 단과지 형성 및 유지성은 중간 정도이다. 검은무늬병에 저항성이며 검은별무늬병에도 비교적 강하다.

○ 꽃과 과실 : 만개일은 '원황'보다 1~2일 빠르고 나주에서 평균 숙기는 9월 1일로 '원황'과 거의 같다. 과형은 원형, 과피색은 황갈색이며, 평균 과중은 390g 내외의 중소과종이다. 당도는 12.9°Bx 내외이며 육질이 유연하고 과즙이 풍부하여 식미가 우수하다.

나. 재배 요점

○ 단과지 형성 및 유지성이 중간 정도이므로 예비지 전정을 통한 우량 결과지 확보에 유의해야 한다.

○ 과피가 황갈색으로 착색되기 이전에 과육이 먼저 성숙되므로 수확기 판정에 유의해야 한다. 나무에서 지연수확해도 품질 변화가 크지 않아 수확기 폭이 넓으므로 유통 목표에 맞추어 수확 시기를 결정한다.

○ 조생종으로 상온 저장력이 '원황'보다는 길지만 만생종보다 짧은 10~15일 정도이다. 수확 즉시 예냉 등 저장력을 높일 수 있도록 수확 후 관리에 유의한다.

○ 유목기에는 만개 후 60~70일(6월 하순)에 열과가 발생할 수 있으므로 만개 후 50~80일에 토양 내 급격한 수분 변화가 발생하지 않도록 관리를 철저히 해야 한다.

다. 금후 전망

시장이 요구하는 장점을 골고루 갖고 있어, 조생종으로 재배 면적을 확보한 '원황', '한아름'과 최근 육성된 중소과 '소담', '소원'과 함께 소비 시기 다양화와 수출 확대에 크게 기여할 것으로 예상된다.

(13) 소담(Sodam)

1996년 중생종 녹황색 '황금배'에 중생종 '화산'을 교배하여 2005년 1차 선발하고 2008년부터 지역 적응성 시험을 거쳐 2013년에 최종 선발·명명하였다.

(그림 2-23) 소담

가. 주요 특성

○ 나무 및 결실성 : 나무자람새가 다소 강하며 나무의 형태는 반개장성이다. 단과지 형성은 중간 정도이고 결실은 양호하다. 검은무늬병에 저항성이며 검은별무늬병에도 비교적 강하다.

○ 꽃과 과실 : 만개일은 '원황'과 유사하고 숙기는 10일 정도 늦다. 과중은 455g으로 중소과종이며, 황갈색 과피의 편원형 과실이다. 육질이 아삭아삭하고 부드러우며 석세포가 거의 없고 당도가 13°Bx 내외로 과즙이 풍부하여 식미가 우수하다. 맛이 일찍 들기 때문에 수확은 9월 5일부터 20일까지 가능하다. 수확기 폭이 넓어 노동력을 분산시킬 수 있다. 상온에서 10~15일 정도 보관이 가능하며 수확 즉시 10℃ 정도에서 하루 정도 예냉할 경우 상온 저장력이 증진될 수 있다.

나. 재배 요점

○ 과피보다 과육이 먼저 익는 품종으로 과피에 녹색이 남을 수 있어 숙기 판정 시 유의해야 한다. 다만 맛이 일찍 들고 수확기 폭이 넓어(9월 5일부터 20일까지 수확가능) 노동력을 분산시키는 쪽으로 활용할 수도 있다.

○ 나무에서 지연수확해도 품질변화가 크지 않아 유통 목표에 맞추어 수확 시기 조절이 가능할 것으로 생각된다.

○ 조생종으로 상온 저장력이 10~15일 정도로 비교적 짧기 때문에, 수확 즉시 예냉 등을 통해 저장력을 높일 수 있도록 유의하여야 한다.

○ 꽃가루가 없기 때문에 수분수로 이용할 수 없다.

다. 금후 전망

한 손에 잡기도 불편하고 돌려 깎기도 힘든 커다란 배는 양도 많고 가격도 비싸, 혼자서 부담 없이 깎아 먹을 수 있는 작은 크기의 맛 좋은 배 개발 요구가 높았다. '소담'은 더운 여름에 시원하고 알차게 소비할 수 있는 작은 크기의 중소과 품종으로 생산자와 소비자의 큰 기대가 예상된다.

(14) 소원(Sowon)

1996년 만생종 '추황배'에 중생종 '풍수'를 교배하여 2005년 1차 선발하고 2008년부터 지역 적응성 시험을 거쳐 2014년에 최종 선발·명명하였다.

(그림 2-24) 소원

가. 주요 특성

○ 나무 및 결실성 : 나무자람새가 강하며 나무의 형태는 반개장성이고, 단과지 형성 및 유지성은 중간 정도이다. 검은무늬병에 저항성이며 검은별무늬병에도 비교적 강하다.

○ 꽃과 과실 : 나주에서 '원황'보다 만개기는 3일 가량 늦고 숙기는 9월 5일로 '원황'보다 5~6일 늦다. 과형은 원형이며 과피색은 황갈색이고 평균 과중은 400g 내외의 중과종이다. 당도가 12.8°Bx 내외로 높고 산미가 조화되어 맛이 진하다. 육질이 유연, 다즙한 고품질 과실로 생산이 기대된다. 꽃눈 유지성은 비교적 양호하며 화분량은 0.22g/100화 수준으로 원황과 비슷하며, 자가불화합인자는 $S_3 S_4$ 로 추정된다.

나. 재배 요점

○ 400g 내외의 중소과종이므로 적과를 조기에 철저히 실시하여 지나치게 소과가 되는 것을 방지한다.

○ 종자 형성이 불량하거나 지나친 강전정 시 과면에 골이 질 수 있으므로, 충분한 수분수 확보 또는 인공수분이 필요하다.

○ 봉지에 따라 성숙기가 되어도 과피에 녹색이 남을 수 있으므로 봉지 선택에 주의한다.

○ 조생종으로 상온 저장력이 10~15일 정도로 비교적 짧고 과피흑변이 발생할 우려가 있으므로 수확 후 관리에 유의한다.

다. 금후 전망

소비 환경 변화에 적합한 배 품종 보급이 '신고' 편중 재배를 해소할 수 있는 대안으로 제시되고 있다. 다양한 소비자 요구에 적합한 품종 육성과 보급을 통해 83%에 육박하는 '신고' 품종 재배 면적을 70%로 낮추기 위한 노력이 필요하다.

(15) 기후일호(Wonkyo-Nagiwho1)

1995년 '황금배'와 '이십세기'를 교배하여 2005년부터 7년 동안 지역 적응성 시험을 거쳐 저온요구도가 낮은 품종으로 2011년에 최종 선발·명명하였다.

(그림 2-25) 기후일호

가. 주요 특성

○ 나무 및 결실성 : 나무자람새가 강하며 나무의 형태는 반개장성이고 단과지 형성 및 유지성이 좋다. 검은무늬병에 저항성이며 검은별무늬병에도 비교적 강하다.

○ 꽃과 과실 : 나주에서 '황금배'보다 만개기는 3~5일가량 늦고 숙기는 9월 6일로 9일 정도 빠르다. 과형은 원형이며 과피색은 선황색이고 평균 과중은 316g 내외의 중과종이다. 당도가 15.0°Bx 내외로 높으며 육질이 아삭아삭하고 당산이 조화되어 식미가 우수하다. 꽃가루가 없어 수분수로의 이용은 부적합하다.

나. 재배 요점

○ 단과지 형성 및 유지성이 좋아 연차가 다른 꽃눈이 혼재하여 과실의 균일도가 떨어질 수 있으므로, 적절한 꽃눈 정리로 균일한 꽃눈을 확보해야 한다.

○ 과피에 동록이 발생하므로 녹색 배 전용 봉지를 조기에 씌워 동록을 방지한다.

○ 나무를 식재할 때 물빠짐이 좋도록 두둑을 높여 식재하고, 수확기 무렵에는 관수 차단을 통해 당도를 향상시킨다.

다. 금후 전망

일반적으로 온대 지방에서 사는 배나무는 겨울 동안 7.2℃ 이하의 저온에서 1,300~1,500시간의 겨울잠을 자는데, 이것을 저온요구도라고 한다. '기후일호'는 저온요구 시간이 1,000시간 이내로 짧아 온난화 조건에서 재배지 변동 없이 배 생산이 가능하여 안정적인 재배가 가능하다는 점에서 가치가 높다. 1~2인 가구수가 증가하고 있는 점은 크기가 작은 과실에 대한 수요가 많아질 것으로 예측할 수 있다. 300g 수준으로 크기가 작고 당도(15˚Bx)가 높은 '기후일호'는 일상 소비용 과실로서 적합할 것으로 기대된다.

다 보존 품종의 특성

(1) 미니배(Minibae)

(그림 2-26) 미니배

1982년 '단배'에 '행수'를 교배하여 1994년부터 3년간 지역 적응성 시험을 거쳐, 극조생으로 모양이 좋고 품질의 우수성이 인정되어 1996년 최종 선발·명명하였다.

나무자람새가 강하고 반개장성이며 새 가지가 가늘다. 단과지 형성 및 유지는 중 정도이고 겨드랑이 꽃눈의 형성은 잘되는 편이며 결실 연령이 빠르다. 꽃이 활짝 피는 시기는 '신고'보다 3~4일 정도 늦다. 꽃가루가 많고 주요 재배 품종과 교배친화성이 높아 수분수로도 유망한 품종이다. 성숙기는 8월 5일 전후로서 현 재배 품종 중 가장 빨리 수확할 수 있어 단경기 출하에 유리하다. 과일 모양은 원형이며 과피색은 선명한 황갈색으로 모양이 좋다. 과피가 보기 좋고 봉지 씌우기를 하지 않아도 재배가 가능하다.

과일 무게는 210~240g 내외로 작고, 당도는 10.5°Bx로 감미가 약간 떨어지나 산미가 적으며 육질이 부드럽고 즙이 많아 맛이 우수하다. 과육색은 황백색이고 껍질이 얇아 껍질째 먹을 수 있으며 과심이 극히 작아 먹을 수 있는 부위가 많다. 배의 주요 병해인 검은별무늬병과 검은무늬병에 대한 저항성이 매우 강하여 재배가 용이하다. 수량성이 2,300kg/10a 정도이며, 극조생종으로 상온 저장력은 7일 정도로 약한 편이다. 재배 권장 지역은 익음 시기가 빠른 남부 지역이다.

〈재배상 유의점〉
○ 상온에서의 저장력이 극히 약하므로 직접 판매가 가능한 과수원에서 재배하거나 냉장시설이 완비된 상태에서 유통이 요구된다.
○ 토양이 지나치게 말라 있거나 너무 습한 상태가 되지 않도록 관·배수에 유의해야 한다. 과실이 너무 많이 달리면 과실이 작아질 우려가 있어 적절한 봉오리 따주기와 열매솎기를 실시하여 과실 크기를 좋게 해 주어야 한다.
○ '선황'과 교배하면 착과율이 낮아 수분수로 이용하기 어렵다.

(2) 감로(甘露, Gamro)

(그림 2-27) 감로

1986년에 '신고'와 '신수'를 교배하여 1994년부터 3년간 지역 적응성 시험을 거쳐 극조생 대과, 고품질 여름배로 1996년에 최종 선발하였다.
나무자람새가 강하고 나무 형태는 반개장성이다. 짧은 열매가지 형성 정도는 중~강으로 '신수'보다는 강하다. 검은무늬병에 저항성이다. 꽃이 활짝 피는 시기는 '신수'보다 2일 빠르고 '신고'보다는 늦다. 꽃가루 양이 매우 적어 수분수로 이용하기에는 부적합하다.

과실의 수확기는 8월 중순으로 '신수'보다 4일 늦고 '행수'보다 1주일 빠르다. 수량은 3,000kg/10a으로서 조생종 중에서는 다수성이다. 과일 모양은 원편원형이고 과피색은 선황갈색으로 착색이 잘되며 모양이 좋다. 과일 무게는 313g이다. 당도는 13.8°Bx로서 '신고'보다 훨씬 높으며 육질은 연하고 석세포가 적어 맛이 우수하다. 이 품종은 '신수' 대체 품종으로서 '신수'보다 과일이 크며 과피색이 선명하고 모양과 맛이 좋은 여름배이다. 검은무늬병에 저항성이므로 재배가 용이한 품종이다.

〈재배상 유의점〉
○ 배나무잎검은점병에 발현성으로 높이접 갱신 시 주의가 필요하다.
○ 단과지 형성이 용이하지만 '신고'에서처럼 강전정을 삼가고 솎음전정 위주로 하는 것이 좋다.
○ 일찍 철저하게 열매솎기를 하여 균일한 과실 생산을 유도해야 한다. 지나치게 큰 과실은 과일 모양이 불규칙하게 될 수도 있다. 과도한 질소 비료 사용은 성숙기를 지연시키므로 삼가야 한다.

(3) 신천(新千, Shincheon)

(그림 2-28) 신천

1988년에 '신고'와 '추황배'를 교배하여 1997년부터 3년간 지역 적응성을 검토한 결과 조생종 여름배로 품질이 우수하여 2000년 최종 선발하였다.

나무자람새가 강하고 나무 형태는 직립성이다. 검은무늬병에 내병성이다. 만개기는 '신고'와 같이 빠르며 숙기는 8월 상중순으로 '장수'보다 1주일 늦고 '신수'와 동일한 시기에 출하할 수 있다. 과중은 360g 정도로 '신수'보다 크고, 과피색이 수려하며 착색이 비교적 잘되어 모양이 좋다. 육질은 부드럽고 즙이 많으며 당도는 13.2°Bx로 높고 신맛이 적절하여 맛이 우수하다. 기존의 조생종 품종에 비해 꽃눈 형성이 잘되고 수량이 높으며 품질이 우수하여 보급전망이 높다.

(4) 신일(新一, shinil)

(그림 2-29) 신일

1978년에 '신흥'과 '풍수'를 교배하여 지역 적응성 검토 결과 조생종으로 모양이 보기 좋고 맛이 우수하여 1995년 최종 선발하였다.

나무자람새는 중이며 반개장성이다. 배나무잎검은점병에 저항성이 높아 재배가 쉽고, 단과지 형성이 잘되며 다수성이다. 꽃이 활짝 피는 시기는 '장십랑'과 같고 꽃가루가 많아 주요 재배 품종과 교배친화성으로서 수분수 품종으로도 좋다. 성숙기는 9월 상순경이다. 과일 모양은 원형에 가까운 편원형이며 과피색은 선명한 담황갈색으로 모양도 좋다. 과일 무게는 370g으로 '장십랑' 정도이며 당도는 13.8°Bx로 '장십랑'보다 높고 육질이 부드럽고 즙이 많으며 석세포가 극히 적어 '장십랑'과 크게 대비된다. 과육색은 투명한 백색이다.

〈재배상 유의점〉
○ 작은 과실 : 대부분의 조생종은 과실의 크기가 작은 편으로 철저한
   꽃봉오리 따기와 열매솎기를 하여 과실의 크기를 좋게 한다.
○ 성숙기 판정 : 너무 익을 염려가 있으므로 잘 익기 10일 전부터 육질,
   맛 등을 검토하여 수확하기에 알맞은 때를 판단한다.

(5) 선황(鮮黃, Sunwhang)

(그림 2-30) 선황

1986년에 '신고'와 '만삼길'을 교배하여 1994년부터 3년간 지역 적응
성을 검토하여 '신고'의 외관과 유사하면서 성숙기가 빠른 조생종으로 각
광 받아 1996년에 최종 선발하였다.

나무자람새가 강하고 나무 형태는 반개장성이다. 짧은 열매가지 형성이
중·강으로 '행수'보다 훨씬 용이하고 다수성이다.

검은무늬병에 저항성이며 붉은별무늬병에는 약하다. 꽃이 활짝 피는 시
기는 '신고'보다는 2일 늦다. 꽃가루가 매우 풍부하여 수분수로 이용할 수
있다. 수량성은 3,000kg/10a으로서 조생종으로서는 비교적 다수성이며,
전국에 걸쳐 재배 가능한 품종이다. 과실의 수확기는 8월 28일로 '행수'보
다 3일 늦고 '원황'보다 3일 빠르다. 과실 모양은 원형에 가깝고 과피색은
선황갈색으로 보기 좋다. 과일 무게는 390g으로 이 시기의 다른 품종에 비
해 크다. 당도는 13.2°Bx로 높고 신맛은 적으며, 육질이 단단하고 치밀하

지만 과즙이 적은 편이다. 또한 석세포가 매우 적으며 너무 익어 무르거나 분질화 증상이 '행수'에 비해 적어 유통판매에 매우 유리하다.

외관이 '신고'와 비슷하면서 숙기가 빨라 단경기에 조생 '신고'로서 출하할 수 있다. 유통 기간 동안의 품질변화가 같은 시기의 다른 품종보다 훨씬 적어 판매에 유리하다.

〈재배상 유의점〉
○ 질소질 비료를 너무 많이 주지 않으며 토양은 수직배수가 잘되도록 관리한다.
○ 전정 시 솎음전정을 위주로 하여 좋은 중간 열매가지, 긴 열매가지를 형성시키도록 하며 여름철에 유인을 철저히 한다.
○ 세력이 지나치게 강하고 착과 수가 적을 경우 과실이 고르지 못하다.

(6) 조생황금(早生黃金, Josaengwhangkeum)

(그림 2-31) 조생황금

1986년에 '신고'와 '신흥'을 교배하여 1994년부터 4년간 지역 적응성을 검토한 결과 '황금배'와 같은 과피색으로 꽃가루가 풍부하고 품질이 우수하여 1998년에 최종 선발·명명되었다. 나무자람새가 강하고 나무의 형태는 반개장성이다. 꽃이 활짝 피는 시기는 '신고'보다 하루 정도 늦으나 꽃가루가 풍부하다. 성숙기는 나주 기준 8월 말이다. 당도 12.8°Bx, 과실 무게는 410g이다. 과실 모양은 원형이고 과피색은 황금색으로 동록이 다소 발생한다. 저장력은 조생종으로는 강한 편으로 30일 정도이다.

〈재배상 유의점〉

○ '황금배' 전용 봉지를 다른 봉지보다 일찍 씌워 동록을 방지해야 한다.

○ 나무자람새가 강하므로 적당한 재식 거리를 확보해야 한다.

○ 단과지가 거의 형성되지 않고 액화아가 형성된 중·장과지가 주로 발생하므로 결과지로 이들 가지를 이용할 수 있도록 한다.

(7) 영산배(榮山배, Yeongsanbae)

(그림 2-32) 영산배

1970년에 '신고'와 '단배'를 교배하여 1986년에 명명한 품종이다. 나무의 세력은 비교적 강하고 나무의 형태는 반개장성이다. 짧은 열매가지 형성과 유지가 잘되며, 수량은 3,700kg/10a 정도의 다수성이다. 꽃이 피는 시기는 '신고'보다 하루 정도 늦은 편이며 꽃가루 양이 매우 적고 화분발아율이 낮아 수분수로는 부적합하다. 성숙기는 꽃이 활짝 핀 후 161일인 9월 말(나주)이지만 나무에 달린 채로 오래 두어도 잘 익지 않아 10월 중순까지 수확이 가능하다. 과실의 무게는 538g으로 크며, 과실은 원형이고 황갈색으로 모양이 좋다. 과심이 작아 먹을 수 있는 부위가 많다. 유백색 과육은 과즙이 다소 적은 편이며 육질은 다소 조잡하다. 석세포는 중 정도이며 껍질 두께는 '신고'보다 두껍다. 당도는 13°Bx 내외로서 단맛이 높은 편이며 신맛은 극히 적다. 품질은 좋은 편에 속하며 상온 저장력은 1개월 정도로 저장 중 밀병 증상이 많이 발생하므로 조기에 출하하도록 한다.

〈재배상 유의점〉

○ 꽃가루가 거의 없어 수분수로 이용할 수 없기 때문에 최소한 2품종 이상을 수분수로 확보해야 한다. 수분수용 품종으로는 '추황배', '풍수', '장십랑' 등이 적합하다. '단배'와는 결실력이 다소 낮으므로 유의해야 한다.

○ 500g 이하의 작은 과실은 경도가 높고 과즙이 적어 품질이 매우 좋지 않다. 큰 과실 생산을 위해서는 일찍 열매솎기, 충실한 꽃눈 형성, 토양개량 등이 필요하다.

○ 상온 저장 기간이 짧고 수확기가 늦어지면 과육 분질, 밀증(Watercore) 등 생리장해가 나타나기 때문에 적기 수확 후 단기간에 출하해야 한다.

(8) 수황배(秀黃배, Soowhangbae)

(그림 2-33) 수황배

1966년에 '장십랑'과 '군총조생'을 교배하여 1988년 최종 선발하여 명명하였다.

나무자람새가 강하고 나무 형태는 반개장성이다. 짧은 열매가지와 중간 열매가지 형성이 쉽고 꽃눈이 많이 발생하여 재배하기 쉽다. 꽃 피는 시기는 '장십랑'과 같고 꽃가루는 많다. 성숙기는 '장십랑'보다 10일 늦고 '신고'보다는 10일 빠르다. 과피는 담황갈색으로 착색되어 모양이 좋고 육질은 부드럽고 즙이 많으며 당도가 12°Bx로 비교적 높고 신맛이 없어 품질이 우수하다. 저장력은 중 정도로 상온 저장 시 50일간 선도가 유지된다. 과육이 단단하고 과피가 두꺼워 수송성이 있는 편이다. 배나무검은잎점병과 검은별무늬병에는 다소 강한 편이다.

〈재배상 유의점〉
○ 수세가 강하고 웃자람가지가 많기 때문에 초기에 유인을 철저히 해야 하고, 강전정을 하지 말아야 한다. 배수가 불량한 지역은 과육이 거칠고 과피가 감귤 껍질처럼 되는 생리장해(유부과) 증상이 생기므로 배수를 철저히 하고 질소와 석회를 균형시비한다.
○ 질소가 많으며 배수가 불량할 경우 가지의 표면이 거칠어진다.

(9) 단배(Danbae)

(그림 2-34) 단배

1954년에 '장십랑'과 '청실리'를 교배하여 1969년 선발하였다.

나무자람새가 중 정도이고 나무 형태는 직립성이다. 짧은 열매가지 형성은 중 정도이고 꽃눈 착생이 많으며 겨드랑이 꽃눈은 매우 적은 편이다. 개화기는 '풍수'와 같으며 수원 지방의 평균 꽃이 피는 시기는 4월 30일이다. 꽃이 피는 시기는 수원 지방에서 10월 중순이다. 과실의 무게는 500~600g으로 대과종이며 과형은 원형으로 과실균도가 양호하다. 과피색은 녹색기가 있는 담황갈색이며 과실 표면이 거칠고 착색이 불량하다. 과육은 연하나 석세포가 많고 당도가 매우 높으며 과즙이 많다. 저장력은 약하여 상온 저장 시 30일까지, 저온 저장 시 90일까지 신선도가 유지된다. 검은무늬병 및 검은별무늬병에 강한 편이다. 내한성이 매우 강한 광 지역 적응형으로, 중북부 내륙의 한랭지에 적합한 만생 품종이다. 특히 병해 저항성이 강하고 과실의 당도가 높아 그동안 국내에서 육성된 품종의 양친에 많이 활용된 품종이다. 익을 무렵에 과실의 표면에 녹색이 남는 착색 불량 현상과 상온 저장력이 약한 점, 단과지 및 겨드랑이 꽃눈의 형성이 어려운 특성 등이 '단배'를 이어받은 대부분의 육성 품종에 그대로 유전되어 나타나고 있다.

(10) 미황(美黃, Miwhang)

(그림 2-35) 미황

1982년에 '풍수'와 '만삼길'을 교배하여 1991년부터 5년간 지역 적응성 검토 결과 당도가 높고 저장력이 강한 고품질 만생종 배로 우수성이 인정되어 1995년 선발·명명하였다.

나무자람새가 강하고 나무 형태는 반개장성이다. 배나무잎검은점병에 저항성이 높아 재배가 용이하다. 짧은 열매가지 형성이 잘되고 다수성이며 꽃이 활짝 피는 시기는 '만삼길'보다 3일 빠르다. 꽃가루가 많고 주요 재배 품종과 교배친화성으로 수분수로도 좋으나 '화산', '만수', '감천배'와는 교배 불친화성이다. 성숙기는 10월 중순으로 '신고'보다 15일 정도 늦다. 과일 모양은 원편원형이며 과피색은 담황갈색으로 모양이 좋다. 과일 무게는 480g으로 '만삼길'보다 다소 작고 황갈색이다. 당도는 12.7˚Bx로 높은 편이고, 신맛이 매우 적다. 육질은 매우 부드럽고 즙이 많으며 석세포도 '신고'보다 적고 씹는 맛이 좋다. 저온 저장력은 '신고'보다 약 2개월 더 지속되는 저장성 품종이다. 이 품종은 익을 때가 '만삼길'보다 15일 빠른 만생종이다. 비교적 큰 과실로 모양이 좋고 맛이 우수한 저장성 품종으로서 전국 재배가 가능할 것으로 보인다.

〈재배상 유의점〉
○ 착색 불량 : 유전적으로 착색이 다소 불량한 품종으로, 질소가 많으면 더욱 착색이 지연된다. 봉지재배로 해결이 가능하며 저장하면 녹색이 없어진다.
○ 과형 비대칭 : 과실에 종자가 적은 경우 종자가 없는 부위의 과실 발육이 부진하여 과실이 비대칭으로 자라기 때문에 인공수분 등을 철저히 하고 나무의 세력을 안정시켜야 한다.
○ 단과지 형성은 잘되나 유지성이 중 정도로 겨드랑이 꽃눈을 이용하는 장과지 전정에 의해 결과지를 확보해야 한다.

(11) 수정배(水晶배, Soojeongbae)

(그림 2-36) 수정배

충북 청원의 권영진 씨가 '신고'의 아조변이를 발견하여 1991년 품종

등록했다.

나무자람새가 강하고 직립성이다. '신고'와 같이 단과지와 중과지 형성이 쉽고 다수성이다. 꽃 피는 시기 등 기타 특성은 '신고'와 유사하다. 과실의 무게는 450~500g 정도이며 과실 모양은 원형이다. 과피는 선황색으로 동록 발생이 심한 편이다. 당도는 13.1°Bx로 높은 편이고 신맛은 거의 없다. 성숙기는 수원 지방에서 10월 15일이다. 저장력은 약한 편으로 상온 저장 시 60일까지 선도가 유지된다. 과피가 얇은 편이므로 수송 중 취급에 주의가 필요하다.

'신고'의 과피색 돌연변이체로 동록 발생이 심하기 때문에 '황금배' 전용 봉지를 이용하여 동록을 방지해야 한다. 꽃가루가 없어 수분수로 이용할 수 없다. '황금배'와 비교하여 당도가 낮고 석세포가 있어 육질이 다소 거친 편이다. '신고'와 같은 숙기와 재배적 특성을 가진 녹색 배로 '황금배'와 함께 수출 품종의 다변화에 기여할 수 있을 것이다.

(12) 장수(長壽, Choju)

(그림 2-37) 장수

일본에서 1954년 '욱'에 '군총조생'을 교배하여 1973에 선발·명명하였다. 나무자람새는 중 정도이며 반개장성이고 꽃눈 형성이 잘된다. 꽃 피는 시기는 '신고'보다 23일 늦고 꽃가루는 많은 편이다. 성숙기는 남부 지방 기준 8월 상순이다. 과피색은 황갈색으로 모양이 좋고, 과실 모양은 편원형으로 과실 무게는 250~300g 내외의 소과이다. 당도는 12.0°Bx로 신맛이 다소 있고 과즙은 많으며 육질이 부드럽고 맛이 좋다.

상온 저장력은 매우 약하여 5~7일 정도이다. 성숙기가 빠른 조생종이고, 검은무늬병에 저항성이기 때문에 '신수'에 비해 재배가 쉽고 검은별무늬병에는 다소 약하다.

(13) 신수(新水, Shinsui)

(그림 2-38) 신수

일본에서 1947년에 '국수'와 '군총조생'을 교배하여 1965년에 명명한 품종이다. 나무 형태는 직립성이며 자람새가 강하고 가지가 굵으며 가지 발생 수는 적은 편이다. 어린나무 때는 정부우세성이 강하며 가지 발생 수가 적다. 꽃 피는 시기는 '장십랑'과 비슷하고 '행수'와 '조생적', '수진조생'과는 교배가 잘 안 된다.

성숙기는 8월 중하순경으로 보구력은 7일 정도이다. 과피는 황갈색이며, 과실 무게는 250g 정도이고, 과실 모양은 편원형이다. 당도는 13~14°Bx이나 덜 익었을 때 신맛이 다소 있다. 다 익으면 짙고 특이한 맛이 나고, 육질은 '행수'보다 약간 거친 편이다. 검은무늬병에 이병성 품종으로 '이십세기'보다는 강하나 다 자란 나무 때는 검은무늬병 방제에 주의를 해야 한다. 배수가 나쁜 곳이나 지하수위가 높은 곳에서 동고병이 많이 발생된다.

(14) 행수(幸水, Kosui)

(그림 2-39) 행수

1941년에 '국수'에 '조생행장'을 교배하여 1959년 일본에서 발표되었다. 우리나라에는 1967년에 도입되어 1973년에 선발되었다.

가. 주요 특성

○ 나무 및 결실성 : 나무자람새가 강하고 나무의 자태는 반개장성이다. 햇가지는 정부우세성이 강하며 큰 웃자람가지가 발생하기 쉽고 늦게까지 자란다. 가지의 발생은 적은 편에 속한다. 어린나무 때는 단과지가 다소 착생되나 큰 나무가 되면서 거의 형성되지 않고, 겨드랑이 꽃눈의 형성도 불량하다. 한 열매당 엽수가 적어 착과 뒤의 꽃눈 착생이 적고 중간눈과 움이 많다. 수량은 10a당 2,600kg을 목표로 한다.

○ 꽃과 과실 : 꽃 피는 시기가 '만삼길'처럼 늦으며 꽃가루는 많으나 '신수' 및 '조생적'과 불친화성이다. 과실의 모양은 아래 부위가 움푹 들어가 다른 품종과 구분된다. 심실의 수가 6~7개로 다른 품종보다 많으며 종자가 없거나 적어도 착과가 가능한 품종이다. 성숙기는 8월 하순(꽃이 활짝 핀 후 120일)의 조생종이며 수확 기간은 10~15일로 짧다. 한 나무에서 성숙 차이가 적어 일시 수확이 가능하다. 과실의 무게는 250~300g 내외로 크기는 작으나 철저한 봉오리 따기와 열매솎기를 하면 350~400g의 중간 과실을 만들 수 있다. 과실은 편원

형이며 균일성은 다소 떨어진다. 과피색은 밝은 황갈색이나, 중간색을 나타내는 경우도 있다. 과심은 작고 과육은 흰색으로 물이 많으며 석세포가 극히 적어 부드럽다. 당도는 12°Bx 내외로 단맛이 높고 품질도 매우 우수하다. 저장력은 상온에서 7일 정도이다.

나. 재배 요점
○ 정지전정 : 겨드랑이 꽃눈을 과실이 달릴 가지로 이용하며 3~4년간 과실을 달리게 한 후 곁가지는 갱신해 주어야 한다. 원가지에서 바로 나온 2년생 가지는 푸른빛이 돌며 일반적으로 충실하지 못하다. 가지의 아래쪽 절반은 눈이 싹트지 않아 곁가지 발생이 없기 때문에 과실이 달리는 가지로서의 효용성이 낮다. 겨울전정 시 굵기 10~12mm의 1년생 가지를 20~30cm 길이로 잘라 등 쪽의 눈은 따버리고 키운 뒤. 다음 해에는 100~120cm로 자란 가지 중 하나는 계속 키워 겨드랑이 꽃눈을 이용하고, 한 가지는 예비지로 남긴다. 이렇게 3~4년간 이용한 후에는 갱신을 위한 예비가지 전정을 한다.
○ 유인 철저 : 6월 하순경 40~50°각도로 유인하여 겨드랑이 꽃눈 형성을 유도하는 동시에 곁가지도 발생시켜 중·장과지로 키운다. '행수'는 햇가지가 늦게까지 계속 자라 과실이 굵어지는 데 불리하므로 유의한다.
○ 여름철에 장마 후 고온 건조가 오면 잎의 흑변 현상 및 조기 낙엽이 일어나기 쉽고 또한 터진 과실도 생긴다. 따라서 토양의 습도변화가 적도록 관리하고 여름에 칼리 비료를 주며 물빠짐이 좋도록 해준다. 터진 과일 방지를 위해서는 충실한 과실이 달릴 가지를 확보하여 조기적뢰 등으로 생육 초기부터 과실을 크게 하고 열매솎기를 할 때 과실 수를 다소 여유 있게 조절한다.
○ 추위에 견디는 힘이 약하므로 강추위가 닥치면 줄기마름병, 가지마름병이 발생하고 언 피해를 받기 쉬우므로 전정은 혹한기를 넘긴 뒤에 한다.
○ 검은별무늬병에 약하다.

(15) 풍수(豊水, Hosui)

(그림 2-40) 풍수

1954년 일본과수시험장에서 '리-14호'(국수×팔운)에 '팔운'을 교배하여 1972년에 발표한 품종으로 우리나라에는 1973년에 도입되어 1978년에 선발되었다.

가. 주요 특성
○ 나무 및 결실성 : 나무자람새가 어린나무 때는 강하다가 큰 나무가 되면 중 정도로 떨어지므로 유목기에 골격을 형성해야 한다. 나무의 모양은 개장성으로 정부우세성이 약하다. 가지가 가늘며 새 가지가 자라면서 구부러지고 아래로 늘어지는 성질이 있고, 가지 발생 수가 많다. 겨드랑이 꽃눈이 잘 형성되고 곁가지도 잘 나오며, 착과 뒤의 꽃눈 착생은 중이다. 비록 과실당 엽수가 적은 경우 중간눈이 많은 성질은 있으나 전체로 보아 다수확이고 수량은 '장십랑' 정도로 3,300kg/10a이다.
○ 꽃과 과실 : 꽃 피는 시기는 '신고'보다 2~3일 늦으나 꽃가루가 많고 대부분의 재배 품종과 친화성이 높아 수분수로 좋다. 숙기는 만개 후 135~150일로서 9월 중순이다. 덜 익은 과일은 신맛이 강하고 너무 익은 과일은 밀병 증상이 발현되므로 수확기에 주의를 요한다. 과일 무게는 350~400g 정도의 중대과종으로 400g 이상이 되어야 제 특성을 발휘할 수 있다. 과피색은 밝은 황갈색이며 과심이 작고 과실의

균일성은 보통이다. 과실에 종자 형성이 불량한 경우 과면에 골이 진다. 과육은 희고 즙이 많으며, 육질은 석세포가 적고 매우 유연하다. 당도는 11~13°Bx 내외로서 단맛이 높은 편이나 과실 간의 단맛 차이가 많다. 신맛이 있는 편이나 감산이 조화되어 품질은 상에 속한다. 표고가 높은 곳이나 중북부의 저온 지대에 재배하면 신맛이 강하게 느껴진다. 상온 저장력은 10일 정도이다.

나. 재배 요점
○ 여름철이 저온인 한냉한 지역에서는 신맛이 강해진다. 중부 내륙 지방 및 한강 이북에서는 성숙기에 녹색이 많이 남아 있어 착색이 나쁘고, 떫은맛이 나타나는 등의 결점이 있으므로 재배를 삼가야 한다(재배 북쪽 한계선은 평택, 안성, 증평, 영주, 태백, 강릉). 당도가 11~13°Bx로 넓게 분포하여 적지가 아닌 과수원에서는 당도가 낮은 과실이 많아진다.
○ 품질의 균일성을 유지하기 위해서는 적정한 토양수분과, 가지가 밀생하지 않고 지나치게 웃자라지 않은 충실한 결과지(結果技)에서 알맞게 착과시켜야 맛이 좋다. 질소 과비를 피하고 깊이갈이와 충분한 인산 및 퇴비 사용이 필요하다. 그렇지 않을 경우 단맛이 적어 싱거워진다.
○ 열매솎기 : 꽃이 활짝 핀 20~30일 뒤에 열매솎기를 시작한다. 마지막으로 남기는 과실은 모양이 둥근 3~5번과 중에서 옆으로 향한 과실을 남긴다. 열매솎기를 할 때 골이 파이거나 병들고 불량한 과실을 솎는다.
○ 너무 익으면 과피색은 보기 좋으나 맛이 나쁘므로 수확 적기보다 5일 정도 빨리, 과피에 녹색기가 약간 남아 있을 때 수확한다.
○ 육질이 극히 부드럽고 열매꼭지가 잘 부러져 과실에 상처가 나기 쉬우므로 주의를 해야 한다.
○ 검은별무늬병에 약하고 흡즙나방의 피해를 받기 쉽다.
○ 해에 따라 수침 증상(밀증)이 발생한다.

(16) 장십랑(長十郎, Chojuro)

(그림 2-41) 장십랑

　1895년 일본에서 발견된 우연실생으로서 1992년까지도 '신고' 다음으로 많이 재배되었던 품종이다.

가. 주요 특성

○ 나무 및 결실성 : 나무자람새가 중 내지 다소 강한 편이며 나무의 자세는 반개장성이지만 새 가지는 직립성이다. 정부우세성이 약하여 주지 끝부분의 생장이 약화되기 쉬우므로 이에 유의해야 한다. 기부의 눈이 트지 않는 것이 많아 결실 부위가 늘어나기 쉽다. 가지가 아주 많이 발생하는데, 다소 굵은 편이지만 부러지거나 찢어지기 쉽다. 짧은 열매가지와 겨드랑이 꽃눈이 모두 잘 이루어진다. 그러나 짧은 열매가지의 유지성이 나쁘기 때문에 겨드랑이 꽃눈을 이용하는 긴 열매가지 전정법을 이용한다. 어린나무 때부터 결실이 잘되는 다수성 품종으로서 수확은 10a당 1만 7000개를 목표로 할 수 있다 (3,300kg/10a).

○ 꽃과 과실 : 꽃이 피는 시기는 '신고'보다 2~3일 정도 늦은 편이며, 꽃가루는 풍부하여 수분수로도 많이 이용되고 있다. 성숙기는 9월 중순으로(꽃이 활짝 핀 후 135~155일) 남부 지방에서 추석 출하용으로 이용되었다. 한 나무에서의 과실 성숙도에 차이가 크므로 수확 기간이 길다. 과실 무게는 300~350g 정도로 크기가 고르고 반듯한 편원형이다. 과피색은 밝은 황갈색이며 과심이 크다(39.2%). 과육은 백색이고

즙이 많으나 석세포가 다소 있어 육질은 조잡하다. 당도는 11~12°Bx 이고 품종 고유의 맛이 있다. 품질이 우수하다고 할 수는 없다.

나. 재배 요점
○ 나무 아래쪽의 눈이 트지 않아 가지가 비는 현상이 나타나기 쉽다. 어린나무 때부터 철저한 가지 유인(50° 각도로 벌려줌)과 함께 끝부분을 잘라 주어 과실이 달릴 가지를 만들어주되 장과지 전정을 위주로 한다.
○ 돌배 현상과 과피가 감귤 껍질처럼 되는 생리장해(유부과)가 일어나기 쉽다. 메마른 땅, 토양이 단단하고 물빠짐이 나빠 뿌리의 활력이 떨어지는 땅, 지하부에 비해 지상부가 강하게 웃자란 나무에 많다. 장마가 오래 계속될 때 어린나무보다는 25년생 이상의 오래된 나무에서 발생이 많다고 알려져 있다.

(17) 금촌추(今村秋, Imamuraaki)

(그림 2-42) 금촌추

일본 고지현 인정천 유역에서 우연실생으로 발견된 것으로 우리나라에는 1907년 도입되었다.

나무자람새가 왕성하고 나무 형태는 개장성이며 꽃눈 형성이 잘되고 결과연령에 도달함이 빠르다. 꽃 피는 시기는 '장십랑'보다 2~3일 빠른 편이다. 성숙기는 10월 하순이고 남부 지방에서는 품질이 좋으나 중북부 지방에서는 신맛과 떫은맛이 많아 품질이 나쁘다. 과실 무게는 520g으로 크며 과실 모양은 꽃자리가 돌출된 원추형이다. 수확 당시에는 떫은맛이 있으나,

저장하면 저장 중에 떫은맛이 소실되어 맛이 좋아진다. 저장력은 강한 편으로 상온 저장 시 120일까지, 저온 저장 시 150일까지 선도가 유지된다. 검은무늬병 저항성은 강하나 검은별무늬병에는 중 정도이다. 중북부 지방에서 품질이 열악하고 과실 모양이 불량하여 재배 면적이 감소되고 있다.

(18) 만삼길(晚三吉, Okusankichi)

(그림 2-43) 만삼길

일본 신사현에서 '조생삼길'의 우연실생으로 발견되었으며 우리나라에는 1907년 원예모범장에서 도입하였다.

나무자람새가 극히 왕성하고 나무 형태는 직립성이다. 짧은 열매가지 형성과 꽃눈 착생이 매우 양호하다. 꽃 피는 시기는 재배 품종 중 가장 늦다. 성숙기는 10월 하순~11월 상순이고, 과실 무게는 400~450g 내외로 중대과종이며 과실 모양은 과실 정부가 뾰족한 첨원형이다. 과피는 담황갈색이나 저온 지대에서는 녹색이 많이 남는다. 육질은 치밀하고 즙이 많으나 석세포가 많아 품질은 좋지 않다. 저장력은 매우 강하여 상온 저장으로도 이듬해 5월 말까지 선도가 유지되는 대표적인 저장 품종이며 수송력이 강하고 수송 시 과피흑변이 발생되지 않는다. 유사검은무늬병과 검은별무늬병에 매우 약하다. 과실의 품질이 좋지 못해 점차 감소 추세에 있다.

표 2-1 ▶ 배 주요 재배 품종의 특성표

품종	만개일 (월.일)	성숙기 (월.일)	과실 무게 (g)	당도 (°Bx)	산미	과실 형태	과피색	과즙	석세포	저장력 (상온)
미니배	4.18	8.05	220	10.5	극소	원형	선황갈	다	소	7
신수	4.18	8.13	230	13.0	소	편원형	담황갈	다	소	7
스위트스킨	4.17	8.15	455	12.7	소	편원형	황갈	다	소	10
감로	4.16	8.15	310	13.8	극소	원편원형	선황갈	다	소	7
신천	4.17	8.18	357	13.2	소	원편원형	담황갈	다	소	7
한아름	4.16	8.20	480	13.8	소	원형	황갈	다	소	7
행수	4.20	8.25	300	12.0	소	편원형	선황갈	다	소	7
녹수	4.17	8.25	530	11.9	소	편원형	녹색	다	소	10
선황	4.17	8.28	390	13.2	소	원형	선황갈	다	소	15
조생황금	4.16	8.30	410	12.8	소	원형	선황	다	소	15
솔미	4.16	9.01	390	12.9	소	원형	황갈	다	소	15
원황	4.16	9.01	560	13.4	소	편원형	선황갈	다	소	10
금촌조생	4.17	9.03	590	13.2	소	원원추	황갈	다	소	20
신일	4.18	9.03	370	13.2	소	편원형	담황갈	다	소	15
진황	4.18	9.04	501	13.1	소	편원형	담황갈	다	소	10
소원	4.18	9.05	400	12.8	소중	원형	황 갈	다	소중	15
스위트 코스트	4.17	9.05	464	12.2	소	원편원형	황갈	다	소	7
조이스킨	4.17	9.08	322	15.2	소	원형	선황	다	소	20
설원	4.19	9.09	523	13.7	소	편원형	녹백	다	소	20
소담	4.16	9.10	455	13.0	소	편원형	황갈	다	소	15
슈퍼골드	4.17	9.11	570	13.6	소	편원형	녹황	다	소	30
장십랑	4.17	9.14	400	12.8	소	편원형	적갈색	소	다	30
풍수	4.17	9.15	420	12.8	소	원형	선황갈	다	소	20
신화	4.17	9.15	630	13.0	소	편원형	황갈	다	소	40
황금배	4.16	9.18	450	14.9	소	원형	선황	다	극소	30
창조	4.17	9.20	790	13.1	소	편원형	녹황갈	다	소	20
화산	4.17	9.20	530	12.9	소	원형	선황갈	다	소	30
만풍배	4.17	9.25	770	13.3	극소	편원형	황갈	다	극소	50
수황배	4.17	9.25	500	12.0	소	원형	담황갈	다	소	50
그린시스	4.20	9.26	460	12.4	소	원형	녹황	다	극소	50

품종	만개일 (월.일)	성숙기 (월.일)	과실 무게 (g)	당도 (°Bx)	산미	과실 형태	과피색	과즙	석세포	저장력 (상온)
수영	4.18	9.28	430	15.0	소	원편원형	담황갈	다	중	60
영산배	4.15	9.29	600	13.2	소	원형	황갈색	다	중	60
신고	4.15	10.10	600	11.4	소	원형	황갈	다	중	60
감천배	4.18	10.10	610	13.3	소	편원형	담황갈	다	소	120
단배	4.18	10.13	550	13.0	소	원형	담황갈	다	소	20
미황	4.17	10.15	480	12.7	소	원편원형	담황갈	다	소	120
추황배	4.15	10.20	450	14.1	중	편원형	선황갈	다	중	120
만수	4.16	10.25	660	12.4	중	편원형	황갈	다	소	150
금촌추	4.16	10.25	520	12.1	강	원추형	황갈	다	다	120
만황	4.17	10.26	560	14.0	소	원형	황갈	다	소	90
만삼길	4.20	11.07	450	11.1	강	첨원형	담황갈	다	다	180

제Ⅲ장
품종갱신과 번식법

배 재배

01 품종갱신

가 품종갱신의 효과

배나무에 과실이 많이 달리는 기간은 재배 관리 방식에 따라 다소 차이가 있지만 대체로 12~15년 정도의 장기간이 소요된다. 과수원을 시작할 때 품종을 잘 선택했다고 하더라도 재배되는 동안에 사회적, 경제적인 여건이 크게 변화하여 유망했던 품종이 경제적인 재배 가치가 낮아지는 경우가 있을 수 있다. 이러한 경우에는 경제성이 높은 새로운 품종으로 바꾸는 것이 바람직하다.

품종을 갱신하기 위한 방법으로는 기존의 나무를 캐내고 새로운 품종을 다시 심는 묘목갱신과 높이접에 의한 갱신법이 있다. 묘목갱신은 나무 캐기나 심기에 많은 노력과 비용이 소요되며, 과실이 많이 달리는 시기에 이르기까지 다시 장기간이 소요되는 불리한 점이 있다. 아직 나무가 어릴 때 품종을 갱신하는 경우를 제외하면 기존에 형성된 과수의 골격을 그대로 이용하여 4~5년 정도면 갱신 전의 수량을 거의 회복할 수 있는 높이접 갱신이 유리하다.

나 높이접(고접) 갱신 시 유의할 사항

(1) 일반적인 사항

높이접에 의해 품종을 바꿀 경우에는 품종의 선택, 접목 방법, 수분수의 도입, 일시 또는 점진갱신 방법 등의 선택에 있어서 치밀한 계획이 필요하다.

높이접할 품종은 상품성이 높고 재배와 판매가 쉬우며 경제성이 높아야 하므로 널리 재배되는 품종을 선택하는 것이 무난하다. 일반적으로 새로 육성된 품종은 품질이 우수하나 소비자의 인식이 낮다. 따라서 시장에서 가격이 제대로 형성되어 있지 않은 경우가 많고 재배도 어려운 경향이 있으므로 넓은 면적을 실시할 경우에는 선택에 신중을 기해야 한다. 또한 품종이나 수령에 따라 병해충 방제 등 작업도 달라지게 되므로 품종 간 수분수 관계나 나무 나이를 잘 고려하여 품종 배치를 결정해야 한다. 결실량 확보가 용이하고, 담과능력이 우수한 품종, 장기간 고품질 과실 공급을 위한 신선도 유지에 유리한 품종, 내병성 등이 강하여 노력 절감이 가능한 품종을 선택하는 것이 유리하다.

높이접을 하여 자라는 새 가지는 접목 부위의 결합력이 약해 비바람으로 쉽게 떨어지므로 보호 대책이 필요하다. 따라서 새로 심을 나무를 규칙적으로 배치하되 새로 심은 나무가 강한 바람에 직접 노출되지 않도록 조심해야 한다.

바람을 막아주는 나무 등 별도의 대책을 강구하기 어려울 경우에는 사방갱신이나 직렬갱신 방법을 적용해 높이접을 하지 않은 나무로 높이접 갱신나무를 보호하면서 수년에 걸쳐 바꾸어 주는 것이 바람직하다.

(2) 바이러스 유무 확인

높이접 갱신을 실시하기 전에 사용할 접수와 대목의 바이러스(주로 배나무잎검은점병) 감염 여부를 확인해야 한다. 바이러스 지시식물을 이용하여 기존 품종의 바이러스 보유 여부를 검정한다. 그러나 재배 농가가 이 같은 방법으로 검정하는 일은 매우 어렵다. 보유 여부는 (표 3-1)에서와 같이 직접 확인할 수도 있으며, 품종에 따라 병 증상이 발견되지 않을 수도 있다. 따라서 높이접 갱신용 접수는 연구기관 등에서 지정한, 바이러스에 감염되지 않은 나무에서 채취하는 것이 가장 좋다.

표 3-1 배 품종별 바이러스 병 증상이 나타나는 양상

구분	품종
심한 병징이 나타남	조생적, 신고, 이십세기, 팔운, 팔행, 행장, 조생행장, 황금배
가벼운 병징이 나타남	취성, 금촌추, 조생이십세기, 영산배
병징이 나타나지 않음	풍수, 행수, 신수, 운정, 만삼길, 신세기, 석정조생, 명월, 장십랑, 조옥, 군총조생, 국수, 신흥, 박다청, 원황, 감천배, 추황배, 화산, 만풍배, 만수, 미황, 만황

※ 병징을 발현하지 않는 경우는 바이러스 지시식물로 접목하여야만 바이러스 보독 여부를 판정할 수가 있다.

(3) 접목 친화성 여부 확인

중간대목이 될 주 품종의 나무와 높이접하려고 하는 품종 사이에 접목이 잘되는지를 확인하고, 중간대목이 접수 품종의 과실에 미치는 영향도 확인해야 한다. (표 3-2)에 의하면 '신수'와 '행수'로 높이접 갱신할 때 가장 좋은 중간대목은 '팔운', '장십랑', '조생적'이다.

표 3-2 중간대목이 배 접수 품종의 과실에 미치는 영향

중간대목	신수, 행수	비고
팔운	◎ ◎	○ 과실 모양이 좋고 성숙기는 같아짐
석정조생	○ ○	○ 과실 모양이 약간 나쁘고 성숙기가 빨라짐
신세기	○ ○	○ 과실 모양이 약간 나쁘고 성숙기는 약간 빨라짐
운정	○ ○	○ 과실 균일도가 나쁘고 신수의 성숙기가 약간 늘어짐
군총조생	○	
장십랑	◎ ◎	○ 과실 모양이 좋고 성숙기는 같거나 약간 늘어짐
취성	○ ○	
이십세기	○ ○	○ 성숙기가 약간 늦어짐, 조옥은 검은무늬병이 많이 발생
욱	○ ○	
국수	○ ○	
청옥	○ ○	○ 행수의 성숙기가 늦어짐
저원	○ ○	
조생적	◎ ◎	○ 성숙기는 같으나 과실 모양이 나쁘고 나무 세력이 떨어짐
신흥	× ○	
청룡	○ ○	
진유	○	
만삼길	×	

※ ◎ : 좋음 ○ : 보통 × : 나쁨

다 높이접 갱신 방법

현재 재배하고 있는 품종의 경제성이 낮아 새로운 품종으로 바꾸고자 할 때 높이접에 의한 품종갱신을 하는 경우가 있다. 기존에 재배하고 있는 품종의 모든 가지를 절단하고 일시에 높이접을 실시하여 1년 만에 갱신을 완료하는 일시갱신과 한 과원을 몇 개의 구획으로 나누어 몇 년에 걸쳐 높이접을 실시하는 점진갱신이 있다.

(1) 일시갱신

갱신 대상 품종의 갱신하고자 하는 부위들을 한꺼번에 잘라내고 1년만에 갱신을 완료하는 방법이다. 일시갱신을 하면 수확물이 완전히 없어지는 해가 2년 정도 존재하나 수관의 회복이 빠르다. 그리고 제반 관리가 편리하나 큰 가지에 일소 등이 발생하기 쉬우므로 보호 대책이 필요하다. 특히 나무의 세력이 급격히 떨어지므로 언 피해와 병해충을 입을 위험이 많다.

일시갱신에서는 주간 일시갱신법, 주지 일시갱신법, 부주지 일시갱신법의 3가지로 나눌 수 있다.

가. 주간 일시갱신법

대목의 원줄기 부위에 접목하여 자라 나오는 새 가지를 원가지로 이용하는 갱신법이다.

나. 주지 일시갱신법

원가지를 갱신하는 방법으로 원줄기나 원가지 꼭대기를 남기고 절단하여 3~7본의 접수를 높이 접하는 방법이다. 어린나무에 한하며 늙은 나무나 큰 나무의 갱신에는 적합하지 않다. 접수의 본수가 적게 소요되나 편측에만 접목했을 때 접합점의 유합이 불량하고 주간부가 부패하기 쉽다.

다. 부주지 일시갱신법

원가지 3~4본은 그대로 둔 채 부주지 측지, 원가지 끝부분의 가는 부분을 일시에 갱신한다.

높이접 갱신에 있어서 주지까지 품종갱신을 하게 되면 수관 확대가 늦고 수량도 빨리 회복시키기가 어렵다. 이 방법은 밀식원이나 성목원을 조기에 갱신코자 할 때 이용된다.

부주지나 측지 전부를 일시에 절단하므로 나무 세력이 불량한 나무나 늙은 나무갱신에는 부적합하다. 한편 나무 세력이 조금 불량한 나무는 충분한 지력 배양과 함께 갱신 이전부터 나무 세력의 회복에 힘을 써야 한다.

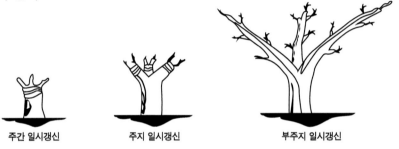

주간 일시갱신   주지 일시갱신   부주지 일시갱신

(그림 3-1) 일시갱신 높이접 방법

(2) 점진갱신

매년 수관의 일부분을 갱신하여 수년에 걸쳐 갱신을 완료하거나 주간이나 주지의 기부에 눈접, 복접, 깎기접을 실시하고 접수 품종의 새 가지 생장량을 확대해 가면서 기존 품종의 가지를 접목부의 윗부분에서 절단하여 갱신을 완료하는 방법이다.

점진갱신은 나무에 주는 충격을 최소한으로 줄이기 때문에 일소 피해, 병해충과 언 피해 발생이 감소될 수 있다. 수확물이 완전히 없는 해가 없이 매년 얼마간의 수확이 가능하여 경영상으로도 유리하다. 그러나 갱신 소요 기간이 길고 높이접수의 관리가 번거로우며 접수 품종의 새 가지 생장량이 일시갱신보다 적어서 수관 회복 속도가 느리고 수량도 적다. 점진갱신에는 주지 점진갱신법과 부주지 점진갱신법의 2가지 방법이 있다.

가. 주지 점진갱신법

과수원을 몇 개의 구획으로 나누어 한 구획씩 원가지 기부에 높이접하고 각 원가지의 높이에 새 가지를 유인하여 점차 수관을 확대해 나가는 방법과 전 과수원을 일시에 주지 분지부에서 높이접하여 수관을 확대해 가는 방법이 있다.

전자의 품종은 3~5년이면 완성되지만 접수의 자람에 방해가 되는 갱신수의 열매가 달리는 가지는 강하게 축소시켜 가지의 자람을 충실하게 해야 된다. 높이접 개소도 3~4로 수가 적고, 갱신수의 주지 기부로부터 갱신하여, 큰 나무처럼 수관이 넓은 나무에서는 적합하지 않다. 주지 분지부 갱신은 주지 분지부에서 발생한 웃자람가지 또는 원가지에 직접 접목을 실시하는 2가지 방법이 있다. 높이접 후 중간대목에서는 수확을 계속해 가며 3~4년간 나무를 키워 개화결실이 시작될 때 중간대목을 모두 절단해 없애고 접수 품종으로 대체하면 품종갱신이 끝난다. 접수 품종은 접목 실시 후 2년간은 똑바로 키운 뒤 3년째에 기존의 중간대목 원가지 방향으로 유인하여 키우고, 원가지 끝부분의 세력이 강하게 유지되도록 지나친 유인을 실시하지 않는다. 높이접 갱신 3~4년 후에는 접목한 바로 위쪽의 중간대목 원가지를 완전히 절단하고 접수 품종으로 대체하여 결실 관리에 힘쓰도록 한다.

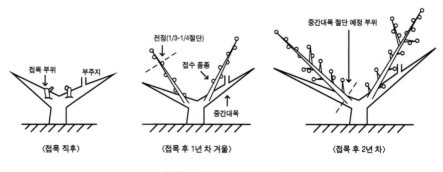

(그림 3-2) 주지 분지부 갱신법

표 3-3 높이접 4년 차 접수 품종의 수관 점유율, 과실 특성 및 수량

처리	수관 점유율 (%)	과실 특성				수량 (kg/주)
		과실 무게 (g)	경도 (kg/5mmØ)	당도 (°Bx)	산도 (%)	
주지 분지부 높이접 갱신	65.9	655	0.71	12.9	0.17	접수 품종 : 24.8 중간대목 : 142.9 계 : 167.7
부주지 일시갱신	65.2	676	0.65	12.6	0.15	접수 품종 : 32.7 중간대목 : - 계 : 32.7

* 금촌추 중간대목에 추황배로 높이접 갱신

나. 부주지 점진갱신법

전술한 방법은 원줄기나 원가지 기부에 3~4개씩 높이접을 한다. 원가지 측면에 20~30개소에 높이접을 하여 부주지를 육성해 가면서 갱신할 나무의 부주지를 제거해 나가는 방법이다.

갱신나무의 부주지 제거 시 자람에 해가 되는 열매가지는 좀 강하게 제거한다. 동시에 생육 기간 중에는 갱신수의 눈따기 등으로 접수의 자람을 촉진시켜 조기에 수관을 확대해야 한다.

이 방법은 다 자란 나무나 늙은 나무의 갱신에 적합하다. 수량의 일시적인 저하도 적으며 갱신도 3년 전후로 완료할 수가 있다.

표 3-4 높이접 갱신 2년 차의 갱신 방법별 장해 발생 정도

갱신 방법	햇빛 덴 현상	나무껍질 죽음 피해	나무좀 피해
주간 일시갱신	심함	심함	심함
주지 일시갱신	심함	심함	중간
부주지 일시갱신	없음	없음	없음
부주지 점진갱신	없음	없음	경미

(3) 부분갱신

농가에서 신품종을 시험적으로 재배할 목적으로 나무의 일부분에만 높

이접을 실시하는 방법이다. 한 나무에 2개 이상의 품종이 존재하게 된다. 과수원 전체에 대규모로 실시하는 방법은 아니다.

라 높이접 방법

(1) 접수 준비

접수는 배나무잎검은점병 등의 병해충 피해가 없는 나무에서 채취한다. 수관 외부에서 1m 이상 자라고 여름철에 2차 자람을 하지 않은 충실한 발육 가지를 골라서 사용한다. 채취 시기는 수액이 이동하기 전인 2월 상중순에 하며 보관은 온도 2~5℃, 습도 80~90%가 알맞으므로 서늘한 창고나 냉장고에 보관한다. 많은 양의 접수를 보관할 때는 PE 비닐에 넣고 밀봉하여 보관하면 건조를 막을 수 있어 좋다. 접목하기 하루 전에는 접수를 꺼내어 접수 온도와 바깥 온도가 같도록 한다. 접목하고자 하는 접수는 기부 쪽의 잎눈과 상단 부위의 꽃눈이 있으므로 충실한 잎눈을 골라 접목을 실시하면 생육이 좋다.

(2) 높이접 시기

대목의 수액이 이동하기 전에 실시하는 것이 좋으므로 3월 하순부터 4월 중순에 걸쳐 실시한다. 접목 시기는 늦을수록 생육이 부진하므로 주의해야 한다.

(3) 높이접 요령(높이접용 접수 길이)

눈이 1~3개 붙어 있는 짧은 접수를 이용하는 높이접 방법을 단초 높이접이라고 하고 20~100cm 정도로 긴 접수를 이용할 경우에는 장초 높이접이라고 한다.

장초 높이접은 단초 높이접에 비해 접수의 소요량이 많고 접목 노력이 많이 들며 접목 활착률이 낮아지는 단점이 있다. 일단 활착된 이후에는 새 가지의 수와 양이 많아서 지상 부위의 회복이 빠르기 때문에 단초 높이접보다 유리한 점도 있다.

접수의 길이를 50~100cm로 길게 할 경우에는 접목 부위가 흔들리지 않도록 접수를 버팀대로 고정시켜 줄 필요가 있다. 그리고 대목 절단면의 아랫부분에 접목하면 접목 부위가 접수 및 자라나는 새 가지의 무게를 견디는 힘이 약하므로 절단면의 윗부분에 접목하는 것이 유리하다.

표 3-5 높이접 갱신 시 접수 길이별 접목 활착률 및 새 가지 생장량

접수 길이(cm)	활착률(%)	총 새 가지 생장량	
		갱신 1년 차(주당)	갱신 2년 차(주당)
5	82	27	96
20	90	42	131
50	81	43	103
100	73	47	60
150	16	19	34
대조	–	–	128

표 3-6 '장십랑'을 '풍수'로 높이접 갱신한 경우 접수 길이별, 연차별 수량(1987, 국립원예특작과학원)

접수 길이(cm)	주당 수확과 수(개)			수량(kg/주)		
	2년 차	3년 차	계	2년 차	3년 차	계
5	4	130	134	2	44	46
20	29	133	162	13	47	59
50	69	143	212	28	53	81
100	91	123	214	35	47	81
150	33	67	100	14	24	38
높이접 갱신 무실 시(장십랑)	152	120	312	52	55	107

(4) 접목 방법

높이접을 실시할 경우는 깎기접, 피하접, 쪼개접 등을 적용하며 기타 눈접, 혀접, 복접 등도 이용할 수 있다. 주요 방법별 실시 시기와 적용 경우 및 방법은 다음과 같다.

가. 깎기접

○ 수액이 이동하고 눈이 움직이기 시작한 후인 3월 중순~4월 중순이 접목의 적기이다.

○ 대목 부위가 비교적 가는 경우에 실시한다.

○ 접수의 아래쪽을 목질부가 약간 붙을 정도로 면이 바르게 3cm 정도 깎아내린 다음 뒷면은 급경사지게 깎아 접수를 조제한다.

○ 대목의 접목하고자 하는 부분의 한쪽을 물관부가 약간 깎이게 2.5cm 정도 수직으로 깎는다. 대목의 깎은 자리에 대목의 부름켜와

접수의 부름켜가 최소한 한쪽이 맞닿게 하고 비닐 테이프로 동여맨다. 접수의 상단 면에는 발코트나 톱신페스트를 발라서 접수의 건조와 부패를 방지한다.

나. 피하접
○ 접목하고자 하는 가지가 비교적 굵을 때 효과적이다.
○ 접목 적기는 나무껍질이 잘 벗겨지는 때로, 깎기접보다 약간 늦은 꽃이 활짝 핀 시기부터 꽃이 떨어지는 시기까지 작업이 가능하다.
○ 깎기접과 같은 요령으로 접수를 조제한다.
○ 대목의 껍질에 칼로 두 줄을 내리 긋고 그 부위의 나무껍질을 벌리거나 떼어내고 깎기접과 같은 요령으로 접수를 끼워 맞춘 후 비닐 테이프로 묶는다. 접수 상단면의 취급요령은 깎기접과 같다.

다. 쪼개접
○ 원줄기나 원가지의 일시갱신 등 굵은 부위에 접목할 때 주로 이용한다.
○ 접목 시기는 깎기접과 같다,
○ 접수의 길이는 눈이 1~3개 있는 짧은 접수부터 20~100cm 정도로 긴 접수까지 이용할 수 있다. 긴 접수를 이용할 경우 접수의 고정 수단이 필요하다(이하 겨울가지를 이용하는 다른 접목 방법에서도 마찬가지이다).
○ 접수의 아래쪽을 V자와 같이 쐐기 모양으로 깎아 조제한다.
○ 대목을 1자형으로 쪼개고, 이곳에 접수의 부름켜와 대목의 부름켜가 최소한 한쪽 면이 맞닿게 접수를 꽂고 비닐 테이프로 묶어준다. 접목하고자 하는 대목 부위가 클 때는 1자형으로 쪼갠 양쪽에 2개의 접수를 꽂을 수도 있고 아주 클 때는 대목 부위를 +자형으로 쪼개고 4곳에 접목할 수도 있다.
○ 접목 후 접착부에 빗물이 스며들거나 건조되면 접목 활착이 나빠지므로 발코트나 톱신페스트를 접착부와 접수의 상단면에도 발라준다.

(5) 높이접 후의 관리

갱신 후 자라 나오는 새 가지는 접목 부위의 결합력이 약해 비바람으로 찢어지기 쉬우므로 바람 등에 흔들리지 않도록 새 가지를 잘 붙들어 매준다. 접수가 발육하여 접목 부위가 잘록해질 정도가 되면 접목 테이프를 풀어서 다시 묶어 준다. 이때는 아직도 접목 부위가 완전히 아물지 않았으므로 새 가지가 기부의 접목 부위에서 찢어지지 않도록 주의한다.

높이접 갱신을 한 나무는 강전정 시와 같이 지상부는 갑자기 줄어들었으나 지하부의 크기에는 변함이 없어 지상부와 지하부의 균형이 심하게 파괴된 상태이다. 수관이 어느 정도 회복되기까지, 즉 갱신 초기의 2~3년간은 질소질 비료의 사용을 금하고 기타 성분의 비료도 사용량을 줄여준다. 갱신 후에는 조속한 시일 내에 수량 확보를 위하여 수관을 빨리 회복하는 것이 무엇보다도 중요하다. 따라서 갱신 초기 1~2년간은 약전정을 실시하고 적과와 새 가지의 유인을 철저히 하여 골격 가지를 빨리 형성시킴으로써 성과기에 도달하는 기간을 단축하도록 한다.

배 재배

02 번식법

Pear cultivation

영년생작물인 배나무는 일단 심어서 일생을 끝낼 때까지의 기간이 아주 길기 때문에 처음에 좋지 못한 묘목을 심게 되면 오랫동안 경제적으로 큰 손해를 볼 수 있다. 더욱이 한 그루가 차지하는 면적이 넓어 단위면적에 대한 재식 주수가 많지 않기 때문에 가장 좋은 묘목을 심어야 한다.

가 대목의 중요성

배나무의 뿌리는 나무를 지탱하고 양분과 수분의 흡수기능과 생리활성 물질의 생성 기능을 갖고 있다. 지상부의 잎에서 만들어진 동화물질을 공급받아 새 뿌리의 발생과 신장이 이루어지고 양수분 흡수에 필요한 에너지를 얻게 된다.

이와 같이 지상부 생장과 뿌리 부분의 생장은 상호 의존적이므로 접목 방법을 통한 영양번식을 하는 배나무에 있어서 대목은 곧 뿌리를 의미한다. 대목은 접수 품종의 나무 형태와 토양 적응성, 내병충 등에 크게 영향을 미친다. 대목의 특성에 따라 착과 촉진작용, 과실 품질 향상, 나무 세력과 수형 조절, 환경 적응성 부여, 병해충 내성 부여 등 목적 달성을 위해서는 각기 개성 있는 대목의 선택이 아주 중요하다.

나 대목의 종류와 특성

(1) 공대(共臺, *Pyrus* spp.)

재배 품종의 종자를 이용하여 육성된 대목을 공대라 하며 과거 우리나라에서 주로 이용했다. 공대는 다른 대목에 비해 상대적으로 접수 품종과 접목 친화성이 높고 활착 후 생육이 양호하다.

(2) 돌배(山梨, *Pyrus pyrifolia*)

남방형 동양배의 원종으로 우리나라 남부 지리산 일대에 많이 분포되어 있다. 실생대목은 생육이 강하고 곁가지와 가지 발생이 비교적 적으며 줄기의 비대 생장이 빨라 파종 당년 8~9월이면 눈접을 할 수 있을 정도로 자란다. 뿌리 수가 많고 넓게 분포하며 지상부와 지하부의 생육이 균형을 유지한다. 배 주요 재배 품종과 접목 친화력이 좋고 활착 후 생육도 양호하여 현재 많이 이용되고 있다.

(3) 북지콩배(杜梨, *Pyrus betulaefolia*)

중국의 광범위한 지역에 분포한다. 중국 북방 배 생산 지역의 주요 대목이다. 하남, 하북, 산동, 섬서 등의 지역에 가장 많으며 한국, 일본에도 분포되어 있다. 뿌리는 깊이 뻗고 내한성, 내건성, 내습성과 알칼리성 토양에 대한 내성 등 토양 적응성이 매우 강하다. '돌배'보다 유부과, 돌배 현상 등의 생리장해 발생은 적은 편이다.

(4) 콩배(豆梨, *Pyrus calleryana*)

중국의 각 성을 포함하여 일본, 한국에도 분포하며 중국배 대목으로 많이 쓰인다. 생육 초기에는 생장이 늦고 심근성으로 사질 토양, 점질 토양에 대한 적응성이 높다. 가뭄과 산성토양에는 잘 적응하나 내한성이 약하고, 높은 pH 토양에서는 생육이 불량하다.

표-7 주요 동양배 대목의 특성 비교

특성	돌배	콩배	북지콩배
학명	*P. pyrifolia*	*P. calleryana*	*P.betulaefolia*
〈토양 적응성〉			
내습성	2	4	5
내건성	4	5	4
사질토	4	5	4
점질토	2	5	5
〈병해충 저항성〉			
화상병	3	5	5
근두암종병	–	4	4
선충	–	5	5
〈재배적 특성〉			
흡지 발생	무	약	무
지주 필요성	무	무	무
친화성	우수	우수	우수
수체 크기	100%	90%	130%
균일도	4	3	5
조기 결실성	3	3	3
〈과실 품질〉			
과실 크기	4	4	5
약편의 생리장해	있음	없음	없음
과실 품질	3	4	4

※ 등급 1 : 적응성 약, 이병성, 재배적 특성 불량

　　　5 : 적응성 우수, 내병성, 재배적 특성 우수

다 대목 양성법

(1) 종자의 채취

종자는 완전히 성숙하여 종자의 껍질 색깔이 갈색~암갈색일 때 채취해야 한다.

종자를 채취한 다음 깨끗이 씻어 그늘에서 4~5일간 건조해주는 것이 좋다. 직사광선에서 장시간(10일 이상) 건조를 할 경우 발아력이 약화될 수 있으므로 주의해야 한다.

(2) 종자의 저장

겉보기에 완전히 성숙한 종자라도 휴면이 타파되지 않으면 발아되지 않는다. 4~7℃의 저온과 70% 정도의 습도에서 저온처리를 해야 하며 저온요구 기간은 종류에 따라 다르나 최소한 45일 정도이다.

저온 저장고에 저장하는 방법이 가장 좋다. 채취한 종자를 상자나 망사 등에 습기가 있는 모래 2~3배와 섞어서 저장한다. 과습하면 부패하고 습기가 적으면 건조하여 발아력이 약해진다. 온도가 높으면 파종하기 전에 조기 발아하여 어린 뿌리가 떨어지기 쉬우므로 주의해야 한다.

(3) 파종

종자의 파종 적기는 3월 중순경이다. 휴면이 타파된 종자는 10℃ 정도에서도 발아되므로 파종이 늦으면 저장 중에 발아되어 우량 대목의 획득률이 떨어지므로 파종 적기를 놓치지 않도록 한다.

파종포는 파종 5개월쯤 전인 전년도의 11월 중순에 10a당 완숙퇴비 2,000kg, 석회 100kg, 용성인비 50kg 정도를 뿌린 후 2~3회 간다. 이랑 폭이 60~70cm가 되도록 만들어 겨울을 나게 한 다음 파종 간격은 60~70cm 이랑에 1~2열로 약간 드물게 파종하는 것이 후에 접목 작업과 그밖의 관리에 편리하다. 파종량은 10a당 2.2~2.7L(2만 3,000알 정도)이다.

라 묘목 양성(접목 방법)

배나무의 번식은 대부분 접목법에 의존하고 있으며 가장 널리 이용되는 접목법은 깎기접과 눈접이다.

(1) 깎기접

현재 가장 널리 이용되고 있는 방법이다. 깎기접은 대목과 접수의 깎은 면이 수직이 되도록 편평하게 깎는다.

접목 적기는 3월 중순~4월 상순이다. 접수는 접목 1~2개월 전에 건전하게 자란 1년생 가지를 채취하여 습기가 있는 모래와 섞어 과실 저장고에 보관하거나 그늘진 곳에 바람이 통하게 하여 접수의 2/3 정도를 묻어준다. 접수의 양이 적을 때는 가정용 냉장고에 비닐로 싸서 보관해도 무방하다.

이와 같이 준비된 접수는 사용할 때 아랫부분과 윗부분을 잘라 버리고 중간 부위를 이용토록 한다.

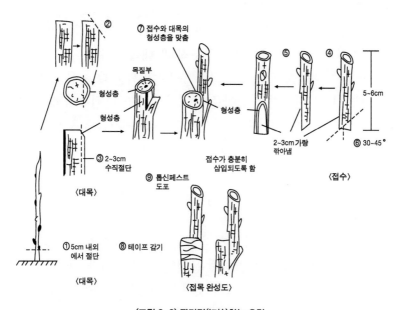

(그림 3-3) 깎기접(切接)하는 요령

가. 대목 다듬기

대목은 지표면에서부터 위로 5cm 내외를 남기고 전정가위로 절단한다(그림 3-3-①). 그다음에 대목의 평탄한 부분을 골라서 접칼(接刀)로 한쪽 언저리를 베어내고(그림 3-3-②) 그 자리로부터 2~3cm 정도 수직으로 칼집을 낸다(그림 3-3-③). 이때 접칼에 두 손가락으로 일정하게 힘을 주어야 바르게 깎아진다.

나. 접수 다듬기

접수는 대목보다 약간 가는 것을 사용하여 눈 1~2개를 붙여 5~6cm 내외로 절단한다(그림 3-3-④). 윗눈 윗 가지 부분을 0.5~1cm 정도 남기고 자르고 접수의 하단 측면을 접도로 면이 바르게 2~3cm 깎아낸다(그림 3-3-⑤). 뒷면은 1cm 높이에서 30~40°각도로 경사지게 쐐기 모양으로 깎아낸다(그림 3-3-⑥).

다. 접목

대목과 접수 다듬기가 완료되면 신속하게 접수의 깎은 면 형성층(形成層: 껍질과 목질부 사이의 분열조직)과 대목의 수직 절단면 형성층이 최소한 한 면이라도 일치되게(그림 3-3-⑦) 끼운 다음 움직이지 않도록 접목 테이프로 단단하게 감아준다(그림 3-3-⑧). 접수의 상단 면은 건조하지 않도록 접납이나 톱신페스트를 발라 준다(그림 3-3-⑨). 접목 후 새순이 30cm 정도 자라고 접목 부위가 완전히 아문 다음 접목 테이프를 풀어주고 지주를 세워준다.

(2) 눈접

예전에는 수액이 활발하게 움직일 때 실시하는 T자형 눈접을 주로 사용하였다. 이 방법은 수액이 활발하게 움직일 때만 실시가 가능하고, 접수나 대목 중 어느 한쪽만이라도 껍질이 벗겨지지 않으면 접목을 할 수 없게 된다. 접목한 다음 3~4일 내에 비가 오면 활착이 극히 저조하고 작업도 복잡하여 요즘은 거의 이용되지 않고 있다.

지금은 수액의 이동과 관계없이 생육 기간 중 어느 때나 실시가 가능하다. 비가 거의 오지 않는 9월 중하순이 최적기이며 활착률도 높은 깎기눈접이 주로 이용된다.

깎기눈접용 접수는 당년도에 충실하게 자란 가지를 채취하여 눈 밑의 잎자루만 약간 남기고 잎을 제거한다. 접눈은 새 가지의 건전한 부분에서 채취하고 꼭대기와 아래의 눈은 접수가 풍부할 때는 이용하지 않는 것이 좋다. 접목한 다음 7~10일 후 잎자루가 노랗게 되면서 살짝 건드려도 낙엽이 지듯 떨어지면 활착된 것이다. 잎자루가 말라 있는데도 건드려 잘 떨어지지 않으면 활착이 되지 않은 것이므로 다시 접목을 실시토록 한다.

가. 대목 다듬기

대목은 지표면 5~6cm 내외에서 접눈 다듬기와 같은 방법으로 2.5~2.7cm 정도(그림 3-4-①,②) 깎아낸다. 이때 접눈의 길이보다 약간 길게 깎아야 서로의 형성층이 잘 밀착되어 활착이 잘된다.

나. 접눈 다듬기 및 접목

접눈은 길이가 2.5cm 정도 되게 접눈 아래쪽 1cm 부위에서 눈의 아래쪽을 향하여 비스듬히 접칼을 넣은 다음(그림 3-5-①) 접눈 위 1.5cm 부위에서 접눈 아래쪽까지 목질부를 두께 2mm 정도를 붙여서 깎아 접눈을 떼어 낸다(그림 3-5-②). 이와 반대로 눈 아래쪽에서 위쪽으로 접칼을 밀어 올려서 접눈을 채취하는 방법도 있다. 대목 다듬기와 접눈 다듬기가 끝나면 대목에 접눈을 끼워 최소한 한 면의 형성층을 서로 일치(그림 3-5-③)시킨 후 접목 테이프를 감아준다(그림 3-5-④). 만약 접목 후 대목이 많이 자라서 접목 테이프로 감은 자리가 잘록하게 되면 접목 테이프를 풀어서 다시 감아준다.

이듬해 눈이 나온 후 새 가지가 30cm 정도 자라면 접눈 위 2cm쯤 되는 곳에서 대목을 잘라내고 접목 테이프를 제거한다. 접목 부위가 약하므로 지주를 세워 새 가지를 묶어주는 것이 바람에 의한 쓰러짐을 방지할 수 있다. 대목에서 나오는 새 가지는 수시로 제거한다.

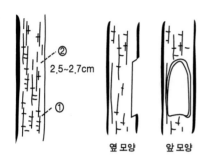

2.5~2.7cm

옆 모양   앞 모양

(그림 3-4) 눈접 대목 다듬기

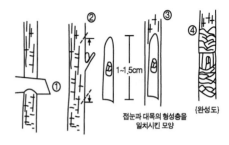

1~1.5cm

접눈과 대목의 형성층을
일치시킨 모양

(완성도)

(그림 3-5) 접눈 다듬기 및 붙이기

제IV장
배 재배 환경과 개원

01 재배 환경

Pear cultivation

배나무는 오래살이 작물로서 한번 재식하면 계속해서 같은 장소에서 자라게 되므로 주위 환경이 매우 중요하다. 재식된 곳의 환경조건은 매년 반복, 누적되어 배나무의 생육, 수량성과 과실 품질에 큰 영향을 미친다. 따라서 적지 선정이 필요하고 그 환경에 적합한 재배 관리가 이루어지지 않으면 안 된다.

가 온도

배나무는 연평균 기온이 7℃ 이상이면 재배가 가능하나 언 피해, 품질 저하 등을 고려할 때 배 주산지의 연평균 기온은 대체로 11~15℃이다.

우리나라의 배 재배 지역은 겨울철 최저기온이 -20℃ 이하이다. 생육 기간인 4~10월의 평균기온이 18~20℃이며 성숙기인 9~10월의 평균기온이 16~20℃에 분포되어 있다. 고품질과 생산을 위한 재배지를 구분하면 (그림 4-2)과 같다.

○ I 지대 : 4~10월 생육기의 평균기온이 14~16℃이고 9~10월의 평균기온이 11~14℃이며 겨울철 언 피해(-20℃ 전후)가 있는 지역으로 배나무 재배에 부적합하다.

○ Ⅱ 지대 : 4~10월 생육기의 평균기온이 16~18℃이고 9~10월의 평균기온이 14~15℃이며 겨울철 최저기온이 -20℃로 언 피해의 위험이 상존하는 지역이다. 재배는 가능하나 언 피해가 우려되고 과실 품질이 저하된다.

○ Ⅳ 지대 : 4~10월 생육기의 평균기온이 18~20℃이고 9~10월의 평균기온이 16~20℃이며 겨울철 언 피해가 거의 없는 지역으로, 배나무 재배 적지이다. 특히 남부 해안 지역은 만생종 재배에 적합하다. 온도는 과실의 모양에도 영향을 준다. 만생종의 경우 가을 늦게까지 비대할 수 있는 온난한 남부 지역은 과실 모양이 편원형이 많고 가을이 일찍 오는 중북부 지역은 장원형 또는 타원형이 되기 쉽다(그림 4-1).또한 연평균기온이 11℃ 전후 지역의 과실당 함량은 14~15℃ 지역의 것보다 2~3%가 낮은 반면 산 함량이 높아서 품질이 저하되며 특히 만생종일수록 그 차이는 더욱 심하다.

봄에 일찍 땅 온도가 높아질수록 잔뿌리의 자람이 빨라지고 수액의 이동이 활발해진다. 때문에 발아 상태도 양호하고 발아일과 개화일도 빨라져 과실의 발육에도 유리하다. 지역에 따라 배 개화기를 전후하여 서리 피해가 상습적으로 나타나는 지역에서는 땅의 온도가 올라가 오히려 불리할 경우도 있다.

나 햇빛

햇빛은 녹색식물의 광합성에 필수조건이다. 따라서 배나무의 자람이 좋고 고품질의 과실을 생산하기 위해서는 과원 조성 시 일조량이 많은 지역을 선정하는 것이 중요하고, 평지보다는 동남향의 경사지가 유리하다. 또한 재식 거리를 충분히 확보하는 것도 매우 중요하다.

수형구성과 전정 등도 근본적으로 나무 모양과 일조량을 증대시키기 위한 것이다. 나무 세력 안정과 다수확, 고품질 과실 생산에 큰 영향을 미치기 때문에 수형구성과 전정 기술이 지금까지 계속 연구 발전되어 오고 있는 것이다. 과수 나무 생장에 있어서 햇빛 드는 양이 많을 경우 과실 수량을 비롯한 줄기의 강도, 잎의 두께가 증가되고 새 가지의 자람은 억제되며 꽃이 피고 열매 맺는 것이 빠르다.

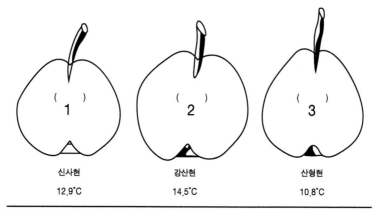

( )는 그 지역의 연 평균 기온

(그림 4-1) 산지별 '만삼길' 품종의 과형(일본 田野 '49)

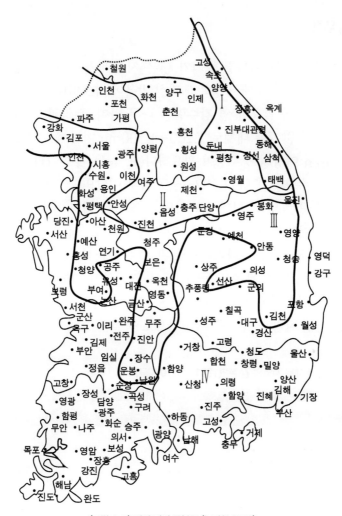

(그림 4-2) 재배 지대 구분도 (농기연,1990)

　　일조량의 증가에 따라 온도가 상승해 증산활동을 촉진함으로써 양수분 흡수를 증대시키고 과실의 자람에 영향을 미친다. 햇빛은 과실 착색에도 크게 영향을 미쳐 봉지 씌우기로 과피색을 조절할 수 있다. 또한 배 과원과 수관의 습도에 영향을 미쳐 일조량의 증가에 따라 습도가 낮아지면 병해 발생이 감소되어 약제 방제 횟수를 줄일 수 있다.

다 강우량

남방형 동양배는 여름철 습기가 많은 지대가 원산지로 여름철 온도가 높고 강수량이 많은 곳에서 생육과 과실 발육이 양호하다.

배나무 재배에 필요한 연 강수량은 나무 나이, 토양과 그 밖의 조건에 따라 일정하지 않지만 대체로 1,200~1,500mm이며 4~10월 생육 기간에는 800mm 이상의 강우량이 필요하다(표 4-1). 우리나라 배 재배 주요 지역의 연 강수량은 979~1,382mm로 중부 이남의 대부분 지역에서는 크게 염려할 필요는 없다. 다만 생육기의 긴 장마는 여러 가지 생리장해와 병해충 발생을 유발한다. 우리나라의 강우 분포는 4~5월과 9~10월의 가뭄과 6~7월의 집중호우로 나타나므로 관·배수 관리를 철저히 해야 한다.

잦은 강우는 일조 부족을 동반하므로 광합성이 저하된다. 그리고 과습에 따른 생리장해, 새 가지의 웃자람, 병해 발생 등으로 화아분화와 발육이 부진하고 과실 자람과 당도 증가 제한으로 품질이 크게 저하된다.

표 4-1 주요 배 재배 지역의 강수량(1981~2010 평균)

재배 지역	연 강수량(mm) 1,200~1,500	4~10월 강우량(mm) 800 이상
강릉	1,464	1,172
서울	1,450	1,283
영동	1,187	1,012
포항	1,152	947
대구	1,064	922
전주	1,313	1,104
울산	1,277	1,070
광주	1,391	1,162
진주	1,512	1,300
부산	1,519	1,285
목포	1,163	955

6~7월 고온기의 많은 강우는 건전한 새 뿌리의 발생과 생육을 저해하고 '황금배'와 같은 청배 계통에 동록 발생을 크게 증가시킨다. 따라서 청배 계통의 재배는 강우량이 적은 지역이 유리하다.

라 토양과 지형

(1) 토양의 물리성

토양은 땅에서 30cm 정도의 겉흙과 그 이하의 속흙으로 나눌 수 있는데 겉흙은 부식이나 기타 유기물이 많이 함유되어 있어 속흙보다 비옥하다. 그러나 배나무의 생장이나 과실 생산력은 겉흙의 종류나 비옥도보다 속흙의 물리성이 좌우한다. 속흙은 물빠짐성이 좋고 어느 정도 물 지닐 힘을 가지고 있어 뿌리가 용이하게 뻗어 나갈 수 있는 토양성질을 지닌 사질 양토가 가장 우수하다. 속흙의 유효토심이 깊은 토양일수록 뿌리가 양수분을 흡수할 수 있는 범위가 넓다. 보통 배나무 재배 적지의 유효토심은 0.7 ~1.2m 이상이 되어야 한다. 토심이 얕은 경우에는 토양 건조나 양분 부족으로 인한 피해가 쉽게 나타날 뿐만 아니라 장마기에는 공기공급 불량에 의한 산소 부족으로 뿌리의 호흡이 억제된다. 더 나아가 새로운 뿌리가 썩거나 말라죽게 되어 잎이나 과실에 각종 생리장해가 발생하므로 배수시설 등 토양개량이 필요하다.

(2) 토양 화학성

배 과원의 토양에서 비옥도는 물리성보다 중요한 요소가 아니다. 물빠짐이나 기타 물리성이 양호하면 비옥도가 다소 낮더라도 물리성이 불량하고 비옥한 토양보다 과수의 생육과 과실 생산력이 높다.

배나무는 비교적 토양 적응성이 넓으며 토양산도는 pH 5.5~6.5의 미산성을 좋아한다. 비가 많은 지역에서는 양분이 녹아 없어져 산성화가 되기 쉽다. 화학 비료를 매년 다량으로 사용하거나 썩지 않은 퇴비를 땅속에 묻을 경우 토양의 산성화를 조장한다. 우리나라와 같이 화성암이 많은 토양에서는 배수를 양호하게 하고 충분히 발효된 퇴비를 많이 사용하며 패화석 등과 같은 토양개량제를 사용하여 토양의 화학성을 개량해야 한다.

(3) 지형

평지는 일반적으로 토양이 비옥하고 작업이 편리하나 배수가 불량하고 지역에 따라 언 피해와 서리 피해를 입기 쉽다. 경사지는 땅이 척박하고 건조하기 쉽고 작업이 불편하다. 배나무는 덕을 설치해야 하기 때문에 5도 이하의 약간 경사진 평탄지가 가장 좋다.

한편으로 실제 과수원의 국지기상은 지형이나 방향에 의해 크게 달라지는 것이 보통이다. 평지에 비해 남향의 경사지는 따뜻하고, 북향은 일조량이 적고 겨울에 북풍의 영향으로 온도가 낮다. (그림 4-3)은 국지적 기상을 나타내고 있다.

국지기상은 지형이나 방향에 따라 기온, 일조량 등의 차이가 있다. 그리고 서리 피해의 위험 정도와 바람의 세기가 다르기 때문에 과수원의 적지 여부를 판단하는 데 있어 매우 중요한 요인이 된다.

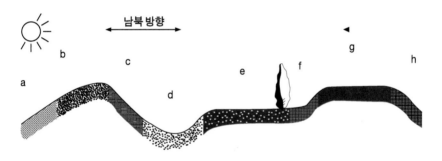

(그림 4-3) 지형 및 방향에 따른 국지적 기상(Jackson, '86)

a: 일조량이 많고 따뜻함. 냉기류는 밑으로 흘러 서리 피해는 없음
b: a와 동일한 지형이나 고도가 높아 기온이 낮고 토양이 건조하기 쉬움
c: 북향으로 기온이 낮음. 냉기류는 정체되지 않으나 일조량이 적음
d: 냉기가 주변으로부터 흘러나와 서리 피해가 발생
e: 서리 피해가 d보다 경미하여 방풍림으로 기온이 온화함
f: 본래 서리 피해 지역은 아니나 경사면의 아래쪽에 방풍림이 있어 냉기류가 정체됨
g: e보다 서리 피해는 적음. 그러나 고도가 높아 언덕 바람이 불어 온도는 높지 않음
h: c와 동일

02 신규 과원 조성

　　과수는 오래살이 작물로, 한번 잘못 심으면 큰 손해를 보게 된다. 그러므로 과수원을 개원할 때는 예정 지역의 기상과 토양을 면밀히 검토하여 적지 여부를 우선 검토해야 한다.

　　물빠짐이 불량할 때는 암거배수 등으로 물빠짐이 잘되도록 해야 하고, 경사지는 토양침식이 일어나지 않도록 해야 한다. 품종 선택은 과수원의 규모, 위치, 경영상의 문제, 수분수 선택 등을 고려하여 고르는 것이 유리하다. 재식 거리는 품종, 토양 비옥도, 재배 관리 등에 따라 달라질 수 있다. 묘목을 심는 시기는 낙엽 기간이 좋고 묘목을 심은 후에는 건전하게 자랄 수 있도록 관리를 철저히 해야 한다.

가　입지별 과원 조성

　　새로 과수원을 조성하는 경우에는 평지, 경사지, 논전환지로 구분할 수 있다. 평지나 경사지는 사질양토같이 물빠짐이 양호한 토양에서는 큰 문제가 없다. 그러나 식질 토양과 같이 토양 내 수직배수가 불량한 곳에서는 생육 기간 중의 많은 비로 인한 습해를 받지 않도록 조치하는 것이 중요하다. 경사지에 과수원을 만들 경우에는 일반 재배 관리상 노동 생산성을 높이고 생력화할 수 있는 기계화 관리가 될 수 있도록 경사도를 줄여 조성하는 작업이 필요하다.

논전환지에 과수원을 조성할 경우 지형상으로 낮은 지대에서는 일반적으로 지하수위가 높아 생육 기간 중에 습해를 받기 쉬우므로 피하는 것이 좋다. 높은 지대에서는 지하수위는 문제가 없으나 일반적으로 수직배수가 불량한 곳이 많으므로 이에 대한 대비를 해야 한다.

평지 개원에서는 크게 문제가 되지 않으나 경사지를 개간할 때는 토지 생산성, 시설비와 노동 생산성 등을 다각적으로 검토하는 것이 필요하다. 앞으로 예상되는 노동력의 부족, 임금 상승에 대처하기 위한 생력화 재배와 기계화 재배를 고려해야 한다. 이를 위해서는 과수원의 기반이 되는 개간 조성이 대단히 중요하다.

나 개간 방법

개간할 때는 개간 전 지형의 굴곡 정도와 경사 정도에 따라 3가지 방법을 생각할 수 있다.

첫째, 개간하기 전의 지형을 그대로 두고 가능한 한 최소한으로 지형을 고쳐서 개원이 가능한 장소에서 토양을 이동시키는 방법이다. 이 방법은 비옥한 겉흙은 잘 보존되나 전에 심어졌던 나무 뿌리들이 그대로 남아 있어 문우병이 발생될 우려가 있다.

둘째, 도랑이 깊이 파였거나 굴곡이 심하여 그대로 두고 나무를 심는 방법이다. 이때는 작업의 기계화가 곤란할 경우에 높은 곳을 깎아서 낮은 곳에 메우게 되면 흙의 이동이 많이 되고 깎인 곳은 단단한 땅이 노출되어 나무가 자랄 수 없으므로 나무가 잘 자랄 수 있도록 땅을 개량해 주어야 한다. 메꾸어진 습한 곳은 땅속으로 물이 빠져나갈 수 있도록 구멍이 뚫어진 플라스틱 파이프를 묻어야 한다.

셋째, 개간하기 전의 땅이 급한 경사지여서 등고선을 따라 작업로를 만들지 않으면 작업이 어려울 경우 등고선을 따라 작업로를 만들고 경사면에 나무를 심는 방법이다. 과거에는 계단을 만들고 그 위에 나무를 심었기 때문에 농약살포, 시비, 수확 등 여러 가지 작업이 대단히 불편했다. 경사지에는 기계화 작업의 위험이 따르므로 될 수 있으면 개원을 하지 않는 것이 좋다.

다 개간 시 유의할 점

완경사지에서 개간을 할 때 겉흙을 잘못 취급하면 척박한 속흙이 새 과수원의 겉흙이 되기도 한다. 깎아낸 토양에서는 지하수의 흐름이 변하여 안정되기까지는 3년 이상이 소요된다. 산사 면을 넓게 깎았을 경우에는 상단부에 명거배수로를 설치하여 상부에서 과수원 내로 빗물 흐름을 막아 주어야 한다. 성토 작업은 보통 다지지 않고 실시하지만 성토 30cm마다 다져도 수년이 지나면 성토 깊이의 1/10~1/20이 내려앉게 되므로 이에 맞추어 다소 높게 성토하는 것이 좋다.

중기계 사용에 의한 과수원 개원은 토질에 따라서 하층토에 불투수층을 발달시켜 나무 생장을 불량하게 한다. 이를 방지하기 위하여 경토배양(갈이흙을 뒤집어 토양을 개량하는 방법)을 해야 한다. 경토배양을 전면적으로 실시하기는 어려우므로 나무를 심은 부위만 국부적으로 속흙까지 실시하는 것이 합리적이다.

라 기반 조성

(1) 배수구

지형 변경이나 토사 이동이 있었던 경사지의 과수원에서는 개원 후 초기 수년간은 토양침식 방지에 노력해야 한다. 배수구는 과거의 최대 강수량과 집수면적의 넓이를 보아 결정하는 것이 안전하다. 승수구는 과원 내에서 물고를 만들어 배수구에 직접 연결시키지 말고 토사류(흙이 가라앉아 쌓이는 통)를 통하여 가도록 한다.

(2) 농로

각종 농자재와 수확 과실의 효율적인 운반과 출입을 위하여 농기계가

운행될 수 있도록 농로를 정비해야 한다. 농장 규모와 사용되는 농기계의 기종에 맞추어 농로의 폭을 결정한다. 또한 과수원의 주위에는 우회 농로를 설치해 주는 것이 각종 관리에 편리하다.

(3) 경사면의 토양 보존

경사지의 토양 보존을 위해서는 반드시 초생재배를 실시해야 한다. 초종으로는 오차드그라스나 클로버 등 유럽이나 미주에서 육성된 목초가 추천되고 있으나 환경 적응성이 각각 다르고, 예초 작업 등 관리에 많은 노력이 소요되는 문제가 있다. 우리나라는 여름철이 무덥고 겨울철이 추워 유럽종 목초가 잘 유지되기 어렵기 때문에 새로운 개간지 등과 같은 척박지에서도 생육이 좋은 자연 초종을 이용하는 것이 바람직하다.

(4) 토양개량

불량한 토양조건은 언 피해, 조기 낙엽, 생리장해 발생 등의 주요 원인이 된다. 토양을 개량하는 것은 물과 공기의 유통이 잘되는 등 물리성을 양호하게 하는 배수시설과, 퇴구비와 석회 사용에 의한 물과 비료를 지니는 힘 등의 화학성 향상이 기본이 된다.

가. 암거배수와 깊이갈이

토양의 물빠짐 정도는 10cm/초를 목표로 하여 암거배수시설을 한다. 암거배수시설은 심는 열마다 설치하는 것이 좋다. 암거배수 재료로는 자갈이나 전정목 등이 이용되어 왔으나 몇 년이 지나면 배수 효과가 떨어진다.

최근에는 배수관이나 플라스틱 유공 파이프 등이 이용되고 있으며 배수 효과도 매우 높은 것으로 알려져 있다. 암거배수관의 설치 깊이는 80~100cm로 하고 깊이갈이는 뿌리군 분포와 토양개량 자재 확보에 따라 심는 열 또는 심는 부위만 실시하는 것이 바람직하다(그림 4-4).

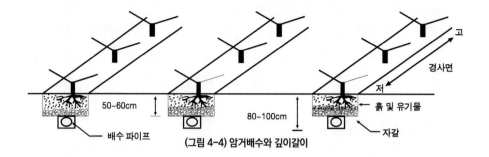

(그림 4-4) 암거배수와 깊이갈이

　새로 개간한 과수원의 깊이갈이는 최소한 50~60cm, 폭은 재식 거리에 따라서 100cm 전후로 해주고 해가 지남에 따라 수관 외부 방향으로 계속 확대하여 실시해 주는 것이 좋다.

나. 유기물 사용

　새로 개간한 과수원은 대부분 토양의 이화학성이 불량하다. 따라서 재식 부위부터 점차적으로 깊이갈이를 실시하고, 충분한 양의 유기물 및 석회를 사용하여 토양 구조개선 등의 조치를 실시해야 한다. 유기질 비료는 무기질 비료에 비해 비료성분의 분해 등이 용이하다. 토양용액 농도의 급격한 변화가 적어 전 생육 기간에 걸쳐 비료 효과가 지속되고 많은 비나 물 대주기에 의한 비료성분의 손실도 적다. 썩는 과정에서 땅심을 높여주고 질소, 인산, 칼리, 붕소 등 각종 영양소를 함유하고 있어 이들 원소를 공급하는 효과도 있다.

다. 초생재배

　지력증진 방법으로는 목초나 자연 초생을 재배하여 토양에 환원하는 것도 좋은 방법이다. 초생재배는 새로 조성된 과수원 토양의 빗물에 의한 토양유실과 침식을 방지하여 토양 보존에도 큰 역할을 한다. 배나무는 재식 3년 차 이후부터는 잡초와의 양분이나 수분 경쟁이 문제되지 않는 과종이다. 배 과수원 겉흙 관리는 초생재배를 이용하여 노동력 절감과 토양침식을 방지하는 것이 보다 효율적이다. 또한 과다 사용된 비료성분이 풀에 흡수되어 토양에서의 유실을 방지할 수 있다. 재배 관리 상 불편이 없을 때까지는 그대로 키우는 것이 잡초에 의한 유기물 생산과 잡초 뿌리의 발달로 토양 물리성의 개선 효과가 높다. 기반 조성 후 초생재배를 실시한 다음에 묘목을 심으면 더욱 좋다.

(5) 천수답의 과수원 조성

천수답은 여러 개의 논으로 되어 있으므로 논두렁만 헐어 버리고 나무를 심으면 배수가 대단히 나쁘고 둑이 높아 작업이 불편하다. 우선 중장비를 이용하여 비스듬한 경사지를 만들어야 한다.

천수답의 특징은 어디에선가 물이 솟아 나오는 곳이 있고 흙이 미세하며 토양구조가 단립으로 되어 있어 물이 땅속으로 잘 스며들지 않는다. 표토에서 30cm 밑에는 단단한 층으로 되어 있기 때문에 배나무가 잘 자랄 수 없으므로 나무가 잘 자라도록 토양의 물리성과 화학성을 바꾸어 준다.

나무를 심기 전에 단단한 층을 부숴서 공극량을 많게 해주면 나무 뿌리가 깊게 뻗어 가뭄을 예방할 수 있다. 천수답은 일반적으로 지하수위가 높으므로 낮춰 주어야 한다. 경사지에서는 기울기 3/100 정도로 암거배수를 해주고 평탄하여 암거배수가 불가능할 때는 습기가 많은 것을 방지하기 위하여 줄과 줄 사이에 50~60cm 정도로 도랑을 파고 높은 곳에 나무를 심는다.

03 심는 요령

Pear cultivation

가 묘목의 선택과 취급

(1) 묘목 선택

과수재배의 목표는 상품성이 높은 과실을 생산하여 높은 소득을 올리는 것이므로 주 품종과 수분수 품종 모두 경제성이 높은 품종을 선택하여 재배해야 한다. 과수는 한번 심으면 반영구적으로 재배되고 묘목에 따라 심은 후 자라는 데 많은 차이가 있기 때문에 묘목 선택에 주의해야 한다. 좋은 묘목의 구비 조건은 다음과 같다.

○ 묘목은 품종이 정확해야 한다.
○ 뿌리의 절단이 적어야 한다. 뿌리의 발달이 좋고 생기가 있으며 나무 껍질은 윤기가 있어야 한다.
○ 웃자라지 않은 묘목이어야 한다. 즉 마디가 굵고 짧으며 충실한 잎눈이 잘 붙어 있는 묘목을 선택해야 한다. 웃자란 묘목은 심은 후 가지 발생이 적고 겨울철 언 피해나 건조에 약하여 말라죽는 일이 많다.
○ 병해충의 피해가 없어야 한다. 묘목에 발생되기 쉬운 병해충은 날개 무늬병(문우병), 근두암종병, 검은별무늬병, 깍지벌레류 등이 있다.

(2) 묘목 취급

과수원을 시작할 때는 많은 묘목을 단시간에 취급하기 때문에 허술한 관리 등에 의해 묘목 상태가 나빠질 우려가 있다. 따라서 가능한 한 뿌리가 많이 상하지 않은 묘목을 선택하고 포장이나 수송 시 눈이 상하지 않도록 주의해야 한다. 눈의 탈락은 새 가지 발생을 지연시켜 목표한 기간 내의 수형구성을 어렵게 한다. 묘목을 심기 전까지의 가식은 뿌리 사이에 공간이 생기지 않도록 흙을 잘 넣어주고 관수를 하여 심기 전 묘목의 건조 피해를 막아야 한다.

심을 때 지상부는 최종 나무 모양을 고려하여 원줄기가 될 부분에서 절단한다. 묘목에서 나온 곁가지는 원가지로서 수관의 골격을 구성하게 되므로 가지가 나올 수 있는 잎눈을 확인하고 절단한다. 뿌리는 상처받은 곳과 너무 길게 뻗은 것은 절단하고 심는다.

나 심는 시기

묘목은 가을 낙엽 후부터 봄 발아 전까지 심는 것이 가능하다. 가을심기는 겨울을 지나는 동안 뿌리에 흙이 잘 밀착되어 다음 해 뿌리 활착과 생육이 좋아진다. 추운 지방에서는 언 피해를 받기 쉽고 겨울 동안 눈이나 비가 적을 경우에는 건조 피해를 받을 우려가 있으므로, 지상부를 짚으로 싸주고 흙을 털어주어 겨울철 언 피해와 건조 피해에 대비해야 한다. 복토한 흙은 봄에 일찍 파헤쳐 주어 토양온도의 상승으로 뿌리 활동을 빠르게 해야 생육이 좋아진다.

봄심기는 땅이 풀린 직후 가능한 한 빨리 심을수록 지상부와 지하부 생육이 좋아진다. 심는 시기가 늦어질수록 발아가 더디고 지상부와 지하부 생육도 나빠진다(표 4-2). 따라서 봄에 재식할 경우에는 뿌리가 흙과 잘 밀착되도록 하고 뿌리가 보이지 않을 정도로 흙을 덮어 물 10~20L 정도를 준 다음 물이 스며든 뒤에 복토해야 생육이 좋아진다. 일반적으로 따뜻한 남쪽 지역은 가을, 추운 지역에서는 봄에 심는 것이 좋다.

표 4-2 묘목 정식 시기에 따른 나무 생육 비교(정식 후 1년 차)

정식 시기 (월. 일)	12월 중량 (g)	총중량 (g)	지상부 중량 (g)	새 가지 중량 (g)	지하부 중량 (g)	지하부/ 총중량 비율 (%)
12. 3	223±17	1,080±48	894±31	319±16	508	45.90
1. 14	212±12	991±53	529±31	272±16	467	47.75
3. 18	231±14	795±23	428±13	204±95	369	46.70

다 심는 배열 방식

묘목을 심는 방식에는 여러 가지가 있다. (그림 4-5)에서 보는 바와 같이 사방이 동일한 거리로 심는 정사각형 심기, 한쪽이 다른 쪽보다 긴 직사각형 심기, 정사각형이나 직사각형의 대각선 교차점에 한 그루씩 더 심는 5점 심기, 정삼각형의 정점에 심는 정삼각형 심기 등이 있다. 산지에서 경사지의 등고선에 심을 때는 삼각형으로 심거나 등고선 심기를 하게 된다.

근래에는 계획 배게 심기를 많이 하게 된다. 기계화를 위하여 열 간격을 정하고 그루 사이를 오래 둘 나무의 1/2~1/4 간격으로 계획 밀식하여 수관이 확대됨에 따라 축벌과 간벌을 해야 한다.

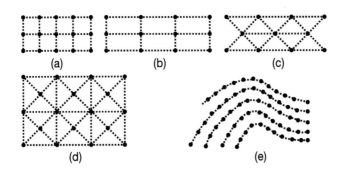

(a) 정사각형 심기
(b) 직사각형 심기
(c) 삼각형 심기
(d) 5점 심기
(e) 등고선 심기

(그림 4-5) 묘목 심기의 배열

라 심는 거리

심는 거리는 큰 나무가 되어 자연적으로 자란다 해도 나무 사이가 약간의 공간이 있어 수관 내에 충분한 햇빛이 들어가도록 하는 것이 바람직하다. 심는 거리는 토양의 비옥도, 품종의 나무 세력, 나무 모양 등에 따라 달라진다. 토양이 비옥한 점질토와 토양수분이 많은 지역, 나무 세력이 강한 품종일수록 심는 거리를 넓게 하고 척박한 사질토와 같이 건조한 토양, 나무 세력이 약한 품종은 심는 거리를 좁힌다. 적정 거리는 큰 나무 때에 토지와 공간을 효율적으로 이용할 수 있고 양질의 과실을 계속적으로 다량 생산하며 재배 관리가 능률적이어야 한다.

나무의 세력이 강한 품종이나 나무 생장이 왕성한 환경조건에서는 열간격 6~8m, 그루 간격 6~7m로 한다. 나무 세력이 약한 품종이나 나무 생장이 떨어지는 환경조건에서는 열 간격 6~7m, 그루 간격 5~6m 거리로 심는다.

개원할 때부터 드물게 심기 재배는 초기 수량이 낮으므로 초기 생산량 증가를 위하여 오래 둘 나무의 중간에 베어낼 나무를 2~4배 정도 계획 밀식을 하는 것이 바람직하다. 나무가 생장함에 따라 오래 둘 나무와 베어낼 나무의 가지가 겹치기 직전에 솎아내어 어린나무 때의 심는 공간을 활용하는 것이 바람직하다. 배게 심어 재배를 할 때 베어 낼 시기가 늦어지면 밀식 장해가 발생하여 꽃눈분화가 불량하고 과실 품질도 떨어지며 병해충의 피해도 많게 된다. 배게 심어 나무가 커짐에 따라 1, 2차로 나무 줄이기나 솎아내기를 하여 수관 내에 충분한 일조와 통풍이 잘되게 해야 한다.

마 심는 방법

배나무는 크게 되면 수관이 넓어지기 때문에 지하부도 여기에 맞추어 깊고 넓게 자라게 하여 뿌리의 활동을 좋게 해주는 것이 중요하다. 어린나무 때 생육의 상태는 그 후의 생장과 생산력에 큰 영향을 준다. 그러므로 재식 구덩이는 가능한 한 크게 파주고 질소 함량이 적은 유기물이나 퇴구비를 충분히 넣어 토양의 물리성을 개선하여 뿌리의 발달을 도모하는 것이 중요하다. 심을 구덩이를 팔 때 주의할 점은 바위나 배수가 불량한 곳에서는 심을 구덩이에 물이 고이지 않도록 해야 한다. 경사지에서는 경사 방향으로 배수구를 만들어 물빠짐이 잘되도록 하는 것이 좋다.

유기물은 사전에 잘 썩힌 퇴비를 넣는 것이 좋다. 썩힌 퇴비가 부족할 경우에는 속흙에 거친 유기물을 넣고 상층과 뿌리 가까이에 부숙 퇴비를 넣는다. 구덩이당 소석회나 고토석회 2~4kg, 용성인비나 용과린을 1~2kg 정도 흙과 잘 혼합하여 넣는다.

심기 전에 한 구덩이에 복합 비료를 뿌리에 닿지 않을 정도로 200~300g 정도 주면 좋다(그림 4-6).

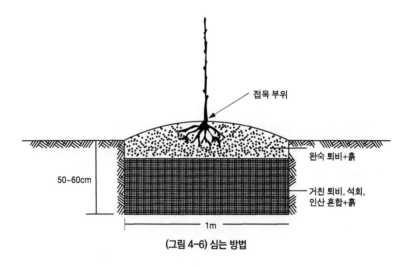

접목 부위

완숙 퇴비+흙

50~60cm

거친 퇴비, 석회, 인산 혼합+흙

1m

(그림 4-6) 심는 방법

묘목의 뿌리는 건조되기 쉬워 맑은 날이나 바람이 심한 날은 피해 심는 것이 좋다. 또한 묘목의 뿌리가 건조되지 않도록 젖은 가마니 등으로 뿌리 부분을 덮어 주고 순서대로 심는다.

심을 때는 심은 후 흙이 가라앉을 것을 감안하여 지면보다 다소 높게 심어야 한다. 묘목의 뿌리는 사방으로 펴고 뿌리의 기부에서 뿌리 끝부분 쪽이 밑으로 내려가도록 한다. 뿌리에 접한 흙은 겉흙으로 채워 뿌리와 잘 밀착되게 해야 한다. 흙을 접목 부위 아래까지 채우고 약간 들어주는 듯 1~2회 솟구쳐서 가볍게 밟아주고 심은 후에는 반드시 물을 주고 그 위에 흙을 덮어준다.

물을 준 후에는 밟지 않도록 주의한다. 묘목 주위에는 흙으로 덮어 지면보다 높게 하고 화학 비료를 뿌려준 후 짚 등으로 나무 주위를 덮어주면 더욱 좋다.

바 수분수 섞어 심기

배나무 대부분이 자기 꽃가루로는 수정이 이루어지지 않기 때문에 수분수로서 다른 품종을 섞어 심어야 한다. 수분수는 주 품종과 친화성이 있고 개화기가 약간 빠르거나 거의 같은 시기여야 한다. 그리고 꽃가루 양이 많으며 화분발아력이 좋고 재배 관리가 쉬우며 경제성이 있는 품종이 좋다. 또한 꽃눈이 많고 결실률이 높아야 한다. 우리나라 주 품종인 '신고'나 '황금배' 품종 등은 화분이 극히 적거나 없으며 임성(稔性)이 없어 수분수로 이용되지 못한다. '신고'나 '황금배' 등을 심을 때에는 이들 품종 외에 수분수 역할을 할 수 있는 두 품종 이상을 동시에 심어야 한다.

수분수를 심는 비율은 주 품종의 20% 내외로 한다. 이전에는 '장십랑' 품종이 수분수로 많이 이용되었다. 근래에 신규 재식되는 과수원에서는 '풍수', '추황배', '원황' 등의 품종이 주요 재배 품종과 교배친화성이 높고 개화기도 빨라 수분수로 적합하다.

사 심은 후 관리

묘목을 심고 난 다음에는 알맞은 길이로 묘목을 잘라주어야 한다. 굵은 것은 좀 길게, 가늘고 약한 것은 짧게 잘라야 튼튼한 새순을 기를 수 있다. 묘목 길이는 정상적인 묘목이라면 일반적으로 60~70cm 높이에서 잘라준다. 대부분은 재배자가 원하는 장래의 나무 모양에 따라 잘라주는 높이가 달라져야 한다.

심은 후 묘목은 뿌리 활동이 좋지 않아 건조 피해를 받기 쉬우므로 충분히 관수를 해 주어야 한다. 물을 준 후에는 수분이 쉽게 증발되지 않도록 짚이나 풀, 비닐 등으로 묘목 주위를 덮어 준다. 심은 후 날씨가 가물면 가뭄 피해가 나지 않도록 물을 준다.

묘목의 생장을 돕기 위해서는 속효성 화학 비료를 주어야 하는데, 연간 사용량의 40~60% 정도를 3~7월에 2~3회에 걸쳐 고르게 준다. 어린나무 때는 열매가 달리지 않기 때문에 병해충 방제를 소홀히 하기 쉬우나 철저한 방제로 잎을 잘 보호해 낙엽이 되지 않도록 해야 한다.

01 결실 관리

Pear cultivation

가 수분·수정

(1) 수분·수정의 의미

과수의 꽃눈은 영양과 기상조건이 적합하면 생장하여 개화하는데, 이때 꽃밥(葯, Anther)이 터져 성숙한 화분(꽃가루)이 밖으로 나오게 된다. 밖으로 나온 꽃가루가 주두(암술머리, Stigma)에 부착한 후 발아하고 화분관이 신장하여 화주 내로 웅성핵과 난핵이 결합해야 한다. 화분이 주두에 부착하는 것을 수분(Pollination)이라고 한다.

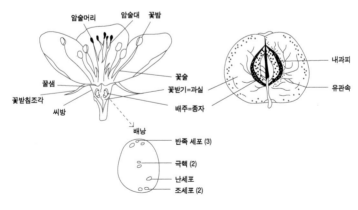

(그림 5-1) 배의 꽃과 과실 구조

수분에는 타가수분과 자가수분이 있으며, 수분 방법에 따라 자연수분과 인공수분으로 나눈다.

자연수분은 곤충이나 바람에 의해 꽃가루가 옮겨지는 것을 말하며, 인공수분은 인위적으로 꽃가루를 채취하여 암술머리에 칠해 주는 것을 말한다. 배의 꽃은 양성화이지만 자가불화합성이기 때문에 서로 다른 2개 이상의 품종을 혼식해야 한다.

암술머리에 묻은 꽃가루는 암술머리에서 발아하고 꽃가루관을 신장시켜 씨방의 배낭에 들어간다. 꽃가루에는 2개의 정핵이 있어 그중 한 개는 난세포와 결합해서 배가 되고 다른 한 개는 2개의 극핵과 결합하여 배젖이 된다. 정핵이 난세포, 극핵과 결합하는 것을 수정(Fertilization)이라 한다.

화분이 주두에 부착하면 화분 호르몬의 자극에 의하여 자방과 화탁에 호르몬이 생성되어 화탁의 세포분열을 촉진해 과실이 생장하게 된다. 수분·수정이 원만하게 이루어져 어린 시기에 충분한 세포분열이 이루어져야 크고 좋은 품질의 과실이 된다.

(2) 화분발아 조건

암술머리에 묻은 화분은 18℃ 이상의 온도 조건에서는 2시간 내에 대부분 발아하고, 3시간 정도면 암술머리 조직 내로 화분관이 신장한다. 15℃ 이하나 30℃ 이상에서는 발아율이 매우 낮다. 발아된 화분의 정핵은 화분관을 타고 주두로 들어간다. 화분관 신장에 적합한 온도는 20~25℃이며 10℃ 이하가 되면 화분관 신장이 거의 정지된다. 화분관이 주공에 도달하기까지 48~72시간 정도 소요되는데, 온도가 높을수록 짧고 낮을수록 늦어지게 된다.

개화기의 기상조건은 꽃의 수명, 화분의 발아, 화분관 신장, 수정 등에 큰 영향을 준다. 꽃봉오리 상태의 미성숙한 주두는 엽의 표면과 유사한 구조를 보인다. 꽃이 개화되면 주두에서는 다량의 점액이 분비되어(그림 5-2-②) 주두의 표면은 끈적끈적해지고, 곧이어 방울이 형성되어 떨어질 정도가 된다. 주두 위의 점액은 화분이 주두에 쉽게 부착될 수 있게 하고, 분비액 내의 여러 가지 물질은 화분의 생장을 촉진시킨다.

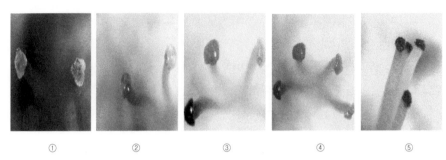

(그림 5-2) 개화 후 시간 경과에 따른 주두의 상태 변화 및 수정 가능 시기 : ①~⑤

표 5-1 온습도 조건에 따른 개화 후 일수별 인공수분에 따른 화주 기부까지 신장된 화분관 수(개/주두)

온도 (℃)	습도 (%)	인공수분 시기						
		1일 후	2일 후	3일 후	4일 후	5일 후	6일 후	7일 후
20	60	14.1	15.7	10.8	8.8	9.9	8.9	8.0
20	40	10.3	14.0	9.5	1.7	0.1	0.0	1.8
25	40	13.1	8.1	6.0	0.3	0.0	0.0	0.1
30	40	7.9	2.5	0.9	1.3	0.0	0.0	0.0

※ 화분관 수가 3 이상일 때 결실 가능, 조사 시기 : 인공수분 3일 후, 시험 조건 : 생장상 내 수삽

개약된 상태의 화분은 탈수 상태로 수축되어 있으며 저장양분이 극히 적다. 화분이 발아되기 위해서는 수분의 흡수가 절대적이며 외부로부터의 양분흡수가 필요하다. 주두 위에 부착된 화분은 화분발아에 필요한 수분을 공기 중이나 주두에서 흡수하며 주두로부터 양분을 공급받는다.

그 결과 개화 후 일정 시간이 경과되면 주두 조직이 갈변, 경화된다(그림 5-2-④, ⑤). 수분이 이루어지더라도 화분발아와 신장이 원활히 이루어지지 않아 결실이 되지 않는다. 암술의 수정 가능 기간은 보통의 기상조건에서 개화 후 3~4일까지이다. 개화 기간 중 고온 건조하면 이보다 단축되고, 저온 다습 조건에서는 길어진다.

표 5-2 화아 발육 정도별 서리 피해 위험 한계온도('장십랑')

화아 발육 정도	위험 한계온도(℃)	비고
꽃봉오리가 화총 안에 있을 때	-3.5	
꽃봉오리 끝이 엷은 분홍색일 때	-2.8	
꽃봉오리가 백색일 때	-2.2	30분 이상이 되면 위험함
개화 직전	-1.9	
만개기, 낙화기, 낙화 10일 후 유과기	-1.7	

개화기 전후에 늦서리 피해가 있을 때는 결실 불량, 변형과 등이 생겨 생산이 불안정하게 된다. 내륙적인 기상으로 기온교차가 크고 지형상으로 분지나 산이 둘러싸인 저지대에서 한랭 기류가 유입되면 서리 피해를 받기 쉽다. 구릉지나 산 중간의 밑부분에 삼림이나 물, 건물 등의 장애물이 있어 냉기가 정체되는 곳은 서리 피해를 받게 된다. 개화기에 서리 피해를 자주 받는 지역은 재배 적지가 될 수 없다.

꽃봉오리 때의 서리 피해는 암술의 길이를 짧아지게 하고, 개화기 전후의 피해는 꽃잎은 죽지 않으나 암술머리와 배주가 검은색으로 변하여 수정능력이 없어 결실이 되지 않는다. 어린 과실의 피해는 꽃받침 부분이 가락지 모양으로 얼어 그곳이 자라지 못해 기형과가 된다. 서리 피해는 화기의 발육 정도에 따라 차이가 있는데, 개화 전에는 비교적 강하지만 개화 직전부터 낙화 후 1주까지는 약하다(표 5-2).

(3) 결실 성립의 조건

착과가 정상적으로 이루어지려면 우선 암술 생식기관의 기능이 완전한 꽃이어야 한다. 원만하게 수분(수분수 품종, 방화곤충, 인공수분 등)과 수정이 되어야 하며 수정된 배(胚)가 잘 자랄 수 있는 환경조건(광, 온도, 수분, 토양, 공기, 비료 등)이 필요하다. 이 중의 어느 한 가지라도 순조롭지 못할 경우에는 꽃이 피어도 착과되지 못하거나, 착과되어도 성숙되기 전에 낙과한다. 따라서 이들 작용들을 저해하는 요인들이 착과 불량의 원인이 된다. 착과 불량의 원인 중 특히 중요한 사항들과 그 대책을 들면 다음과 같다.

가. 단위결과성

수정되지 않아도 과실이 형성, 비대되는 현상을 단위결과(Parthenocarpy)라고 한다. 암술머리에 꽃가루나 다른 어떤 자극을 주지 않아도 자동적으로 과실이 발육하는 것을 자동적 단위결과라고 한다. 현재 재배되고 있는 거의 모든 배 품종들은 이 성질이 극히 약하다.

나. 불결실성

불결실성(Unfruitfulness)이란 꽃이 피어도 착과되지 못하거나 착과되어도 성숙되기 전에 과실이 떨어지는 것을 말하는데 그 원인은 다음과 같다.

① 꽃가루의 불완전

꽃가루가 불완전하면 수정이 불가능하여 과실을 생산할 수 없다. 배의 염색체 수는 생식세포(Reproductive Cell)가 17(n)개, 체세포가 34(2n)개인데 품종에 따라서는 체세포 염색체가 51(3n)개로 되어 있는 것도 있다. 이와 같은 3배체(3n) 품종은 꽃가루가 불완전한 경우가 많다.

이밖에 환경조건 등 여러 가지 원인에 의하여 불완전한 꽃가루가 생기거나 꽃가루가 생기지 않는 경우가 있다. '신고'와 '황금배'는 꽃가루가 없거나 적고, 꽃가루의 임성(Fertility)도 떨어지는 것으로 알려져 있다.

② 암꽃기관의 불완전

암술머리, 암술대, 배낭 등 암꽃기관이 불완전하면 수정이 불가능하여 단위결과가 되지 않고서는 과실을 생산할 수 없다. 암꽃기관이 불완전해지는 원인으로는 휴면기 중의 적온 범위를 벗어난 지나친 고온이나 저온, 저장양분의 결핍 등이 있다. 전년의 과도한 영양 생장, 병해 등에 의한 조기 낙엽, 생육 후기 일조 부족에 의하여 양분 축적이 불량해지면 저장양분 결핍이 일어난다.

③ 불화합성

꽃가루가 암술머리에서 발아하여 생리적으로 수정이 억제되지 않는 경우를 화합성(Compatibility)이라고 하고, 수정되지 않고 낙과하는 것을 불화합성(Incompatibility)이라고 한다. 불화합성에는 자가불화합성(Self-incompatibility)과 교배불화합성(Cross-incompatibility)이 있는데, 이것들은 곧 불결실의 원인이 된다. 식물에서는 자웅 생식기관이 형태적 또는 기능적으로 완전한 양전화 혹은 자웅동주의 단성화에서 같은 꽃, 같은 개체에 있는 꽃, 같은 계통 간의 꽃가루로는 수정이 되지 않고 다른 품종의 꽃가루로만 수정이 되는 현상을 자가불화합성이라고 한다. 일부 예외는 있지만 거의 모든 배 품종들은 자가불화합성이다.

이와 같은 현상의 발생원인은 자기의 꽃가루에 의해 수정될 경우 자식들에게 불리한 현상이 나타날 수 있고 자기 꽃가루보다는 다른 꽃가루를 받아 결실할 수 있도록 스스로 조절하기 때문이다. 이러한 조절 기능은 자가불화합 유전자라고 불려지는 유전자(DNA)에 의해 이루어지며 근친상간을 막아 후대가 빈약해지는 것을 막기 위한 자연의 섭리이다. 이들 유전자는 2개가 한 쌍으로 존재하게 된다. 통상적으로 S(Self-incompatibility) 유전자라 표기하고 종류가 다른 유전자는 S_1, S_2 등으로 나열한다. 배의 경우 S_1에서 S_7까지의 유전자가 밝혀져 있으며 최근 S_8과 S_9에 해당하는 품종이 논의되고 있다.

(그림 5-3)은 암술대에서 화분관이 신장하고 있는 모습으로 불화합 유전자가 전혀 다른 꽃가루는 정상적으로 화분관이 신장을 하여 수정에 이르게 된다. 불화합 유전자가 같은 경우에는 화분관이 신장을 하다 중간에 정지를 하게 되고 결국 수정에 이르지 못하기 때문에 낙과하게 된다. 불화합 유전자 하나가 같은 경우에는 약 50%의 화분관은 정상적으로 자라지만, 남은 50%의 화분관은 역시 중간에 신장을 정지하게 된다(그림 5-3-중앙). 자가불화합성이 갖고 있는 실용상의 문제점은 자가불화합을 조절하는 이들 유전자가 서로 같은 품종들을 교배하면 상호 간에 수정이 이루어지지 않기 때문에 수분수로서 사용할 수 없게 된다. 하나의 유전자가 같은 품종의 꽃가루를 가지고 인공수분을 실시할 경우, 사용된 꽃가루의 반은 정상적으로 자랄 수 없게 되어 인공수분의 효율이 저하될 수 있다.

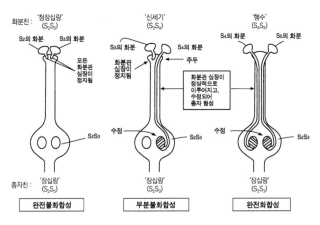

(그림 5-3) 배의 암술대에서 나타나는 자가불화합에 대한 모식도

주요 재배 품종 중 '신고'의 유전자형은 S_3S_9로 확인되어 있으며, '행수'는 S_4S_5, '장십랑'은 S_2S_3으로 밝혀져 있다. '행수'와 '장십랑'의 꽃가루는 이들 유전자를 하나씩 가지고 있게 되므로 각각의 꽃가루의 유전자는 S_2, S_3, S_4, S_5가 된다. 만약 '행수'의 꽃가루를 이용하여 '신고'에 인공수분을 하면 모든 꽃가루가 정상적으로 자라 종자를 형성하게 된다. 하지만 '장십랑'을 이용하면 '장십랑'의 S_3은 '신고'에 존재하기 때문에 같은 유전자를 가진 꽃가루가 중간에 신장을 정지하여 정상적으로 자랄 수가 없게 된다. 그러므로 장십랑과 같이 S_3을 가진 꽃가루는 '신고'에 인공수분할 때 전혀 쓸모가 없는 것이 된다.

현재까지는 이러한 개념이 도입되지 않은 상태로 석송자를 희석하여 인공수분을 실시하고 있어 착과가 감소되고 있다. 이는 과실에 종자가 적게 형성되어 과실의 크기와 과형 등에 영향을 미치게 되며 결국 과실의 품질을 저하시킬 우려가 있다. 그러므로 꽃가루에 석송자 등 증량제를 혼합하여 사용할 경우 동일한 유전자를 가지지 않은 품종의 화분을 사용하는 것이 좋다.

교배불화합성이란 특정한 다른 품종과 교배할 때 화기(Floral organ)가 완전한데도 불구하고 수정되지 않는 현상이다. 부모를 바꾸어도 수정이 되지 않는 상호교배불화합성과 어느 한쪽의 조합에서만 나타나는 일방적 불화합성으로 구분되는데 우리나라에서 육성된 품종인 '감천배', '화산', '미황', '만수'는 육성 모본이 '만삼길'로서 품종 간에 상호교배불화합성인 것으로 알려져 있다.

표 5-3 '신고' 품종의 인공수분 시 화분친의 자가불화합 유전자 S_3의 유무

유전자 중복	품종(유전자형)
완전화합성 (S_3 유전자 없음)	신수(S_4S_5), 행수(S_4S_5), 이십세기(S_2S_4), 만삼길(S_5S_7), 금촌추(S_1S_6), 추황배(S_4S_6), 만황(S_5S_6)
일부화합성 (S_3 유전자 있음)	장십랑(S_2S_3), 풍수(S_3S_7), 만풍배, 원황(S_3S_7), 신세기, 슈퍼골드, 소원(S_3S_4)

※ 하나의 동일 유전자가 중복된 품종은 수분수로 이용 시는 문제가 없으나 인공수분 시 증량제를 증량하기 때문에 유전자형이 전혀 다른 품종보다 증량제 수준을 절반으로 낮추어야 한다.

표 5-4 주요 품종들에게 적합한 수분수 품종

품종	화분량	적합한 수분수 품종	불화합성 품종
신고	없음	추황배, 장십랑, 신수, 행수, 풍수	–
장십랑	많음	풍수, 추황배	–
금촌추	많음	추황배, 수황배	–
행수	많음	추황배, 수황배	신수, 조생적
풍수	많음	추황배, 수황배	–
황금배	없음	추황배, 풍수, 행수, 신수, 장십랑	–
추황배	많음	풍수, 신수, 장십랑	–
영산배	적음	추황배, 풍수, 신수, 장십랑	–
수황배	많음	추황배, 풍수	–
감천배	많음	추황배, 풍수	–

자가불화합성은 뇌수분, 노화수분 및 말기수분 등으로 극복할 수는 있지만 실제 재배에서는 적용하기가 곤란하다. 따라서 근본적으로 화합성이 있는 수분수를 섞어 심어야 한다.

현재 재배되고 있는 주요 품종별 적합한 수분수 품종은 (표 5-4)와 같다. 수분수의 비율은 많을수록 좋지만 보통 전체의 20%를 주 품종과 균형 있게 배치해야 한다.

(4) 인공수분

가. 인공수분의 필요성

배는 수분수가 충분하면 매개곤충에 의해 자연수분이 가능하다. 지역적으로 꽃 필 때의 기상조건이나 농약살포 남용 등의 원인으로 방화곤충이 날아오는 것이 적은 경우, 서리나 저온 등 기상재해에 의해 꽃이 피해를 받은 경우에는 인위적으로 수분을 하여야 한다. 수분수가 없이 단일 품종만 재배하는 경우에 인공수분이 반드시 필요하다.

나. 인공수분 효과

인공수분은 기상재해가 발생하여 결실이 문제가 될 때 피해를 받지 않은 꽃에 하면 피해를 어느 정도 줄일 수 있다. 단일 품종 재배 시에는 인공수분에 의해 열매 맺기를 시켜야 한다. 인공수분되지 않은 꽃은 열매가 맺지 않으므로 인공수분에 의해 결실량 확보와 열매솎기 효과까지 일석이조의 효과를 얻을 수 있을 뿐만 아니라 품질을 좋게 할 수 있다. 과수는 가지의 연령, 가지 내 꽃의 위치(선단부 혹은 기부, 중앙부 등), 한 꽃떨기 내 꽃의 위치 등에 따라 과실의 크기와 그밖의 품질 차이가 있다. 과실의 품질이 좋을 것이라고 판단되는 꽃에 인공수분하여 원하는 곳에 착과시킬 수 있다.

다. 꽃가루 채취

① 품종

꽃가루는 살아 있는 독립 단위의 생명체이다. 꽃가루 채취용 품종으로는 활력이 높은 꽃가루를 많이 생산할 수 있는 품종을 선택하도록 한다. (표 5-5)에서 보는 바와 같이 '추황배', '행수', '풍수', '감천배' 등이 이에 해당하고, '장십랑', '만삼길', '금촌추' 등도 꽃가루의 생산량이 많은 품종이다. 겨울전정가지를 꺾꽂이하여 이용할 경우에는 겨드랑이 꽃눈이 많은 '풍수', '장십랑', '원황', '미니배' 등이 좋다.

개화 직전에 채취한 꽃봉오리에서 꽃밥만 분리하여 깨끗한 그릇이나 유산지에 담아 20~25℃로 유지하면 꽃밥이 터져 일시에 많은 꽃가루를 모을 수 있다. '신고', '황금배' 품종은 꽃가루가 없거나 적고 임성이 떨어지기 때문에 꽃가루를 채취할 수 없다.

표 5-5 배 품종별 화분 생산량(1993, 나주배연구소)

품종	화분량 (mg/100화)	화분발아율 (%)	품종	화분량 (mg/100화)	화분발아율 (%)
추황배	105	87.6	장십랑	110	84.7
신세기	63	-	풍수	95	86.8
신고	0	-	황금배	0	-
행수	108	72.5	금촌추	120	88.2
신수	80	55.9	수진조생	86	-
이십세기	78	91.0	세계일	85	-
만삼길	93	69.4	감천배	63	-

* 재배지에서 개화 직전의 화뢰 채취, 꽃잎 제거 후 개약, 아세톤 추출법으로 화분 채취

(그림 5-4) 꽃가루 채취 적기

② 시기

꽃가루 채취용 꽃의 채취 적기는 꽃이 풍선 모양으로 부풀어 오른 상태인 개화 1일 전부터 개화 직후 꽃밥이 아직 터지지 않은 시기까지이다.

꽃의 채취 시기가 이보다 이르면 꽃가루가 덜 성숙되어 불완전한 꽃가루가 많고 화분의 생성량이 적다. 개화 후 시간이 너무 경과되어 개약(開藥)되면 꽃 채취 과정에서 꽃가루의 유실량이 많아진다.

③ 채취 방법

꽃 피기 1일 전 혹은 막 핀 꽃을 채취하여 꽃밥(藥) 채취기를 이용한다. 약을 채취한 후 약 정선기를 이용해 꽃잎이나 그밖의 것으로부터 꽃밥만을 수집한다. 수집한 꽃밥은 개약기나 개약기가 없을 경우 온돌방

에서 개약시킨 후 꽃가루 정선기나 아세톤을 이용하여 꽃가루만을 수집한다. 개약 과정에서는 무엇보다도 온도와 습도의 관리가 중요하다. 개약에 적당한 온도는 25℃ 전후, 습도는 50% 정도로, 20℃ 이하에서는 개약에 오랜 시간이 소요된다. 30℃ 이상에서는 개약은 빠르나 호흡에 의한 양분 소모가 많아 꽃가루의 생명력이 약화된다. 개약 시간은 약 12~24시간이 소요되며 꽃밥은 서로 겹치지 않게 펼쳐 놓아야 동시에 개약시킬 수 있다. 300평당 필요한 꽃가루의 양은 꽃으로는 5,000~6,000개(80~2,400g), 꽃밥은 80~240g(200~600cc), 꽃가루로는 8~24g이다. 꽃가루 채취 시 꽃가루 정선기를 이용할 경우 꽃가루 손실이 많아 꽃가루 채취량이 크게 감소되고 꽃가루 이외의 불순물 함량도 많아진다. 반면 아세톤을 이용하면 2배 정도의 꽃가루를 얻을 수 있다.

개약시키는 과정까지는 종전의 방법과 동일하다. 플라스틱류는 아세톤에 녹으므로 유리나 금속제 등 아세톤에 녹지 않는 용기와 100메시(mesh) 정도의 가는 체를 준비한다. 개약시킨 꽃을 체에 넣고 이 체를 준비한 용기에 넣은 다음 꽃이 충분히 잠길 정도의 아세톤을 붓고 잘 흔들어 준다.

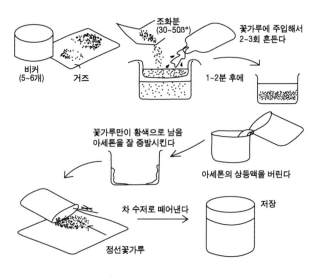

(그림 5-5) 아세톤을 이용한 꽃가루 채취 방법

이 과정이 끝나면 꽃가루가 꽃밥에서 떨어져 나와 체를 통과하여 용기 바닥에 쌓이게 되고 체에는 꽃가루 이외의 찌꺼기 물질만 남게 된다. 체 안의 물질은 버리고 용기의 아세톤을 가만히 새 병에 따르면 용기에는 꽃가루만 남게 된다. 용기에 남은 아세톤은 1시간 정도 휘발시키면 꽃가루만 남게 되므로 잘 모아 보관한다. 사용되었던 아세톤은 5~6회 반복하여 사용할 수 있다. 아세톤은 휘발성과 착화성이 매우 강한 물질이므로 사용 시에는 절대로 화기를 금해야 한다.

겨울가지는 2월 하순부터 채취하여 이용할 수 있으며, 그 이전에는 정상적인 개화유도와 꽃가루 채취가 어렵다. 가지의 채취 시기가 자연 상태의 개화 일자에 가까워질수록 개화에 소요되는 기간이 짧아, 개화 수와 화분 채취 가능량, 정상 꽃가루의 비율이 향상된다. 겨울전정지를 장기간 보관하여 이용하는 경우 가지가 건조되거나 부패되지 않도록 한다. 습기가 적당한 모래에 가지의 기부를 묻어 두거나 플라스틱필름 주머니에 밀봉하여 저온 저장고에 두었다가 3월 중순 이후 한가한 시기에 사용하는 것이 좋다.

라. 꽃가루의 저장

꽃가루의 생명과 활력은 건조, 저온 상태일수록 장기간 보존될 수 있다. 25℃ 이상에서는 4~5일이 지나면 발아력이 현저하게 떨어져, 습한 상태에서 25℃ 이상이 되면 3일째에 완전히 생명을 상실하게 된다. 습기가 많고 온도가 높아질수록 생명이 짧아진다.

채취한 꽃가루는 1~2g 단위로 작은 용기에 넣어 외부의 공기가 들어가지 않도록 뚜껑을 잘 막는다. 1주일 이내에 사용할 경우에는 냉장고 냉장실에 보관해야 한다. 이보다 장기저장한 화분을 인공수분을 위해 냉동고에서 꺼낸 이후에는 인공수분이 끝날 때까지 냉장실에 화분을 보관하면서 필요한 양만을 꺼내어 석송자 등 증량제와 혼합하여 이용해야 한다. 부득이 상온에 단기간 보관해야 할 경우에는 필히 밀봉하여 수분이 흡수되지 않도록 적절한 조치를 취해야 화분의 수명이 급격하게 감소하는 것을 방지할 수 있다. 인공수분을 실시하기 전 반드시 꽃가루의 발아력을 검정하여야 하고 발아율에 따라 증량제를 가감하여 실시하여야 한다.

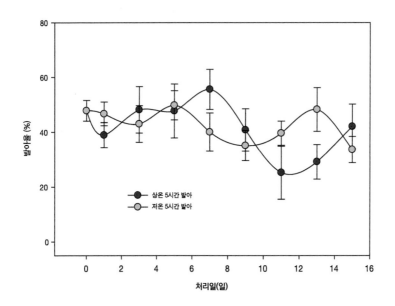

(그림 5-6) 수분 흡수를 차단한 밀봉 보관 화분의 발아율 변화
(2007, 배 시험장)

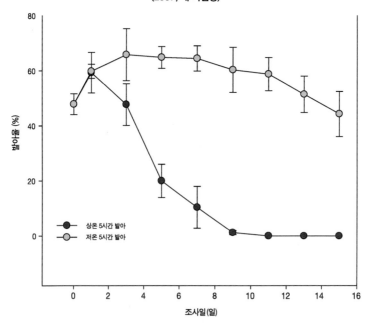

(그림 5-7) 수분 흡수가 자유로운 개봉 보관 화분의 발아율 변화
(2007, 배 시험장)

마. 인공수분 실시

대부분의 꽃들은 개화 1~2일 전에도 상당한 생식능력을 지니고 있으며, 개화 후 3~4일까지는 그 능력이 비교적 높다. 그러나 개화 후 5일부터는 그 능력이 급격히 저하된다(그림 5-6).

성목원에서 인공수분을 할 때는 꽃가루의 채취 노력을 합하여 10a당 3~4명이 필요하다. 따라서 적은 양의 꽃가루를 효과적으로 이용하는 것이 중요하며, 이를 위해 화분증량제로 양을 늘려서 이용하는 것이 효과적이다. 석송자를 이용해 꽃가루를 5배로 희석하여 사용하면, 꽃가루만을 이용하는 것에 비해 결실률과 품질에 손색이 없는 것으로 밝혀져 있다.

최근에는 국내에서도 효과가 우수하고 값이 싼 화분증량제가 개발되어 시판되고 있다.

표 5-6 인공수분 방법별 화분 소요량(1993, 나주배연구소)

인공수분 방법	착과 화총률 (%)	화총당 착과 수 (개)	화분 소요량 (g/10a)	소요 시간 (시간/인)
면봉	92.6	2.2	1.9	44
수동분사기	68.6	3.0	8.2	8
전동분사기	62.1	2.7	5.2	6
무처리	66.7	2.7	–	–

* 화분 품종은 추황배, 결실 품종은 황금배, 10a당 28주, 주당 3주지, 주지당 화총 수 174개, 면봉은 화총당 2화씩 수분, 10a당 7,000개 생산 목표, 석송자 10배 증량 이용

① 꽃가루 발아와 기상조건

암술머리에 묻은 꽃가루는 18℃ 이상의 온도 조건에서는 3시간 정도면 발아한다. 15℃ 이하, 30℃ 이상에서는 발아율이 매우 낮아진다. 따라서 인공수분 실시 후 3시간 이내에 비가 내리면 꽃가루가 씻겨 내려갈 우려가 있다. 그리고 온도가 낮아져 발아도 지연되므로 다시 인공수분을 실시하는 것이 바람직하다.

발아된 꽃가루의 정핵은 꽃가루관을 타고 암술머리로 들어가는데, 꽃

가루관 신장에 적합한 온도는 20~25℃이다. 일단 암술머리에 들어간 꽃가루관은 10℃ 정도에서도 암술대의 조직 안에서 잘 자라 배주에 도달하게 된다. 꽃가루관이 주공까지 도달하는 시간은 일반적으로 48~72시간 정도 소요되는데 온도가 높을수록 짧고 낮을수록 늦어지게 된다.

지구의 온난화와 이상기상 빈발 등으로 배 개화 기간 동안 고온 건조 현상이 나타나는 경우가 많아지고 있다. 이에 인공수분을 실시했음에도 불구하고 결실이 좋지 않은 사례가 발생되고 있다. 보통의 기상조건에서는 꽃이 40~80% 피었을 때 3~5번화의 주두에 꽃가루를 묻혀준다.

① 개약 0%　　　② 개약 94%　　　③ 개약 100%

(그림 5-8) 개화 후 시간 경과에 따른 암술 개약 정도 : 개화기에 건조할 경우 ①~②의 꽃에 인공수분 실시

그러나 건조한 조건에서의 개화기에는 암술의 수정 가능 기간이 단축되므로 개화 후 1~3일 이내인 꽃, 즉 (그림 5-8)에서 개약이 완료되지 않은 꽃에 인공수분을 실시해야 착과율이 높다.

개화기에 고온 건조할 경우 스프링클러나 분사 호스 등을 이용해 꽃에 물이 닿지 않도록 수관 하부에 살수를 실시한다. 이는 암술의 활력이 보다 오랫동안 유지되고 화분의 발아가 촉진되어 인공수분 효과를 높여 준다. 인공수분 실시는 오전 중이 좋으나, 방화곤충의 활동 불량 등 환경이 불량한 경우에 실시하는 작업이므로 하루 종일 실시해도 무방하다.

꽃가루는 고온 다습에 약해 25℃ 이상에서는 4~5일이 지나면 발아력이 현저히 저하된다.

채취 후 5일 이내에 사용할 경우는 유산지에 싸서 20℃ 이하의 건조한 곳에 보관했다가 사용하면 된다. 1년 이상 저장할 경우에는 파라핀

종이에 싸서 건조제와 1:1 비율로 용기에 넣어 냉동고에 보관한다.

저장이 잘된 꽃가루는 1년 후에도 60~70%의 발아력을 유지한다. 오래 저장한 꽃가루를 사용할 때는 1일 정도 실온에 두었다가 사용하는 것이 좋고, 발아율이 30% 이하인 것은 사용하지 않는 것이 좋다.

고온 건조 시에는 꽃의 수명이 단축된다. 과수원에 살수를 하면 암술의 활력이 보다 오랫동안 유지되어 결실률이 향상될 뿐만 아니라 꽃의 수명도 길어진다(표 5-7).

개화 기간 동안 25℃ 이상의 고온과 상대습도 50% 이하의 기상이 예상될 경우, 하루 중 가장 건조한 때인 오전 11시부터 오후 4시까지의 사이에 하루에 4~6톤/10a의 물을 2회로 나누어 살수한다. 살수는 과수원에 설치된 관수시설을 이용하는 것이 효과적이다. 관수시설이 되어 있지 않은 과원에서는 분사 호스를 사용할 수 있다. 점적식보다는 스프링클러식이 효과적이다.

살수 시 수관 살수가 아니라 지표 살수를 해야 한다는 점에 주의한다. 수관 살수 시에 개화된 꽃이 살수된 물에 젖게 되면 주두 분비액의 농도가 희석되어 화분의 부착 능력이 나빠진다. 희석이 지나치게 이루어진 상태에서 인공수분을 실시하면 화분이 파열될 염려도 있다. 인공수분 후에 수관 살수를 하면 주두의 화분이 소실된다. 또한 과다한 관수는 지온을 저하시켜 양분의 흡수나 이동을 저해할 가능성이 있으므로 지나친 관수는 피하는 것이 좋다.

표 5-7 건조한 기상에서의 개화 후 일수별 개약률 및 인공수분 효과(2001, 나주배연구소)

구분	인공수분 시기				
	당일~1일 후	1~2일 후	2~3일 후	3~4일 후	4~5일 후
착과율(%)	100	85	77	38	20
개약률(%)	86.5	97.7	100.0		

표 5-8 개화기 고온 건조 시 살수처리가 착과에 미치는 영향(품종 : 행수)

처리	착과율(%)
지표 살수	80.9(146)
무처리	55.6(100)

② 인공수분의 실시 시기

각각의 배꽃은 개화 당일로부터 약 4일까지 수정 능력을 보유하며 불량한 환경조건, 예를 들면 지나친 고온 건조 조건 등에서는 수정 능력을 보유하는 기간이 단축된다.

수분 시기는 해당 품종의 꽃이 40~80% 피었을 때가 좋다. 가지에 꽃이 잘 배열되어 있을 경우 꽃눈 3개당 1개씩 3~5번 화에 실시한다. 3~5번 화의 개화 시기는 첫 꽃이 피기 시작한 지 3~4일째이므로 노동력이 허락되면 이 시기에 집중적으로 인공수분을 실시하는 것이 좋다. 하루 중 수분 시간은 오전 중이 좋으나 인공수분은 특히 방화곤충의 활동 환경이 나쁜 경우에 실시하는 작업이므로 하루 종일 실시한다. 기상 상태가 불순하더라도 실시하는 것이 바람직하다.

③ 꽃가루의 증량(增量)

순수한 꽃가루만을 이용해 인공수분을 실시하면 많은 꽃가루가 소요되므로 화분증량제를 희석해서 사용해야 한다. 꽃가루 발아력이 70% 이상일 때 종전에는 5~10배 정도의 증량제를 섞어 쓰도록 권장하였다. 그러나 이 경우 착과율은 향상시킬 수 있으나, 과실이 크고 겉모양이 아름다운 고품질 배를 생산하기 위해서는 화분증량제를 꽃가루 양의 2~3배(부피 비율)로 섞어 써야 한다.

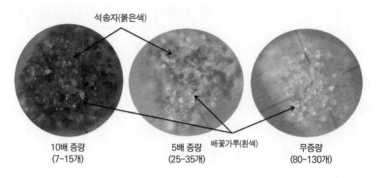

10배 증량
(7~15개)

5배 증량
(25~35개)

배꽃가루(흰색)

무증량
(80~130개)

(그림 5-9) 화분 증량 수준별 주두에 부착된 화분 수

꽃가루 발아율이 30% 미만일 때는 화분증량제의 증량 없이 꽃가루만 사용해야 한다. 석송자와 섞어 쓸 경우에는 꽃가루와 석송자가 골고루 잘 섞이도록 해야 한다.

④ 인공수분 기구

면봉, 붓, 수동식 또는 전동식 분사기 등을 이용하여 꽃가루를 암술머리에 묻혀준다. 날씨가 맑을 경우에는 분사기 종류가 좋으나 분사기가 없을 경우 면봉을 사용하는 것도 가능하다. 면봉을 사용할 경우에는 꽃가루를 작은 병에 넣고 면봉에 묻혀 사용하는데, 1회 묻힐 경우 20~30회의 수분이 가능하다. 분사기 종류를 사용할 경우에는 작업 시간은 단축되나 화분의 소요량이 많아진다.

나 열매솎기(摘果)

적과(열매솎기)는 나무의 세력에 맞추어 착과 수를 조절하여 과실의 크기를 증대시키고 모양을 향상시키며, 품질이 균일한 과실을 생산하고 해마다 안정적인 고품질의 과실을 생산하는 데 목적이 있다. 정상적으로 관리되는 성목원의 경우 일반적으로 총 개화량의 5~8% 정도 개화되어도 충분한 결실량을 확보할 수 있다. 적뢰, 적화, 적과가 늦어지면 저장양분이 과다하게 소모되어 과실의 비대가 불량해진다. 또한 가지의 발생과 생장이 불량해지고 꽃눈의 소질이 나빠져 다음 해의 과실 생산에도 나쁜 영향을 미치게 된다.

(1) 적과의 목적

적과는 결실량을 조절하여 과실의 크기 증대, 착색 증진 등으로 품질을 높이고 일률적인 상품성이 있는 과실을 생산하며, 수세에 맞추어 결실시킴이 목적이다. 이듬해 해거리(격년 결과)를 방지하고 병해충 피해 과실의 제거와 어린나무에서는 과다한 결실을 막아 수관의 형성을 촉진시키는 등 여러 가지 목적으로 실시된다.

어느 정도 생장한 과실을 솎아주는 것이므로 양분 경제상으로 보아 꽃봉오리나 꽃이 필 때 솎아주는 것이 좋다. 넓은 의미의 적과는 꽃봉오리나 꽃이 필 때 솎아주는 적뢰나 적화까지도 포함된다.

(2) 과실에 미치는 적과의 영향

과실에 미치는 적과의 영향은 과실의 크기 증대, 과실의 성분 증가 및 착색 촉진, 과실의 형태, 화아형성, 생리적 낙과, 과실의 숙기, 수량 등에 영향을 미친다.

적과는 일반적으로 남아 있는 과실의 크기를 증대시킨다. 이는 착과 수가 감소함에 따라 한 과실당 양분의 배당량이 많아지기 때문이다. 그리고 과실의 당 함량을 증가시키며 과실의 착색을 촉진시킨다. 배나 감에서 적과를 할 경우 1과당 엽수가 증가함에 따라 과실이 편평하게 된다. 1과당 엽수를 많게 하여 잎에서 생성되는 동화양분의 축적에 의해 꽃눈의 형성이 양호하게 된다. 적과의 시기는 적과의 강도보다 꽃눈 형성에 효과적이며 해거리를 방지할 수 있다. 적과가 해거리(격년 결과)를 방지한다는 것은 사과, 배, 비파, 감, 감귤 등에서 확인되었다. 즉 적과는 꽃눈 형성을 증가시키며 그 정도가 강할수록, 시기가 빠를수록 효과적이다. 만개 후 40일까지의 적과는 해거리 방지에 효과적이지만 70일 이후의 적과는 효과가 없다. 적과를 실시할 경우 1과당 양수분의 공급이 많아져서 생리적 낙과를 적게 한다. 따라서 1과당 엽수가 적으면 과실의 크기도 작을 뿐만 아니라 생리적 낙과가 많아진다.

적과는 과실의 숙기를 촉진시키는 것으로 알려져 있다. 적과를 행하지 않으면 양수분의 공급을 받는데 불리한 위치에 있는 과실은 생장이 불량하고 숙기도 늦어진다. 적과를 실시할 경우 수량을 감소시키는 것으로 보이나 적과 시기가 빠르면 빠를수록 과실의 비대를 촉진시켜 과실 수는 감소되지만 총수량은 증가한다. 그러나 적과 시기가 적기보다 늦어지면 늦어질수록 과실 크기에 대한 효과는 적으며 수량도 감소된다.

(3) 수체에 미치는 영향

적과를 행하면 과실에 소비되는 양수분이 적게 되어 수체의 생장을 촉진하며 충실하게 만든다. 적과는 새 가지의 생장을 촉진하고 간주의 비대에도 영향을 미치며 지상부 중량을 증가시킨다. 또 결실과다로 가지가 찢어지거나 늘어지는 것을 적게 하고 새 가지의 생장이 적과에 의하여 촉진된다. 착과를 과다하게 시키면 수세가 약해져서 겨울철 저온에 대한 저항력이 약해져 언 피해를 받아 2차적인 동고병의 피해를 받게 된다.

(4) 꽃, 유과의 발육과 수체 내 양분

수정을 완료하면 전년도 여름부터 낙엽기까지 수체 중에 저장한 당이나 전분을 에너지로 하여 자방(화탁)은 급속히 생장하여 과실의 형태를 갖추게 된다.

개화기가 가까워지면 화아의 인편이 탈락하고 화총이 급속히 발달한다. 이 발육에 필요한 양분은 가지 중에 저장되어 있는 저장양분에서 공급된다. 단과지나 화아 중에도 양분은 저장되어 있으나 꽃을 충분히 발육시키는 데 필요한 양은 되지 못하며, 측지나 부주지 등의 가지에서 양분의 공급을 받아 발육한다.

다음에 수정 결실된 유과의 발육도 계속 가지 중의 저장양분에 의존한다. 가지 중에 저장양분의 양이 많으면 세포분열이 왕성해 과실당 세포 수가 많아져 과실의 발육이 양호하여 대과가 된다. 저장양분이 적으면 착과한 과실은 발육이 불량하여 세포 수가 적고 소과의 과실로 된다. 유과를 키우는 힘은 가지 중에 저장되어 있는 양분의 양과 그 이용률에 따라 다르다.

(5) 꽃의 구조와 과실 발육

배는 1개의 화아로부터 8~10개의 꽃이 피며 개화순서는 사과와 반대로 기부로부터 순차적으로 피게 된다. 1번 화부터 선단부 8~10번 화까지 모두 피는 데는 5~6일 정도 걸린다.

배는 자화(子花)라고 하여 하나의 화아 중에 2화방 또는 3화방을 갖는 화아가 있다. 이것은 화아 내의 기부에 있는 부아(보통은 엽아)가 화아로 분화된 것이다. 뿌리의 노화, 여름의 한발, 물 부족, 질소가 부족하기 쉬운 연도나 과수원에 많다. 일찍이 분화한 화아를 친화(親花), 늦게 분화한 화아를 자화(子花)라 하며 신초도 발생한다. 자화는 친화보다 개화가 늦고 과실의 발육도 좋으나 과형이 불량하며 당도가 낮고 품질이 떨어진다. 자화는 보통의 화아보다 크기 때문에 동계전정 시에도 주의하면 외관으로도 판별할 수 있다. 자화를 이용하려면 적뢰 시에 친화를 남기고 자화는 제거하도록 한다. 친화와 자화는 꽃이 피고 나면 구별하기 어려우나 화뢰 상태에서는 자화의 편이 작고 발육이 늦어 판별할 수가 있다. 한편 신초로 될 엽아가 화아분화하여 다음의 부아가 움직이지 않고서 그대로 잎이 없는 2개의 화아가 나오는 것이 있다. 이것을 쌍자화(雙子花)라고 한다. 이것도 자화와 같이 건조, 물 부족, 질소부족 등의 연도와 과수원에서 발생이 많으나 자화에 비하여 그 정도가 심한 경우에 나오기 쉽다. 수체 내의 질소보다 탄수화물이 심하게 많을 때 발생한다. 쌍자화는 가지로 되어야 할 엽아가 화아로 되기 때문에 잎이 없는 2개의 화방이 된다. 쌍자화는 생장점이 없어 맹아가 되며 잎이 없으므로 적뢰나 적화 시에 제거한다.

한 과총 중의 개화 순서와 과실형과의 관계는 (그림 5-10)과 같다. 기부 1~2번과는 조숙형으로 과경이 짧으며 종경이 낮은 소과이고 당 함량은 높으나 육질은 거칠고 저장성이 안 좋다. 선단 7~8번과는 만숙형으로 종경이 높은 과형이 긴 중·대과이고 당 함량은 낮으나 육질이 유연하며 수분도 많다. 중앙부 3~5번과는 풍만한 대과가 되기 쉽고 숙기나 품질은 양자의 중간적 특성을 나타내는 경향이 있다. 보통재배에서는 중앙 3~5번과를, 조숙재배에는 중앙에서 약간 기부 쪽으로 2~3번과를, 또 만숙재배의 경우는 중앙에서 약간 선단 쪽으로 5~6번과 중 1과를 남기도록 한다. 1번과는 변형과나 유체과가 되기 쉬우므로 적과한다.

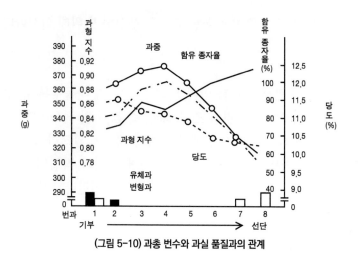

(그림 5-10) 과총 번수와 과실 품질과의 관계

(6) 적뢰 및 적화

저장양분의 소모 방지와 남은 꽃이나 과실 등의 발육을 돕기 위해 개화되기 전에 꽃봉오리를 제거한다. 일반적으로 적뢰는 수세가 약한 나무나 결실시킬 필요가 없는 가지에 붙은 것은 미리 제거할 수 있고 쌍자화의 화방 하나를 제거할 때 실시한다. 적뢰에 의한 과실 비대 효과는 특히 조생종에서 효과가 현저하다. 적뢰의 시기는 신초가 자라는 시기이므로 가지의 초기 생장에도 영향이 크다(표 5-9). 적뢰의 적기는 인포로부터 뢰가 나온 후 개화기까지이다. 시기가 빠를수록 손가락으로 가볍게 눌러 간단히 할 수 있어 능률적이다.

표 5-9 ▶ 행수의 적뢰, 적과 시기와 과실 비대(1980, 茨城園試)

구분	수확과 수	1주당 수량 (kg)	과중 (g)	소과율(%) (195g 이하)
적뢰, 적과 20일	738	250	346	3.0
적뢰, 적과 40일	610	168	287	6.6
무적뢰, 적과 50일	686	193	284	3.7
무적뢰, 적과 50일	798	173	236	34.7

적화 역시 적뢰를 실시하지 못했을 때 적과보다 앞서 개화기에 실시하

는 것으로 양분 소모를 줄여 충실한 과실을 생산하기 위해 실시한다.

(7) 적과의 시기

적과에 의해서 양분 소모를 막기 위해 그 시기가 빠를수록 유리하다. 이러한 관점에서 이루어지는 것이 조기 적과, 즉 적뢰 및 적화이다. 적뢰나 적화는 과실이 완전히 결실되기 전에 실시하기 때문에 완전하지 못하여 보통 예비적이나 보조적으로 실시하였으나 근래에는 적과 작업의 노력 분산이란 의도에서 실시되고 있다. 수체 생육이 중요한 어린나무에서는 적뢰, 적화가 효과적이라 할 수 있다.

일반적으로 알맞은 적과 시기는 생리적 낙과가 지난 다음 착과가 안정되고 양분 소모가 적은 시기이다. 배에 있어서 생리적 낙과가 끝난 다음에는 낙과가 적으므로 서둘러야 한다. 적과는 이를수록 유리하나 어린 과실의 장래성은 수정 후 2주일 정도 지나야 판정된다. 일반적으로 1차 적과는 꽃이 떨어진 1주일 후에 하고, 1차 적과 후 7~10일 사이에 봉지 씌우기와 함께 2차 적과를 하는 것이 좋다.

과실의 비대는 과실을 구성하고 있는 세포 수와 세포 크기에 의해 결정된다. 과실 세포 수가 결정되는 시기는 개화로부터 1개월 전후에 결정된다. 따라서 가능한 한 일찍 적과를 실시하여 남긴 과실의 세포분열을 촉진시켜야 한다. 주요 품종별 세포분열 정지기는 조생종은 만개 후 25일, 중생종은 30일, 만생종은 45일경까지이다.

(8) 적과 방법

수확기에 품질이 좋은 과실이 될 수 있는 어린 과실을 중점적으로 남기도록 한다. 유과기 때 모양이 좋고 과실이 크고 과경이 길며 굵은 과실이 수확기 때 좋은 과실이 될 소질이 높다. 일반적으로 액화아보다 정화아(단과지)에서 결실한 과실과 4~5년생 가지에 결실한 과실의 품질이 좋다.

표 5-10 유과 크기에 따른 수확기 과실 크기 분포

유과기 과실 횡경(mm)	수확기 과실 횡경 분포 비율(%)			계
	소 (<1,000mm)	중 (1,000~1,100mm)	대 (≥1,100mm)	
소(<7)	83.3	16.7	0	100
중(7-10)	42.9	39.3	17.8	100
대(≥10)	11.1	22.2	66.7	100

가. 적과 대상 과실

① 상품 가치가 없는 것

병에 걸렸거나 해충 피해 과실, 수정이 잘되지 않아 모양이 고르지 못한 과실, 작업이나 기타 손상으로 상처받은 것은 남겨야 할 자리에 있다고 하더라도 과실을 따버리는 것이 좋다.

② 우량한 과실이 될 수 없는 것

기부 1~2번 과실은 과형이나 외관이 고르지 못하므로 따버리는 것이 좋다. 이때 남길 부분에 있는 과실이라도 소과, 유체과, 기형과 등은 제거해 버리는 것이 상품성을 높이는 데 효과적이다. 또 과총 중 착엽 수가 적은 것, 과총의 방향이 밑으로 되거나 직립된 것도 제거한다.

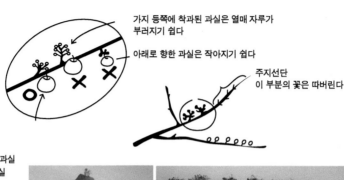

가지 등쪽에 착과된 과실은 열매 자루가
부러지기 쉽다

아래로 향한 과실은 작아지기 쉽다

주지선단
이 부분의 꽃은 따버린다

● 적과 대상 과실
○ 남기는 과실

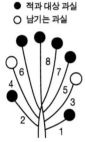

(그림 5-11) 적과 대상 과실

③ 가지의 발육에 지장을 주는 과실

어린나무의 주지와 부주지의 끝부분에 달려 있는 것은 과실을 제거해 버리는 것이 가지 생장을 양호하게 할 수 있어 효과적이다. 남겨 놓을 과실의 방향은 옆으로 비스듬히 붙은 과총에 달린 과실이 봉지 씌우기도 편하며 과실 비대도 좋다. 과실의 방향이 아래로 된 것은 과실이 작고 위 방향으로 직립한 것은 생육 초기에는 과실이 크나 어느 정도 커지면 과경이 부러지기 쉬우므로 적과한다. 과실 모양이 한쪽으로 치우치지 않고 편원형보다는 약간 장원형인 과실을 남기는 것이 좋다. 과총 내에서 수세가 다소 강한 품종('감천배', '신고' 등)은 3~4번과, 세력이 다소 약한 품종('황금배', '풍수' 등)은 2~3번과가 모양이 좋고 과경이 길며 굵어 수확기 고품질의 과실이 될 가능성이 높다. 계속 신장시켜야 되는 가지의 선단부는 적과하여 가지 생장에 방해가 되지 않도록 한다. 선단부 액화아에 정화아와 비슷한 엽과비로 결실시킬 경우 선단부 세력이 약해진다. 이는 다음 해에 결과지 기부의 도장지 발생이 많아지고 결과지 소질이 나빠져 변형과 발생이 많고 품질이 나빠지는 악순환을 반복하게 된다. 결과지상의 신초 발생은 착과 정도와 깊은 관계가 있다. 착과량이 너무 많을 경우 신초 발생이 억제되고 소과가 된다. 반대로 착과 수가 지나치게 적을 경우에도 과실 비대는 억제된다. 주간에 가까운 결과지에서는 가지의 끝에, 먼 결과지에서는 가지의 발생 지점과 가까운 기부 쪽에 과실을 남겨 수세조절을 하도록 한다.

(9) 열매 솎는 정도

적과 정도 및 착과량은 품종, 수령, 수세, 토양조건 등에 따라 다르기 때문에 일률적으로 기준을 정하기는 곤란하다. 정상적인 관리가 이루어지고 있는 성목원의 경우 소과 품종은 1과당 25~30엽, 중과 품종은 30~40엽, 대과 품종은 50~60엽이 제시되고 있다. '신고'의 경우 500~550g의 과실을 생산하기 위해서는 1과당 30~40엽(과실 간 간격 30~40cm)이 확보되어야 한다. 그러나 '감천배'와 같이 꽃눈 유지성이 낮은 품종은 한 과총당 과총 엽수가 적기 때문에 꽃눈 유지성이 좋은 품종에 비해 착과 간격을 넓게 해야 고품질 과실을 생산하고 좋은 꽃눈을 확보할 수 있다. 서리나 저온 등 기상재해가 발생할 경우 일찍 핀 꽃의 피해가 심하고 수관 상부보다 수관 하부의 피해가 커서 결실 간격이 균일하지 않게 된다. 이런 경우에는 열매의 간격이 다소 좁아도 착과시키는 것이 좋으며 극단적으로 결실량이 부족한 경우에는 한 과총 내 2개의 과실을 결실시키는 것도 고려해 볼 수 있다.

표 5-11 1과당 엽수별 과실 품질(품종 : 신고)

1과당 엽수	평균 과중 (g)	판매 단위 (과/15kg)	당도 (°Bx)	수량 (kg/주)
10	480	31	11.7	138.2
20	496	30	11.8	110.8
30	557	27	12.5	85.4
40	574	26	12.3	65.4

(10) 결실이 불량한 나무 관리

지난해 꽃눈 형성과 꽃눈 발달이 잘되어 개화량이 많고 수분과 수정이 원만하게 이루어져 충분한 착과량이 확보되었다면, 수확하는 과실은 전체 개화량의 5~8% 정도면 무난하다. 그러나 여러 가지 원인에 의하여 착과량이 부족한 경우가 발생하기도 한다.

이러한 피해가 발생하면 생산할 과실이 없다는 이유로 나무 관리를 소홀히 할 수 있는데 과수 나무는 한번 잘못 관리하면 정상이 되기까지 상당한 기간과 노력, 자본이 필요하다. 배나무는 영년생 작물로 해를 거듭하며 오랫동안 과실을 생산해야 하므로 더욱더 철저한 관리가 요구된다.

결실량이 적은 나무는 과실로 분배되는 영양분의 양이 적고 줄기, 가지와 같은 영양 생장기관으로의 이동량이 상대적으로 많기 때문에 신초 발생량이 많고 신초 생장도 왕성해진다. 즉 양분의 수요와 공급이 일방적으로되어 도장지 발생이 많고 수세가 강해지기 쉽다. 즉 나무를 방치하면 다음해에 결실이 될 꽃눈의 발달이 충실하게 이루어지지 못하여 또다시 결실불량을 초래하는 악순환이 되풀이될 수 있다.

결실량이 50% 감소된 나무는 비료를 25% 정도 줄여 주는 것이 바람직하다. 가지 배치를 평소보다 20~30% 많게 하여 골고루 양분이 분배되고 소비될 수 있게 하여 웃자라는 가지(도장지) 발생을 줄이고 수세가 지나치게 강해지지 않도록 한다.

신초와 도장지 발생이 많으면 수관이 밀집되어 수관 내부까지 광선 투과가 불량하게 된다. 그 결과 나무용적에 비해 광합성 효율이 낮아지므로 남아 있는 과실의 품질도 저하되고 꽃눈 형성 및 발달이 불량해진다. 한편 수관 내부의 통풍 조건이 불량하면 여름철에 내부가 고온 다습하여 병해충 발생도 많고 약제 방제 효과도 낮게 된다.

이에 대한 대책으로 유인을 철저히 하여 수관 내부까지 광선 투과를 좋게 한다. 필요에 따라 도장지를 하기전정으로 제거하여야 한다. 하기전정 정도는 전체 도장지 발생량의 10% 이내로 실시한다. 유인과 하기전정은 늦어도 7월 상순 이전에 마무리하는 것이 좋다.

(11) 착과와 과실의 발육

식물학적으로 과실은 성숙한 자방을 의미하고 종자는 수정 후에 발육한 배주를 의미하므로 종자는 과실에 속한다고 볼 수 있다. 배는 꽃받기와 꽃받침의 일부가 발달, 비대하여 과육을 형성하는 위과(False Fruit)이다. 종자는 보통 10개이나 영양상태가 나빠지거나 수정 장해를 받으면 2~3개가 된다. 종자는 생장조절물질을 생성하여 다른 조직에서 과육 내로 양분을 끌어들이는 작용을 하므로 종자 수가 많을수록 과실의 비대 발달이 잘되고 당도가 높아진다.

가. 착과

수정과 함께 과실의 발육이 시작되는 것을 착과(Fruit Set)라 하고 꽃 중에서 과실로 발육하는 꽃의 비율을 착과율이라고 한다. 꽃 중에서 성숙한 과실로 수확기까지 계속 발육하는 비율은 작물의 종류와 품종에 따라 다르다. 낙엽과수들은 5~50%의 최종 착과율을 나타낸다.

수정 후 착과가 되면 과실 생장이 급속히 일어나면서 꽃잎은 노화하여 떨어진다. 수정이 일어나지 않으면 화기나 어린 과실이 떨어지는데 영양 결핍이 중요한 요인으로 작용한다. 착과 후 어린 과실의 왕성한 생장은 영양분의 강력한 수용 부위(Sink)가 된다. 수정이 일어나지 않거나 충분한 수의 종자가 형성되지 못한 과실은 영양물질의 동원이라는 측면에서 그만큼 불리한 상황에 놓이게 된다.

화분은 화분관 신장과 수정 과정에 필요한 옥신을 함유하며, 생장을 시작한 과실은 그 자체가 옥신의 공급 부위(Source)가 된다.

표 5-12 배나무 주요 품종의 생산 목표(10a당)

품종	목표 과중 (g)	평균 당도 (°Bx)	착과 수 (과)	수량 (톤)
신수	250	13.0	10,000~1,000	2.0~2.5
행수	300	11.5~12.0	13,000~4,000	3.0~3.5
풍수	380	12.0~13.0	12,000~3,000	4.0~4.5
이십세기	300	11.0	16,000~8,000	4.0~4.5
장십랑	300	11.0~11.5	16,000~8,000	4.0~4.5

나. 과실의 발육 과정

과실의 생장은 세포분열과 세포 확대에 의해 이루어진다. 배 과실의 비대 생장 정도는 과실의 횡경과 과중으로 나타내며 어느 품종이나 모두 S자형 곡선으로 발육한다. 세포분열 시작 시기는 아직 정확히 구명되어 있지 않으나 화아분화(6월 말, 7월 상순) 이후 화기의 발달이 진행되는 동안부터 개화 후 4~5주까지 이루어진다. 가지나 눈의 저장양분, 꽃눈의 충실도, 영양 조건, 개화기 전후의 온도와 일조, 종자 수, 착과 위치, 적화 시기, 엽과비 등 여러 가지 요인에 의해 영향을 받는 것으로 알려져 있다.

배 과실의 생장은 개화, 수분 직후의 비대, 완만한 비대, 성숙기의 급격한 비대 등으로 나눌 수 있다. 초기 발육은 과육세포의 분열에 의한 것이며 개화 후 4~5주가 경과되면 세포분열에 의한 세포 수의 증가는 멈추고 수확기까지 거의 일정한 세포 수로 경과하게 된다. 이 시기를 세포분열 정지기라고 한다. 세포분열 기간은 품종에 따라 달라 조생종은 약 23~25일, 중생종은 26~28일, 만생종은 35~40일이다. 세포 비대기에 접어드는 세포분열 정지기는 해에 따라 다르나 '신수' 품종은 대개 5월 15~20일, 과경 15~20mm일 때이다.

종자가 형성되는 시기에는 과실 비대가 완만하여 세포분열 정지기에서 2개월 정도 지난 7월 상중순경에 세포 비대기에 들어가면서 과실이 급격히 크게 된다. 종자는 호르몬을 생성하고 과실의 생장을 조정할 뿐만 아니라 외부로부터 과실 내로 탄수화물, 무기성분과 식물호르몬 등 과실의 비대 성숙에 관여하는 물질을 많이 끌어들이는 역할을 한다. 따라서 종자는 과실 발육에 직접으로 관여하는 주요 인자이다. 조기에 수정된 과실은 종자 수가 적게 되어 변형과가 되기 쉽고 종자 수가 적게 되면 과실의 발육이 나쁘게 된다. 방화곤충의 활동이 저조할 때는 인공수분을 개화 당일부터 개화 후 3일까지 수정 능력이 높은 시기에 실시하여 종자 수가 많도록 해준다.

과실 비대는 과실을 구성하는 세포 수와 그 용적의 증대에 의해 좌우되며, 주로 여름철의 수체 영양 조건에 지배된다. 수체 영양은 시비, 수분의 흡수, 동화물질 생산 및 분배, 수체를 둘러싸고 있는 환경조건에 의해서 영향을 받는다.

과실의 비대는 세포분열이 완료된 개화부터 1개월 정도의 기간이 경과한 후부터 이루어진다. 세포분열 이후에는 하나하나의 세포 비대에 의해서 과실이 크게 된다.

(12) 꽃자리돌출과(숫배) 경감 대책

가. 유체과와 꽃자리돌출과 발생원인

배 비정형과의 하나인 꽃자리돌출과는 어린 과실일 때의 유체과(有滯果)가 수확기에 꽃자리돌출과로 생산되는 것이 많다. 유체과는 꽃받침이 탈락되지 않고 과실에 붙어 있는 과실을 말한다(표 5-13, 그림 5-12). 수분·수정이 끝난 유과는 개화 후 3~5주경까지 세포분열을 하게 된다. 꽃받침과 과실과의 접합 부분에 분열조직이 있고, 그 부분의 세포가 과실 발육 중후기까지 분열하여 꽃받침이 떨어지지 않은 과실이 유체과이다. 이는 GA 등 호르몬이 집중된 신초적 소질(영양 생장성)이 강한 과실로 볼 수 있다. 꽃자리돌출과의 생산은 개화기에 여러 가지 이유로 착과가 불량한 해 또는 유체과 발생이 많은 과원에서 문제가 된다. 착과가 잘되면 적과할 때 유체과를 제거하고 좋은 과실만을 남겨둘 수 있으므로 정형과 생산에 문제가 없으나 착과가 불량할 경우에는 수확기에 꽃자리돌출과로 되는 유체과를 적과하지 못하고 남겨둘 수밖에 없는 상황이 되기 때문에 문제가 된다고 볼 수 있다.

표 5-13 유과기 과형과 수확기 꽃자리돌출과와의 관계

유과기 과실 형태	꽃자리돌출과 발생률(%)	돌출 정도별 분포(%)		
		심	중	경
유체과	77.4	50.7	13.2	36.1
정상과	12.3	0.0	11.6	88.4

(그림 5-12) 유과기 유체과(왼쪽)와 정상과(오른쪽)

　　우선 GA와 유체과 발생과의 관계를 살펴보면 만개기에 GA₃ 50ppm 혹은 GA₄₊₇ 100ppm을 처리한 결과, 정상과에 비해 유체과가 꽃자리 돌출과로 수확되므로 개화기 GA 함량은 유체과 발생과 상관이 높다는 것을 알 수 있다(표 5-14). 또 다른 시험에서도 생장조절물질인 NAA 25ppm, BA 50ppm, GA₄ 50ppm, Fulmet 10ppm 살포로 NAA 25ppm의 유체과 발생률이 80%로 가장 높다. GA₄ 50ppm에서는 50%, Fulmet 10ppm에서 40%가 발생되었으나 무처리 및 꽃받침 제거 처리에서는 대부분 정형과가 생산되었다(그림 5-10, 표 5-15). 따라서 이러한 생장조절물질들은 무처리, 꽃받침 제거와 비교하여 유체과 발생 률을 높이고 수확기에 꽃자리돌출과로 이어진다. 그리고 과실 크기, 과 형 등에도 영향을 준다는 것을 알 수 있다. 유체과 발생과 수체 생육 특 성의 관련성을 보면 유체과 발생률이 17.4%로 높은 다발생 과원은 한

나무당 2~4년생의 젊은 결과지가 적다. 7년 이상이 50.4%를 차지하여 측지 갱신이 이루어지지 않아 결과지령이 높으며 측지 수도 14.3개로 매우 적었다(표 5-16). 결과지 생육 상태에서도 1~5년생까지의 길이가 156.1cm로 선단부 생육이 떨어져 있었다(표 5-17). 반대로 유체과 발생률이 2.2%로 낮은 소발생 과원에서는 한 나무당 3~6년생의 결과지가 87.1%로 대부분이고 측지 수도 27.5개로 많았다. 결과지 생육 상태도 1~5년생까지의 길이가 364.3cm로 선단부 생육이 양호한 측지 관리가 이루어지고 있었다.

표 5-14 GA 제제의 종류가 꽃자리돌출과 발생에 미치는 영향

처리 및 농도	살포 시기	꽃자리돌출과 발생률(%)	발생 정도(%)		
			심	중	경
GA$_3$ 50ppm	만개기	86.7	98.0	2.0	0
GA$_{4+7}$ 100ppm	〃	95.0	100	0	0
무 처 리	-	19.7	19.7	17.5	72.5

무처리   BA 50ppm

꽃받침 제거   GA$_4$ 50ppm

NAA 25ppm   Fulmet 10ppm

(그림 5-13) 생장조절물질 처리에 따른 '신고' 유과 형태

표 5-15 '신고' 개화기 생장조절제 처리에 따른 수확기 과실 특성

처리	과중 (g)	과실 크기 (mm)		과형 지수	당도 (°Bx)	과형 특징
		종경	횡경			
무처리	668	97	109	0.89	13.4	정형과 대부분
꽃받침 제거	639	94	107	0.88	13.2	매우 양호한 과형
NAA 25ppm	694	101	109	0.93	13.8	유체과율 80%, 꽃자리 비대 불량, 꽃자리돌출과 많음
BA 50ppm	777	102	115	0.89	13.5	정형과 대부분
GA₄ 50ppm	752	104	112	0.93	12.6	유체과율 50%, 꽃자리돌출과 많음
Fulmet 10ppm	783	110	112	0.98	14.0	유체과율 40%, 꽃자리 비대 불량

표 5-16 과원별 유체과 발생 정도와 결과지 분포 및 측지 수

구분	유체과 발생률 (%)	주당 결과지 분포율(%)				측지 수 (개/주)
		2년생	3~4년생	5~6년생	7년 이상	
다발생 과원	17.4	2.6	15.4	31.6	50.4	14.3
소발생 과원	2.2	10.8	58.5	28.6	2.1	27.5

표 5-17 과원별 유체과 발생 정도와 결과지 생육 상태

구분	결과지 생육 상태(cm)					
	1년생 (선단부)	2년생	3년생	4년생	5년생	계
다발생 과원	21.5	20.7	30.7	40.4	42.8	156.1
소발생 과원	71.4	62.4	58.2	60.7	111.6	364.3

표 5-18 자화를 남긴 경우의 수확기 과실 특성

처리	과중 (g)	과실 크기 (mm)		과형 지수	당도 (°Bx)	과형 특징
		종경	횡경			
정상과	668	96.6	109.3	0.88	13.4	과형 극히 양호
유체과	754	100.6	113.2	0.89	13.5	유체과율 75%, 줄무늬과율 75%
꽃받침 제거	689	99.5	108.2	0.92	13.4	줄무늬과율 100%, 장형과

화아 종류에 따라서도 달라지는데, 친화보다 자화에 착과된 과실에서 유체과 발생이 75%나 발생된다(표 5-18). 자화 발생은 자화가 생기는 시기인 7월 하순 이후에 건조한 과원 토양조건에서 생긴다고 한다. 그리고 결실 불량으로 인해 호르몬과 양분의 흐름이 얼마 남아 있지 않은 과실로 집중되어도 유체과 발생이 많아질 수 있다.

나. 꽃자리돌출과 발생 경감 대책

현재까지 밝혀진 내용을 중심으로 꽃자리돌출과 발생 경감 대책과 그밖의 요인에 따른 대책에 대해서 알아보고자 한다.

유체과는 수확기에도 꽃자리돌출과로 생산될 가능성이 높다. 꽃받침이 붙어있는 유과기 유체과는 GA 등 호르몬 함량과 크게 관여되어 세포 분열이 왕성한 신초적 소질을 가진 과실로 볼 수 있다고 하였다. 유체과 발생에 대한 대책으로는 꽃눈이나 유과에 호르몬 함량이 높아질 수 있는 수체 관리는 피해야 한다. 우선 재배 관리 시 수세 안정을 위해 강전정이나 절단전정을 줄이고, 과실이 착과되는 측지 양성과 관리가 잘 이루어져야 할 것이다. 결과지인 측지는 중간 부위에 도장지가 다발되지 않으려면 측지의 발생 부위가 좋은 곳에서 나온 가지를 선택한다. 기부와 선단이 직선으로 반듯하게 유인하고 선단부는 다소 높게 유지시키는 것이 좋다. 측지가 오래되어 묵은 것은 갱신하여 3~6년생의 젊은 측지에 결실시키도록 하며, 순치기와 도장지를 제거하는 여름전정을 실시해 준다. 시비 관리에 있어서는 개화기에 질소질 비효가 나타날 수 있는 밑

거름이나 웃거름의 과다 사용을 피하는 것이 좋다. 그리고 과실 비대와 숙기 촉진을 위한 GA 도포제 처리의 과다 사용을 억제한다.

친화보다 자화에 착과된 과실이 유체과가 된다는 보고와 같이 자화의 착과로 인해 유체과가 발생되는 과원에서는 자화가 생기기 쉬운 7월 하순 이후에 토양이 건조하지 않도록 수분 관리가 필요하다.

결실 불량으로 인해 호르몬과 양분의 흐름이 얼마 남아 있지 않은 과실로 집중되어도 유체과 발생이 많아질 수 있다. 적과 시 유체과를 따버리면 되지만 착과 불량의 경우에 유체과를 남겨둘 수밖에 없는 경우도 있으므로 수분수 확보 및 인공수분으로 안정적 착과가 될 수 있도록 한다.

착과 불량으로 유체과를 남겨두고 꽃받침 부위를 제거해야 할 경우 그다지 능률적인 방법이라 하기는 어려우나, 유과기 꽃받침 제거에 의해 과형을 개선할 수 있다. 유체과의 꽃받침 제거 시기는 만개 25~35일 경으로, 적과가위나 면도칼 등으로 꽃받침만을 반듯하게 제거해 준다. 유체과의 꽃받침 제거 시기가 빠르면 편원형과가 되고 너무 늦으면 꽃자리돌출과가 발생된다. 꽃받침과 과육 부분이 많이 잘리면 꽃받침 제거 흔적이 남게 되므로 주의하도록 한다(그림 5-14).

이밖에도 인공수분 시기, 꽃가루의 증량 수준 및 중복 수분, 개화기 온도가 호르몬 활성과 관련되어 유체과 발생에 영향을 주는 것으로 알려져 있다.

표 5-19 유체과 꽃받침 제거 방법에 따른 과형 분포

처리 방법	과형 분포(%)		
	편원형과	정상과	체와부돌출과
꽃받침 제거	0	76.2	23.8
꽃받침+과육 일부 제거	55.2	32.5	12.3
무처리	0	8.5	91.5

체와부돌출과(숫배)   정상과   꽃받침 제거 흔적과

(그림 5-14) 유과기 유체과의 꽃받침 제거 방법에 따른 수확과의 과형

배 재배

02 정지전정

가 정지전정의 목적

배 재배에서 정지전정은 수량과 품질에 미치는 영향이 매우 크다. 만약 배나무의 정지전정을 실시하지 않고 자연 상태로 키우면 배 품종 특유의 형태로 자라게 되지만 불필요한 골격지가 많아지고 수관이 복잡해진다. 수관 내부에 햇빛의 투과와 통풍이 불량해지고 약제의 투과도 곤란하므로 과실 품질이 떨어진다. 병해충의 발생이 많아질 뿐만 아니라 수관 내부의 꽃눈 형성이 불량하여 과실의 수량도 감소된다. 수고도 높아져 재배 관리가 불편하고 결실조절이 어려우며 나무의 노쇠도 빨라진다.

배 정지전정의 목적은 과원 재배 관리의 편리와 고품질 과실 생산이다. 정지전정 시 배나무의 특성을 살리면서 재배 방식에 알맞은 수형을 구성해 가야 한다. 목적한 수형이 완성된 이후에는 오랫동안 그 수형이 유지되도록 적절한 전정을 실시하여 나무의 생장과 결실을 조절해 주어야 한다.

나 전정의 기초이론

(1) C/N율(탄수화물과 질소 비율)

C/N율이란 잎에서 만들어진 탄수화물과 뿌리에서 흡수된 질소 성분의 비율에 의하여 가지 생장과 꽃눈 형성 및 결실에 영향을 준다는 이론으로 다음 4가지 경우로 설명할 수 있다(그림 5-15).

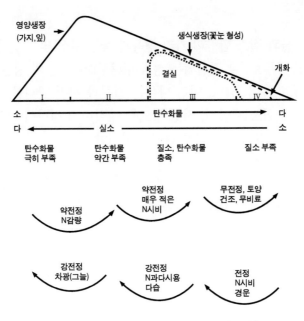

(그림 5-15) C/N율 관계와 재배 관리에 따른 나무 반응

가. Ⅰ의 경우

뿌리에서 흡수된 질소 성분에 비해 탄수화물이 극히 적은 경우이다. 이런 나무는 극단적인 햇빛 부족과 병해충에 의한 조기 낙엽 등으로 잎이 제 기능을 다하지 못하는 상태로, 생장이 매우 약하고 꽃눈도 형성되지 못한다.

나. Ⅱ의 경우

Ⅰ의 경우에 비해 탄수화물이 다소 많고 질소도 풍부하여 가지의 생장은 극히 왕성하다. 하지만 꽃눈 형성이 잘되지 않는 나무의 상태로 결실 직전의 어린나무나 강전정, 질소 비료(특히 계분)를 많이 준 나무에서 나타난다.

이런 나무는 약전정을 실시하고 질소 비료를 줄이는 동시에 스코링(Scoring), 환상박피(環狀剝皮 : 껍질 돌려 벗기기) 등으로 나무의 세력을 안정시키면 꽃눈 형성이 좋아진다.

다. Ⅲ의 경우

탄수화물과 질소 함량이 가지 생육과 꽃눈 형성 및 결실에 가장 적합한 상태의 나무로, 잘 결실되는 성과기(盛果期 : 과실의 생산 시기)의 나무 상태라고 할 수 있다. 이런 나무는 결실과 시비 관리를 잘하여 나무 세력 유지에 힘쓰는 한편, 전정 정도를 적절히 조절하여 나무가 쇠약해지거나 강해지지 않도록 나무 관리에 힘써야 한다.

라. Ⅳ의 경우

노목기 상태의 나무에서는 수관이 커서 엽수는 많으나 뿌리가 노쇠해져 탄수화물 함량에 비해 질소 함량이 상대적으로 적어 가지 생육이 나빠지고 꽃눈의 충실도도 나빠진다. 이런 나무는 강전정을 실시하여 잎 면적을 줄여주는 동시에 뿌리의 활력을 좋게 하기 위해 토양개량과 질소 시비에 힘써야 한다.

(2) 리콤의 법칙

나뭇가지는 수직으로 세울수록 생장이 강해지고 꽃눈 형성은 불량해지며 수평으로 눕혀질수록 생장은 약해지나 꽃눈 형성이 좋아지는 현상을 리콤의 법칙이라고 한다.

따라서 배나무의 수형구성 시 원가지와 버금가지, 또는 버금가지와 곁가지 간의 세력 차이도 유인에 따른 가지 각도에 의해 크게 좌우된다. 곁가지의 유인은 배 재배에 있어서 수량 증대와 품질 향상을 위한 중요한 전정 수단에 속한다.

(3) 정부우세성

하나의 가지에서 가장 높은 곳에 위치한 눈에서 발생한 가지의 자람새가 제일 강하고, 아래 눈으로 내려올수록 가지자람새가 점차 약해지거나 숨은눈으로 되는 현상을 정부우세성이라 한다(그림 5-16).

정부우세성은 하나의 가지뿐만 아니라 나무 전체 또는 주지, 부주지 내에서도 가지 간의 생장에 영향을 미친다. 주지, 부주지의 끝부분은 항상 그 가지 중에서 가장 높게 관리하여 생장이 강하게 유지되도록 하는 것이 웃자람가지의 발생을 억제할 수 있다.

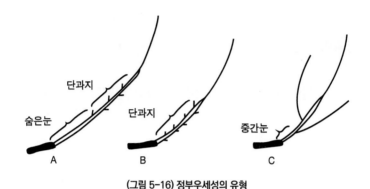

(그림 5-16) 정부우세성의 유형

A : 끝눈에서 강한 가지가 나오고 그 밑의 눈은 단과지로 되나 기부(基部)의 눈은 숨은눈(潛芽)으로 됨
B : 끝눈에서 가지가 나오고 그 밑의 눈에서는 단과지가 형성됨
C : 2~3개의 강한 가지가 나오고 기부의 눈은 중간눈(中間芽)으로 됨

(4) T/R율(지상부와 지하부 비율)

나무의 지상부(줄기, 가지)와 지하부(뿌리)의 무게 비율을 T/R율이라 한다. 식물의 T/R율은 대부분 1이며 과수는 1보다 다소 낮은 것이 좋다. T/R율은 재배 환경이나 관리 상태에 따라 차이가 있다. 토양 내에 수분이 많거나 질소의 과다 사용, 석회 부족, 일조 부족 등의 경우에는 지상부에 비해 지하부의 생육이 나빠져 T/R율이 높아지게 된다.

나무를 옮겨 심거나 뿌리가 많이 잘려나간 경우 지상부의 가지도 적절히 잘라 T/R율을 조절해 주어야 가지의 생장이 약해지지 않는다. 이와는 반대로 지나치게 강전정을 실시하였을 경우, 지상부의 가지는 감소한 데 비해 지하부의 뿌리는 변하지 않아 뿌리의 양분과 수분이 남아있는 눈에 집중된다. 웃자람가지의 발생이 많아지고 새 가지의 생장도 강해지는 것은 질소 비료의 과다 사용과 같은 효과가 있기 때문이다. 이와 같은 결과는 지상부와 지하부 간의 세력 불균형에 의해 일어나는 생장 반응이라 할 수 있다.

다 가지 종류와 결과습성

(1) 가지의 종류

배나무의 가지는 크게 열매가지와 자람가지로 나눈다. 열매가지는 꽃눈이 형성되어 있는 가지를 말하고 자람가지는 꽃눈이 형성되어 있지 않은 가지를 말한다(그림 5-17).

열매가지는 길이에 따라 긴 열매가지, 중간 열매가지, 짧은 열매가지로 나눈다. 긴 열매가지는 끝꽃눈이나 겨드랑이 꽃눈이 형성되어 있는 30cm 이상의 가지를 말한다. 중간 열매가지는 15~20cm, 짧은 열매가지는 2~3cm 정도로 짧고 끝에 끝꽃눈이 형성되어 있다.

자람가지는 숨은눈에서 발생된 가지와 잎눈에서 발생된 가지가 있다. 잎눈에서 발생된 가지를 유인하면 겨드랑이 꽃눈이 잘 형성되어 열매가지로 이용하기도 한다.

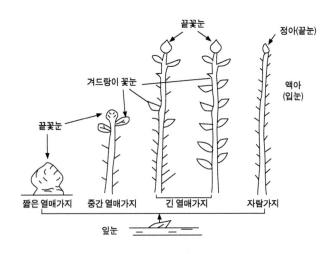

(그림 5-17) 배나무 가지와 눈의 종류

일반적으로 어린나무 때는 짧은 열매가지에 주로 열매가 맺게 된다. 성과기 직전은 짧은 열매가지와 중간 열매가지, 성과기에는 짧은 열매가지와 긴 열매가지를 적당한 비율의 결실지로 이용한다.

(2) 결과습성

가지상에 꽃눈이 형성되는 위치와 그 꽃눈이 발달하여 개화·결실되는 것을 결과습성이라 한다. 이는 품종에 따라 차이가 있으므로 전정 시는 그 특성을 명확히 파악해 두어야 한다.

배나무의 결과습성은 지난해 자란 2년생 가지에서 꽃눈이 형성되어 다음 해 3년생 가지에 개화·결실되는 것이 일반적이다. 금년에 자란 1년생 가지에도 꽃눈이 형성되어 다음 해 2년생 가지에서 개화·결실되기도 한다. 전자를 끝꽃눈이라 하고 후자를 겨드랑이 꽃눈이라 한다(그림 5-18).

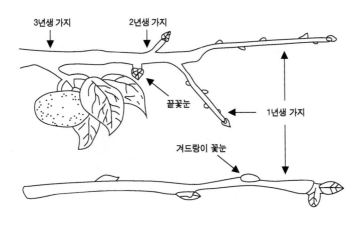

(그림 5-18) 배나무의 결과습성

끝꽃눈이 형성된 짧은 결과지를 짧은 열매가지, 겨드랑이 꽃눈이 형성된 열매가지를 중간 열매가지 및 긴 열매가지라 한다. 짧은 열매가지가 오래되어 한곳에 많이 모여 있는 것은 단과지군(短果技群, 생강아)이라 한다(그림 5-19).

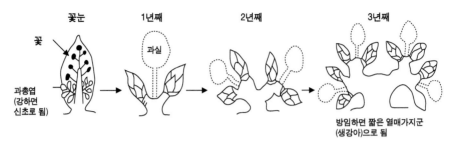

(그림 5-19) 배나무 짧은 열매가지의 변화 과정

과실의 품질 면에서 보면 짧은 열매가지의 끝꽃눈에 결실된 과실이 겨드랑이 꽃눈에 결실된 과실보다 익는 것이 다소 빠르며 당도도 높은 것으로 알려져 있다. 크기는 품종이나 긴 열매가지의 상태에 따라 다르다. 그러나 오래된 단과지군(생강아)에서 결실된 과실은 좋은 긴 열매가지의 겨드랑이 꽃눈에 결실된 과실보다 작아지는 경우가 많다.

짧은 열매가지군은 다수의 짧은 열매가지가 형성되어 있어 충실도가 나쁘고 저장양분의 소모가 많아 과실 품질이 나빠진다. 전정 시는 짧은 열매가지군을 정리해 주어야 품질이 향상된다(그림 5-20).

(그림 5-20) 짧은 열매가지군 전정법

라 배나무의 특성

(1) 꽃눈 형성과 유지가 쉬워 해거리가 적다.

배나무는 다른 과수에 비해 꽃눈 형성이 잘되고 특유의 짧은 열매가지 군이 잘 형성·유지되어 해거리 현상이 일어나지 않는다. 전정에 의한 꽃눈 형성 정도가 사과처럼 민감하지 않아 대체로 전정상 큰 문제가 없어 표준 수량을 유지하기가 쉽다. 그러나 품질이 좋은 과실을 많이 생산하기 위해 서는 가지의 골격 형성, 열매 맺는 가지의 확보와 배치, 오래된 곁가지의 갱 신 등 전정 기술이 요구된다.

(2) 웃자람가지의 발생이 많다.

배나무는 나무 형태의 특성상 웃자람가지의 발생이 많다. 지나치게 많은 웃자람가지는 수관 내 광 환경이 나빠지고 꽃눈 형성과 과실 품질을 떨어뜨리는 원인이 된다.

웃자람가지의 발생원인으로는 토심이 깊어 뿌리가 수직으로 깊게 뻗을 경우, 토양 내 질소 비료와 수분이 과다할 경우, 빽빽하게 심어 강전정을 실시할 경우, 수형구성 시 원가지 등이 급격하게 유인되어 구부러진 경우 등을 들 수 있다(그림 5-21).

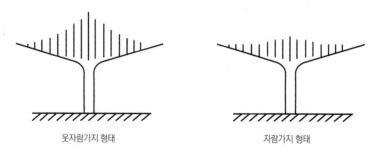

웃자람가지 형태   자람가지 형태

(그림 5-21) 배나무 웃자람가지와 자람가지 형태

웃자람가지의 발생을 적게 하기 위한 전정 방법은 나무의 주요 골격이 되는 원가지와 버금가지를 바르고 곧게 키워 양분의 흐름을 좋게 해야 한다. 그리고 원가지, 버금가지의 연장지 세력을 다소 강하게 유지하여 뿌리에서 흡수한 양분과 수분을 위로 끌어 올리는 동시에 예비가지 전정을 실시하여 숨은눈에서 발생되는 웃자람가지의 발생을 억제시켜야 한다.

(3) 새 가지가 직립성이다.

배나무의 새 가지는 직립하여 강하게 자라는 특성을 가지고 있다. 가지가 직립하면 생장이 강해지고 늦게까지 생장이 계속된다. 잎에서 만들어진 동화양분이 가지가 자라는데 많이 이용되어 가지 자람과 과실 간의 양분 경합을 일으켜 과실 비대에 나쁜 영향을 미치게 된다. 직립성이 강한 가지는 좋은 열매 맺는 가지가 되기 어려우므로 열매 맺는 가지로 이용할 경우에는 여름철에 유인해 주어야 한다.

(4) 가지 생장의 연속성이 없다.

배 묘목을 재식한 뒤 1m 정도의 높이에서 절단한 후 다음 해에 전정을 실시하지 않고 그대로 두면 첫해에는 묘목 끝부분에서 2~3개의 새 가지가 직립하여 강하게 자라게 되고, 2년 차에는 각 가지의 끝부분 눈에서 1~3개의 새 가지가 자란다. 그 밑의 눈에서는 중간 가지와 짧은 열매가지도 다소 생기나 많은 눈이 숨은눈으로 자란다. 3년 차 이후에도 2년 차와 같은 형태로 자라게 되지만 끝부분에서 자라는 새 가지의 길이는 해가 갈수록 매년 짧아진다. 어느 시기에 가서는 끝부분의 새 가지 자람이 멈추게 되고 짧은 열매가지만 형성되게 된다.

끝부분의 가지 자람이 멈추면 원줄기나 1년 차에 자란 가지의 기부 숨은눈이나 중간눈에서 세력이 강한 웃자람가지가 발생하게 된다. 가지가 복잡해지고 처음 자란 가지상의 단과지는 말라죽고 엽수와 잎의 크기도 작아진다. 이러한 경향은 햇빛을 잘 받지 못하는 가지에서 더 심하다.

배나무의 생장 특성을 전정 면에서 보면 1~2년 차에는 새 가지가 잘 자라게 되는 정부우세성이 보이지만 연속적인 방임 상태에서는 생장의 연속성이 없다. 배나무의 수관 확대와 결과지의 확보 및 잎면적 확보를 위해서는 전정이 필수적인 요건이라 할 수 있다. 끝부분의 자람이 멈추거나 약해질 때 기부의 숨은눈에서 강한 웃자람성의 가지가 발생한다. 이러한 생장 특성 때문에 나무자람새가 강하거나 지나치게 약할 때에도 웃자람가지가 많아지게 된다. 따라서 원가지와 버금가지의 윗부분 세력을 강하게 유지시켜 웃자람가지가 적게 발생하도록 관리해 주어야 한다.

(5) 품종에 따라 나무 특성에 차이가 있다.

배나무는 품종 간의 나무 세력, 정부우세성의 강약, 짧은 열매가지의 형성과 유지, 겨드랑이 꽃눈의 형성 정도, 가지의 발생 정도 등에 차이가 있다. 각 특성을 잘 파악하여 알맞은 전정을 실시해야 한다.

마 정지전정과 배나무의 생육 반응

(1) 전정의 강약과 나무 생육

가지를 잘라내는 양에 따라 강전정과 약전정으로 구분한다. 전정량이 많다고 하는 것은 남기는 눈의 수가 감소되는 것을 뜻한다. 강전정을 실시하면 새 가지의 발생 수는 적어지지만 가지 하나하나의 생장은 강해지게 된다. 즉 눈 수는 감소되나 뿌리 양은 변하지 않아 뿌리에서 흡수되는 양수분이나 생장호르몬이 남은 눈에 다량 집중되는 것이다. 강전정에 의한 나무 전체의 생장 반응은 영양 생장이 왕성한 양상을 띠게 된다. 반대로 약전정은 각 가지의 자람이 약해져 생식 생장이 강해지게 된다.

꽃눈 형성은 강전정에 의해 적어지는 경향이 있고, 약전정에서는 많아지는 경향이 있다. 나무의 반응은 전정의 강약에 따라 다르다. 생장이 왕성한 어린나무 때나 나무자람새가 강한 나무는 약전정으로 가지 수가 증가해도 개개의 가지는 충분히 자라고 꽃눈이 증가하는 이점이 있다. 꽃눈이 많고 새 가지의 자람이 약한 늙은 나무 때는 강전정을 실시하여 새 가지의 자람을 좋게 해주어야 한다.

(2) 솎음전정과 생육 반응

가지의 기부에서 절단하여 제거하는 것을 솎음전정이라 한다(그림 5-22). 이 경우 나무 전체의 전정량이 많아도 남은 개개의 가지 자람은 많지 않다. 또한 짧은 열매가지나 겨드랑이 꽃눈의 형성도 많아지고 웃자람가지도 적어진다.

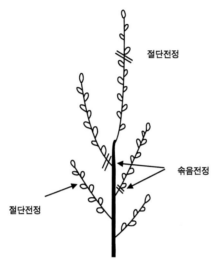

(그림 5-22) 솎음전정과 절단전정

이와 같은 솎음전정은 나무의 생육 반응이 심하지 않아 나무에 미치는 나쁜 영향도 적다고 할 수 있다. 그러나 극단적인 강한 솎음전정을 하거나 굵은 가지를 제거하여 눈 수가 지나치게 적어진 경우에는 숨은눈에서 발생한 가지 수도 많고 웃자람가지도 많아지게 된다.

(3) 절단전정과 생육 반응

절단전정은 솎음전정에 비해 생식 생장은 불량해지나 영양 생장은 촉진된다. 1년생 가지의 절단 시 강한 절단은 남은 눈의 수가 적어져 새로 자라는 가지 수는 적어지지만 개개의 가지 자람은 강해진다.

바 정지전정 시 유의사항

(1) 나무가 햇빛을 잘 받도록 한다.

배나무의 내음성은 낙엽과수 중에서 중간 정도에 속한다. 생육기에 수관 내부로 햇빛이 잘 들어가지 않으면 과실 비대가 나쁘고 맛있는 과실을 생산할 수 없다. 따라서 품질과 수량을 높이기 위해서는 나무 전체의 모든 잎이 햇빛을 잘 받을 수 있도록 하는 것이 중요하다.

전정의 가장 중요한 목적도 나무가 햇빛을 잘 받도록 유지하게 만드는 것이다. 원가지와 버금가지의 빠른 확장과 곁가지의 고른 배치에 의해 조기에 잎면적을 확보하여 평면 이용도를 높이는 동시에 잎들이 햇빛을 잘 받을 수 있도록 해야 한다.

(2) 작업이 편리한 나무가 되게 한다.

전정이 잘되었는가의 여부는 여러 가지 작업 능률에 크게 영향을 준다. 어린나무 때에는 문제가 되지 않지만 골격이 완성된 큰 나무에는 원가지, 버금가지, 곁가지 사이의 세력 차이가 분명하지 않거나 버금가지 사이의 간격이 좁은 나무는 곁가지의 배치와 갱신이 어렵다. 그뿐만 아니라 원가지, 버금가지의 구분이 안 되는 경우에는 세력이 균일하지 않아 나무의 균형 유지가 어렵고 생산성이 높은 곁가지의 유지와 관리가 어려워진다.

나무 형태에 맞추기 위해 무리하게 전정을 실시하는 것은 나무의 생리상 좋지 않다. 원가지와 버금가지인 골격을 잘 배치하여 곁가지 갱신이나 열매가 맺는 가지의 배치가 쉽도록 하는 것이 작업 능률과 생산성을 높이는 요점이 된다.

(3) 원줄기의 높이는 토양조건, 수세, 심는 거리 등에 따라 조절한다.

원줄기가 높을 경우에는 원가지의 구부러짐이 급격해져 원가지 기부에서 웃자람가지의 발생이 많아지기 쉽다. 나무 전체 지상부의 생장은 원줄기가 낮은 경우와 비교하면 약해지는 경향이 있다. 반대로 원줄기의 높이가 낮아지면 지상부 생육은 강해지나 토양 관리 등의 작업이 불편해진다. 원줄기의 높이는 토양의 비옥도, 품종의 나무자람새 정도, 대형 농기계 이용 여부 등에 따라 알맞은 높이(보통 50~90cm)로 조절되어야 한다(그림 5-23).

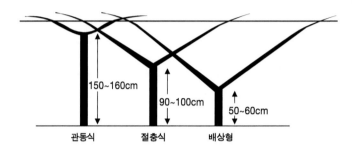

(그림 5-23) 덕 재배 수형의 주간 높이

(4) 원가지와 버금가지는 곧고 반듯하게 키운다.

배나무는 웃자람가지가 많이 발생하는 특성이 있다. 웃자람가지의 발생 정도가 배 수형 관리의 중요한 문제다(그림 5-24).

웃자람가지의 발생원인에는 여러 가지가 있다. 특히 골격이 되는 원가지, 버금가지의 기부와 상단부의 굵기 차이가 크거나 활처럼 구부러지게 유인했을 경우에 양분의 흐름이 나빠져 원가지, 버금가지의 기부나 구부러진 부위에 웃자람가지가 발생하게 된다.

따라서 나무 형태의 골격이 되는 원가지, 버금가지는 가능한 한 기부와 선단부의 굵기 차이가 적고 곧고 반듯하게 키우며 유인할 때에도 가지 중간에서 급격히 구부러지지 않도록 해야 한다.

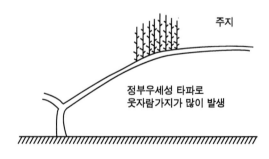

(그림 5-24) 주지 유인 형태와 웃자람가지 발생 정도

(5) 원가지와 버금가지의 연장지는 항상 세력을 강하게 유지시킨다.

뿌리에서 흡수된 양분과 수분은 세포분열이 왕성한 새 가지 쪽으로 이동이 많아지게 된다. 세포분열이 왕성한 부위는 증산이 많고 호르몬의 생성도 왕성하여 양분과 수분을 끌어올리는 힘이 강하기 때문이다(그림 5-25~27).

배나무 전정 시 원가지와 버금가지의 끝부분 세력이 약해지면 기부에서 웃자람가지의 발생을 조장하는 원인이 된다. 끝부분의 결실을 제한하고 아래로 처지지 않도록 함과 동시에 새 가지가 잘 자라도록 전정을 실시해야 웃자람가지의 발생을 적게 할 수 있다.

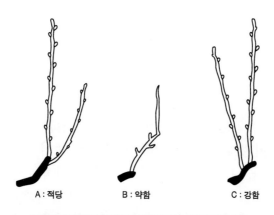

A : 적당   B : 약함   C : 강함

(그림 5-25) 원가지 끝부분 절단의 강약과 가지 자람 정도

A : 끝부분에서 120~130cm의 가지가 나오고 다음 가지가 70~80cm 정도로 자라 적당한 상태
B : 2~3마디 높은 곳을 절단하게 되어 새 가지의 자람이 약한 상태
C : 너무 짧게 자르면 2~3개의 강한 가지가 나와 밑부분이 굵어지므로 가지가 휘어지지 않아 유인이 어려운 강한 상태

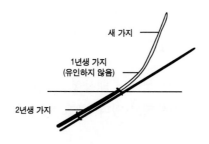

새 가지

1년생 가지
(유인하지 않음)

2년생 가지

(그림 5-26) 원가지 및 버금가지 끝부분의 유인 방법

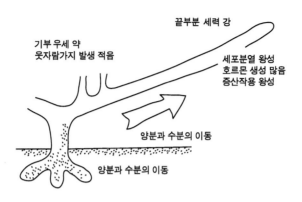

끝부분 세력 강

기부 우세 약
웃자람가지 발생 적음

세포분열 왕성
호르몬 생성 많음
증산작용 왕성

양분과 수분의 이동

양분과 수분의 이동

(그림 5-27) 원가지 끝부분 자람새에 따른 생장 모식도

(6) 잎과 가지 수를 조절하여 나무를 항상 젊게 유지시킨다.

나무의 지상부는 잎과 가지로 구성되어 있다. 잎은 햇빛을 받아 양분을 생산하는 반면, 가지는 뿌리에서 흡수한 양수분을 각 기관에 전달하고 결실된 과실을 지지하는 역할 이외에는 대부분 양분을 소모하는 기관에 속한다. 생산성이 높고 좋은 품질의 과실을 생산하기 위한 나무 관리 방법은 한 나무당 가능한 한 햇빛을 잘 받는 엽수를 많게 하고 가지의 체적을 적게 유지하는 것이 좋다. 나무는 나이가 많아질수록 잎면적은 일정 수준에서 더 이상 증가하지만 가지 체적은 나무 나이의 증가와 함께 계속 증가한다.

따라서 수령이 많아져 가지 체적이 증가하게 되면 잎에서 생산된 양분이 과실보다 가지로의 분배량이 많아져 생산성과 과실 품질이 떨어지게 된다. 그러므로 오래된 굵은 가지는 새 가지로 갱신하여 양분의 헛된 소모를 줄이는 것이 기본이 된다.

사 배 수형구성과 전정 방법

우리나라 배나무의 나무 형태는 배상형, Y자형, 방사상형, 변칙주간형 등이 지역에 따라 달리 이용되고 있다. 주요 재배 수형인 배상형과 Y자형에 대하여 알아본다.

(1) 배상형

가. 배상형의 특징

배상형은 주간 높이 50~70cm에서 3~4개의 원가지를 형성한다. 각각의 원가지에 2~3개의 버금가지를 만들며 버금가지에 곁가지를 고루 배치하여 결실시키는 나무 형태이다(그림 5-28). 큰 나무 이전에는 원가지와 버금가지상의 짧은 열매가지 위주로 결실시키고, 큰 나무에서는 곁가지의 짧은 열매가지와 일정량의 긴 열매가지를 이용하여 결실시킨다. 평덕을 가설하고 철선에 원가지 또는 버금가지의 끝부분과 곁가지 등을 유인하여 재배하고 있다.

이와 같이 평덕을 이용하는 배상형은 덕 가설비가 들어가고 초기 수량이 적은 단점이 있다. 그러나 성과기가 되면 평면 이용도(수관 점유율)가 높고 나무 형태의 특성상 무효용적이 적어 수량이 많다. 곁가지의 갱신과 유인이 쉬워 늙은 나무에서도 품질이 좋은 과실이 생산되기 때문에 배 재배에 이상적인 나무 모양이라 할 수 있다.

현재 남부 지역에서 평덕을 가설하여 가지를 유인해 주는 배상형이 이와 비슷하게 이용되고 있다. 원가지와 버금가지의 수가 너무 많고 세력 차이도 분명하지 않으며 주로 짧은 열매가지에 결실시켜 재배하는 것이 특징이다.

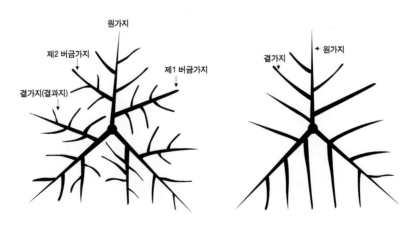

(그림 5-28) 3본 배상형의 골격지 및 곁가지

나. 배상형 수형구성 요령과 전정 방법

① 심은 후 전정법

묘목을 심은 후 지상 50~90cm의 위치에 눈이 3~4개 연이어 있는 부위를 골라 절단한다. 묘목에서 발생된 새 가지의 방향, 발생 위치, 각도, 나무자람새 정도를 보아 원가지 후보지를 결정한다.

3본 원가지의 경우 지면을 3등분(각도 120도)하는 방향으로 발생된 가지가 바람직하나 어느 정도는 유인하여 수정할 수 있다. 새 가지의 길이가 100cm 전후로 자랐을 때 원가지 방향으로 40도 정도의 각도로 지주를 세워 유인해 벌려주고 반듯하게 연장한다. 원가지를 제외한 새 가지 가운데 원가지의 생장에 방해가 되는 강한 가지나 경쟁 가지는 제거해 준다(그림 5-29).

묘목을 절단하여 원가지를 양성할 때 맨 꼭대기 1~2개의 눈에서 나오는 새 가지는 직립하여 곧게 크므로 발생 각도가 나쁘다. 그렇지만 그 아래에서 나오는 가지는 각도가 넓어지는 성질이 있다. 원가지를 발생시킬 눈을 정하고 그 위의 1~2개의 눈(그림 5-35 참조)만 남겨두고 절단하는 전정법을 이용하면 발생 각도가 좋은 원가지를 얻을 수 있다.

(그림 5-29) 재식 후 원가지 후보지의 유인 방법

② 2~4년 차 정지전정

심은 후 2~4년 차를 보통 어린나무 때라 하며 원가지의 골격을 만드는 시기이다. 원가지는 나무의 중요한 골격일 뿐만 아니라 과실 생산성과 밀접한 관계가 있다. 가능한 한 곧고 반듯하며 기부와 상단부의 굵기 차이가 나지 않도록 키워야 한다.

따라서 심은 초기에 원가지의 각도(50~60도 : 주간 높이에 따라 차이가 있음)를 충분히 확보한 후 1~2년까지는 수직으로 곧게 키우는 것이 생장이 좋고 수관 확대가 빠르다. 이 시기는 원가지 기부의 비대를 방지하는 것이 중요하다. 버금가지와 같은 골격지나 세력이 강한 발육가지의 발생을 억제하고 짧은 열매가지 또는 긴 열매가지의 발생을 유도해야 한다.

이 시기에 버금가지와 같은 골격가지를 원가지에 형성시키면 원가지와 버금가지의 굵기 차이가 확실하지 않아 균형을 잃기 쉽고 원가지의 세력이 약해져 수관 확대가 늦어진다. 발생된 버금가지를 경계로 원가지의 윗부분과 아랫부분의 굵기 차이가 커져 나중에 웃자람가지의 발생을 조장시키는 원인이 되므로 버금가지는 물론 엽면적이 많은 발육가지나 긴 열매가지의 발생을 억제하는 것이 좋다.

원가지상의 웃자람가지는 일찍 제거해 주고 강하게 자라는 새 가지는 눈따기 또는 순지르기를 실시하여 원가지의 자람을 억제시킨다. 2~3년 차 전정 시 원가지 기부에서 40~50cm 이내에 발생되는 새 가지는 빨리 제거해 준다. 이곳에서 발생되는 가지는 원가지의 기부를 굵게 하는 원인이며 새 가지를 절단한 상처가 있으면 유인이 어려워지게 된다.

심은 후 3년 차에 곧게 자란 원가지를 알맞은 각도로 유인해 준다. 원가지 선단부를 절단할 때는 새 가지가 강하게 자랄 수 있도록 연장지의 위쪽 눈을 남긴다. 원가지 연장가지는 지주를 이용하여 새 가지를 수직으로 강하게 생장시킨 후 다시 유인하는 방법을 반복하여 수관 확대를 꾀한다.

③ 5~7년 차 정지전정

버금가지 후보지를 형성하는 시기로, 이 시기는 나무의 생장이 왕성하고 수관 확대도 빨라 수량도 급격하게 증가한다. 생장과 결실의 균형을 유지할 수 있도록 원가지에 버금가지 후보가지를 형성시켜 세력을 분산시킨다. 동시에 많은 발육가지를 유인하여 결실로 유도하고 가능한 한 강한 절단전정은 피한다.

버금가지 수는 원가지당 2~3본을 최종 목표로 하지만 이 시기에는 5~6본을 형성시키되 버금가지에는 어린나무 때의 원가지 형성 시와 같이 강한 발육가지나 장과지의 발생을 억제하고 짧은 열매가지, 중간 열매가지를 형성시킨다. 버금가지의 발생 위치는 원가지 측면 또는 다소 아래 부위에서 발생된 가지가 좋으므로 오래된 원가지 부분에서 발생된 가지를 버금가지 후보가지로 선택한다.

④ 7년 차 이후의 전정

7년 차 이후는 버금가지에 곁가지를 형성시키는 시기로 4~6년 차에 형성시킨 버금가지 후보가지 가운데서 간격이 좁은 것을 솎아주어 간격을 넓혀준다. 따라서 버금가지는 발생 위치가 좋고 기부가 굵지 않은 것을 선택하여 곁가지를 배치한다.

원가지와 버금가지는 나무의 골격이지만 곁가지는 직접 과실을 달리게 하는 가지이다. 좋은 품질의 과실을 생산하기 위해서는 유인하여 곁가지를 기르고 관리하는 것이 중요하다. 곁가지는 일년생 겨드랑이 꽃눈을 붙인 가지(긴 열매가지)로부터 5~6년생까지의 가지이다. 좋은 곁가지는 기부와 끝부분의 굵기가 비슷하고 끝부분이 강하게 자란다.

과실이 많이 달리는 시기가 되면 원가지와 버금가지에서 발생된 가지가 오래되어 겨드랑이 꽃눈의 형성이 나빠지고 가지의 기부가 굵어져 좋은 곁가지가 되기 어렵다. 새 가지의 유인과 가지 기부의 눈따기, 여름전정, 예비지 전정, 곁가지 갱신 등으로 열매가지를 만들도록 힘써야 한다(그림 5-30).

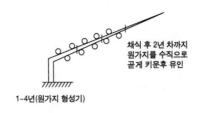

채식 후 2년 차까지
원가지를 수직으로
곧게 키운후 유인

1~4년(원가지 형성기)

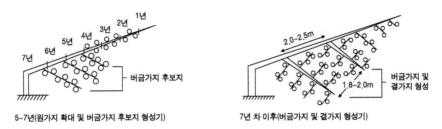

5~7년(원가지 확대 및 버금가지 후보지 형성기)

7년 차 이후(버금가지 및 결가지 형성기)

(그림 5-30) 배상형 연차별 수형구성 요령

(2) Y자형

가. Y자 수형구성 요령과 전정 방법

① 심은 후 전정 방법

심은 후 묘목은 지상 60~90cm 높이에서 절단한다. 묘목의 절단 높이는 지상부 생장과 관계되므로 토양이 비옥하고 배게 심을수록 많이 남기고 절단한다(그림 5-31).

묘목 절단 시 맨 윗부분 1~2개의 눈에서 발생되는 새 가지의 벌어진 각도가 좁으나 그 아래 발생되는 가지는 넓다. 원가지 발생 위치를 정하고 그 위에 1~2개의 여분의 눈을 남기고 절단하면 가지가 벌어진 각도가 넓은 원가지를 형성할 수 있다.

원가지를 형성한 후에는 위에 남겨둔 눈에서 발생된 분지각도가 좁은 가지는 원가지 생장을 좋게 하기 위해 여름철 생육기에 제거하는데 이를 희생아 전정이라 한다. 2개 원가지 후보지 이외의 다른 가지는 제거하고 원가지가 수직이 되게 유인하여 자람을 좋게 한다.

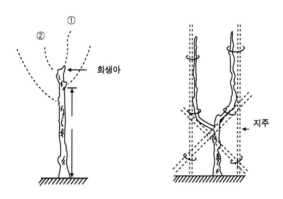

(그림 5-31) 희생아 전정법과 유인 방법(①, ②는 생육기 제거)

② 2~3년 차 전정 방법

원가지를 형성시키는 시기이다. 가능한 한 원가지는 곧고 강하게 자라도록 하여 조기에 수관을 확대시켜야 하므로 2년 차까지는 유인하지 않고 수직으로 키운다(그림 5-32).

원가지 연장가지는 매년 1/3 정도 끝을 절단해 주어 세력이 약화되지 않도록 한다. 생육기에는 원가지 연장가지와 경쟁되는 가지는 순지르기하여 생장을 억제시키거나 기부에서 제거한다. 원가지에서 발생되는 모든 가지도 강한 것은 순지르기나 가지 비틀기를 하여 생장을 억제시켜 원가지 세력에 영향이 미치지 않도록 한다.

특히 그림의 점선 부분은 많이 유인되는 곳이다. 이 부위에 가지를 절단한 큰 상처가 있으면 유인이 어려우므로 원가지 기부에서 발생되는 가지는 조기에 제거한다.

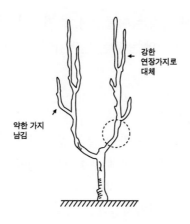

(그림 5-32) 2~3년 차 어린나무의 전정 방법

　3년 차가 되면 수직으로 키웠던 원가지를 유인해 주는데 유인은 3년 차 수액의 유동이 활발한 6~8월경이 좋다. 주지 유인 시 분지각도가 넓은 것은 큰 문제가 없다. 그러나 분지각도가 좁은 것은 기부가 찢어지기 쉽고 원가지 중간이 활처럼 굽어진다. 원가지 분지점에 끈으로 8자 모양으로 감고 유인하려는 방향의 원가지 기부에 톱으로 목질부가 상하도록 4~6군데 상처를 낸 후 유인하거나 원가지를 서로 엇갈리게 유인한다(그림 5-33).

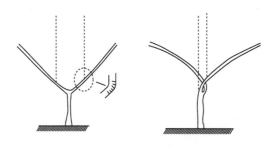

(그림 5-33) Y자 수형의 유인 방법

　유인 후에는 원가지 연장가지 생장이 약화되기 쉬우므로 상부 배면의 눈을 남기고 절단하면 강하게 생장된다. 생육기의 새 가지 관리는

2~3년 차와 같이 강한 가지는 여름전정, 순지르기, 가지 비틀기 등으로 생육을 억제하여 원가지상에는 짧은 열매가지와 중간 열매가지를 형성시켜 결실시킨다.

③ 4~5년 차 전정 방법

원가지를 유인한 후에는 원가지 끝의 생장이 약화되기 쉬우므로 위쪽의 눈을 남기고 절단하면 강하게 생장된다. 생육기 새 가지의 관리는 2~3년 차와 마찬가지로 강한 가지는 여름전정, 순지르기, 가지 비틀기 등으로 생육을 억제하여, 원가지상에는 짧은 열매가지와 중간 열매가지를 형성시켜 결실시킨다.

④ 5년 차 이후의 전정 방법

수형이 완성된 이후에는 원가지 끝의 가지 세력이 약해지지 않도록 관리하면서 짧은 열매가지와 중간 열매가지 위주로 결실시킨다. 곁가지는 발생 각도가 넓은 것을 이용한다. 나무가 오래되면 심은 거리를 유지하기 위해 강전정이 되기 쉽고 웃자람가지의 발생도 많아져 나무 안쪽에 광 환경이 나빠져 밀식장해가 발생하게 된다. 따라서 밀식장해가 발생되기 이전에 원가지의 곁가지를 빼주거나 가운데 나무의 솎아내기를 한다.

5년 차 이후가 되면 나무 모양이 완성되는데 나무 형태는 크게 윗부분 강세형, 윗부분 빈약형, 웃자람가지 다발형으로 구분된다(그림 5-34).

윗부분 강세형은 원가지가 곧고 바르며 원가지 윗부분의 가지 생장이 왕성한 형태로 웃자람가지 발생이 적고 짧은 열매가지 형성도 잘되는 이상적인 형태라 할 수 있다.

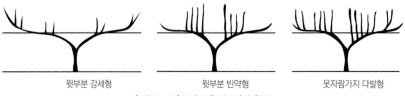

| 윗부분 강세형 | 윗부분 빈약형 | 웃자람가지 다발형 |

(그림 5-34) Y자 수형의 3가지 형태

윗부분 빈약형은 원가지의 윗부분 가지 생장이 약해 원가지 기부에 웃자람가지 발생이 많아지는 형이다. 윗부분 가지가 아래로 처지거나 윗부분의 과다 결실 등이 원인이 된다. 정부우세성이 약한 '원황', '황금배' 품종에서 발생하기 쉽다.

웃자람가지 다발형은 원가지의 기부와 상부 굵기 차이가 크거나 원가지 중간이 활처럼 구부러졌을 때, 재배적으로는 질소 과다 사용, 배수 불량 등도 원인이다.

나. Y자 수형 유인 시기와 방법
  ① 유인 시기
  심은 후 유인하는 시기는 3년 차 생육기에 실시한다(표 5-20). 유인 시기가 이보다 늦어지면 유인 노력이 많이 소요되고, 유인 후 강우, 바람 등에 의해 가지 절손이 많아지게 된다. 반대로 너무 빠르면 유인이 쉽고 노력은 적게 드나, 수관 확대가 늦어져 과실이 달리는 시기에 도달이 늦어지기 쉽다. 6월 중순부터 7월 중순 사이에 유인하는 것이 쉽고 노력이 적게 든다. 따라서 가지 비대가 작고 각도가 좋은 것은 조기에 유인하고 가지가 굵어져 유인이 어려운 것은 6~7월 사이에 유인한다.

표 5-20 배나무 나이 및 생육기 유인 시기별 소요 노력

나무 나이	소요 노력(주/시간)		
	5월 하순	6월 중순	7월 하순
4년생	4.5	6.0	6.8
3년생	19.8	21.5	-

  ② 유인 방법
  심은 해의 생육기에 가지를 유인할 때 유인 형태는 U자 형태보다 Y자 형태가 되도록 유인한다. 원줄기에서 발생된 원가지의 유인 형태가 U자형으로 유인되면 3년 차 이후 유인 시 구부러진 부위를 급격히 직선으로 유인해야 하므로 일시에 유인이 어렵다. 유인한 후에도 바람에 의해

가지가 절손되기 쉬우므로, Y자 형태처럼 급격한 구부러짐이 없도록 유연하게 유인한다.

3년 차에 유인을 할 때 가지 굵기가 큰 것은 유인 방향의 바깥쪽에 톱으로 상처를 낸 후 유인한다.

아 곁가지 관리

(1) 곁가지 양성과 배치

곁가지를 양성하기 위해서는 가지의 발생 위치, 방향, 굵기 등을 보아 가지의 취급을 달리한다(그림 5-35). 즉 원가지 또는 버금가지에서 발생된 가지 가운데 곁가지로 양성하기에 가장 좋은 가지는 중간 부위 이하에서 발생된 가지이다. 다음은 중간 부위 또는 아래 부위에서 발생된 가지이며, 가장 불량한 가지는 중간 부위 상부 또는 등 쪽에서 발생된 가지이다.

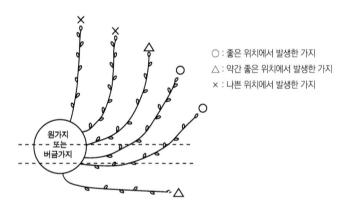

○ : 좋은 위치에서 발생한 가지
△ : 약간 좋은 위치에서 발생한 가지
× : 나쁜 위치에서 발생한 가지

(그림 5-35) 버금가지 및 곁가지로 남길 가지의 발생 위치

곁가지를 양성하여 결실시키면 3~4년간은 과실 품질이 좋으나 시간이 지나면 과실 품질이 떨어지게 된다. '신고'의 경우도 곁가지가 6년 이상이 되면 잘라내고 새로운 곁가지를 만들어 결실시켜야 한다(표 5-21).

표 5-21 '신고'의 곁가지 나이별 과실 특성

곁가지 나이	과중 (g)	과형 지수	경도 (kg/5mm ø)	당도 (°Bx)	산 함량 (%)
2년	606	0.86	1.11	12.2	0.08
3년	627	0.87	1.01	13.0	0.08
4년	693	0.86	0.98	13.2	0.09
5년	669	0.89	0.99	12.8	0.09
6년	646	0.89	1.02	12.8	0.10
7년 이상	599	0.87	1.07	12.6	0.09

곁가지에 짧은 열매가지가 잘 형성되어 있고 아랫부분과 윗부분의 굵기 차이도 적으면서 굵지 않은 것은 5~6년 정도 사용해도 좋다. 기부에 웃자람가지가 발생된 곁가지는 3년생 가지라도 갱신하는 것이 좋다. 곁가지 갱신은 품종에 따라 차이가 있는데 '신고'와 같이 짧은 열매가지 형성과 유지가 잘되는 품종의 곁가지는 6년 이상도 이용이 가능하다.

곁가지 갱신이 순조롭게 이루어지기 위해서는 다음과 같은 점에 유의하여 곁가지의 유지 관리에 힘쓰도록 한다.

첫째, 곁가지는 버금가지와 직각이 되도록 배치한다. 가지의 각도가 좁으면 생장이 강해져 꽃눈 형성이 나쁘고 갱신 시기도 빨라진다. 각도가 90도 이상이 되면 쉽게 노쇠해져 품질이 떨어지므로 버금가지와 직각으로 하고 1~5년생 곁가지가 잘 섞여 있도록 배치한다(그림 5-36).

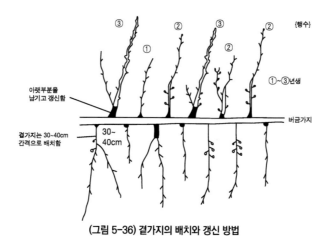

(그림 5-36) 곁가지의 배치와 갱신 방법

둘째, 오래된 곁가지를 갱신할 때는 곁가지 기부 10~30cm 정도를 남기거나 충실한 1년생 가지를 남기고 갱신한다(그림 5-37).

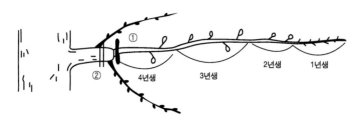

(그림 5-37) 곁가지의 양성 방법과 절단 요령(① 또는 ②에서 절단)

그루터기를 남길 경우에는 곁가지 기부의 아래쪽에 숨은 눈이 남도록 다소 경사지게 절단하여 새 가지를 발생시킨다(그림 5-38).

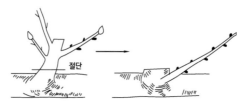

(그림 5-38) 오래된 곁가지 갱신 요령

셋째, 장과지와 곁가지 기부의 잎눈은 웃자람가지가 발생하여 아랫부분을 굵게 한다. 초기에 눈따기를 실시하여 곁가지 갱신이 빨라지지 않도록 기부 관리를 철저히 한다.

넷째, 버금가지에 곁가지가 없는 부위는 허리접이나 목상 처리 등을 실시하여 새 가지를 발생시킨다.

(2) 예비가지의 전정법

배나무를 전정할 때 웃자람가지나 성장할 가지를 짧게 남기고 절단하면 윗부분 잎눈에서 발생되는 새 가지는 꽃눈 형성이 좋아지는 성질을 갖고 있다. 이러한 성질을 이용하여 웃자람가지나 발육가지를 다소 짧게 남기고 절단하여 두는 가지를 예비가지라 한다.

예비가지 전정에 의해서 얻어지는 가지는 기부까지 겨드랑이 꽃눈이 형성되는 경우가 많아 좋은 열매가지가 된다. 예비가지는 버금가지의 측면 또는 곁가지 기부에서 발생된 웃자람가지나 발육가지를 7~8월에 40도 전후로 유인한다. 유인 시기가 빠르면 기부에서 꺾어지는 경우가 많고 늦으면 구부러지기 쉽다.

예비가지 전정의 정도는 품종, 토양, 기상, 가지의 굵기 등에 따라 차이가 있다. 일반적으로 가지의 굵기에 따라 예비지 아랫부분 직경은 10~12mm 정도이다. 긴 가지는 다소 약하게 잘라주며(그림 5-39-①), 아랫부분의 직경이 8.0mm 이하의 약한 가지는 다소 강하게 절단해준다(그림 5-39-②).

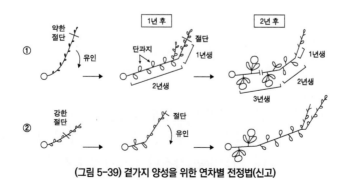

(그림 5-39) 곁가지 양성을 위한 연차별 전정법(신고)

예비가지 이용법의 예를 들어보면 다음과 같다(그림 5-40).

첫째, 예비가지의 윗부분에서 2개의 긴 열매가지가 발생했을 경우 그중 하나는 윗부분을 약하게 절단하여 곁가지로 이용한다. 다른 하나는 갱신용 예비가지로 짧게 남기고 절단한다(그림 5-40-A).

둘째, 예비가지의 윗부분에서 발생한 긴 열매가지 하나는 1/2 이내로 강하게 절단하여 곁가지로 이용하고 다른 하나는 기부에서 절단하여 제거한다. 이때에는 절단이 강하여 곁가지상에 몇 개의 웃자람가지나 발육가지가 다소 강하게 발생된다. 이러한 가지는 예비가지 후보가지로 이용할 수 있다. 곁가지상의 짧은 열매가지도 양호하여 큰 과실의 생산이 가능해진다(그림 5-40-B).

셋째, 긴 열매가지의 절단을 약하게 하여 곁가지로 이용하는 방법이다. 곁가지의 윗부분까지 과실을 결실시키면 꼭대기 부분의 생장이 약해지고 중간 부위에 웃자람가지의 발생이 많아진다(그림 5-40-C).

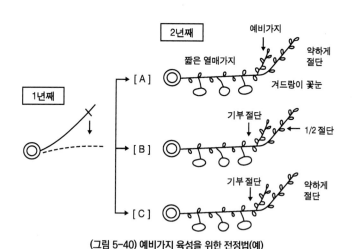

(그림 5-40) 예비가지 육성을 위한 전정법(예)

(3) 곁가지의 세부 전정

곁가지의 세부 전정 시 웃자람가지의 절단은 그루터기가 남지 않도록 말끔히 잘라내어 재발되지 않도록 한다(그림 5-41). 또한 품질 좋은 과실 생산에 이용하기 어려운 가느다란 가지나 생육기에 곁가지 사이의 일조가 방해될 만한 불필요한 가지는 제거한다. 짧은 열매가지 가운데 과대가 가늘거나 지나치게 긴 열매가지에 착과시키면 작은 과실이 되고 모양도 길어지므로 제거하는 것이 좋다.

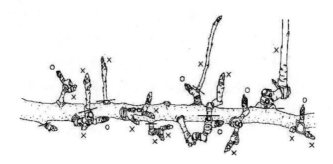

(그림 5-41) 곁가지의 세부 전정

자 자란 나무(成木)의 정지전정

배나무에 이용되는 전정은 짧은 열매가지 전정, 긴 열매가지 전정, 곁가지 전정법이다. 이들 전정 방법별 장단점은 다음과 같다.

(1) 짧은 열매가지 전정법

짧은 열매가지 전정법은 원가지와 버금가지와 같은 오래된 굵은 골격가지상에 형성된 단과지군(생강아)을 이용하여 결실시키는 전정 방법이다. 짧은 열매가지 전정을 위주로 하는 나무의 지상부 수체구성 상태는 주로 원가지와 버금가지와 같은 골격가지와 웃자람가지로 형성되어 있다.

짧은 열매가지 전정법은 웃자람가지를 제거해주는 단순한 전정이 반복되는 형태로 전정이 쉽다. 하지만 매년 웃자람가지 발생과 강전정이 되어 나무자람새의 안정이 어렵고 나무의 영양상태도 나빠져 생산성과 품질이 떨어지기 쉽다.

(2) 긴 열매가지 전정법

긴 열매가지 전정법은 '원황', '화산', '행수' 등과 같이 꽃눈 유지성이 나빠 짧은 열매가지군(생강아)이 잘 형성되지 않는 품종에서 이용되며, 1년생 가지에 형성된 겨드랑이 꽃눈을 결실 꽃눈으로 이용하는 전정법을 말한다.

일반적으로 배나무의 꽃눈 종류는 겨드랑이 꽃눈, 짧은 열매가지, 짧은 열매가지군으로 구분된다. 겨드랑이 꽃눈은 1년생 가지, 짧은 열매가지는 2년생 가지, 짧은 열매가지군은 3년생 이상의 가지상에 형성된 꽃눈을 말한다. 겨드랑이 꽃눈은 짧은 열매가지나 짧은 열매가지군보다 꽃눈분화 시기가 늦고 영양적으로 충분히 발달하지 못해 개화기가 늦거나 화총당 꽃 수가 적으며, 기형화가 피는 경우가 많다. 이런 현상은 가지 윗부분에 있는 꽃일수록 더 심하게 된다. 겨드랑이 꽃눈에 결실된 과실은 짧은 열매가지나 짧은 열매가지군에 결실된 과실보다 크기가 작고 성숙이 다소 늦어지며 기형과 발생도 많아지게 된다. '신고'와 같은 대부분의 품종에서는 결실 꽃눈으로 이용하지 않는 것이 일반적이다.

(3) 곁가지 전정법

곁가지 전정은 '신고', '황금배', '추황배' 등과 같이 꽃눈 유지성이 좋아 짧은 열매가지군이 잘 형성되는 품종에 이용되는 전정법이다. 3~5년생 가지상의 짧은 열매가지나 짧은 열매가지군을 결실에 이용하다 5년생 이상이 되어 가지가 일정 크기 이상 굵어지면 기부를 절단한다. 이에 새로운 가지로 갱신하여 2~5년생 가지가 고르게 섞여 있는 전정법을 말한다.

짧은 열매가지 전정법에 비해 초기 잎면적과 열매송이 잎의 비율을 높게 하여 유과의 소질을 좋게 한다. 그뿐만 아니라 굵은 곁가지의 갱신에 의해 엽재비의 개선으로 헛된 양분의 소모가 줄어든다. 그리고 곁가지 유인에 따른 가지 수가 많아져 나무자람새의 안정이 쉽고 웃자람가지의 발생도 적어져 과실 품질 향상에 효과적이라 할 수 있다(표 5-22).

표 5-22 전정 방법에 따른 수체 생육 특성

전정 방법	시기별 필요 엽수 확보율 (%)			과총엽 비율 (%)
	만개 30일 후	만개 60일 후	만개 90일 후	
측지전정	68	92	100	64.5
단과지 전정	54	79	100	49.8

 좋은 품질의 과실을 생산할 수 있는 곁가지 유지 관리는 원가지나 버금 가지의 측면을 기준으로 한다. 중간이나 보다 아래쪽에서 발생된 가지를 곁가지로 이용하는 것이 세력이 안정되어 가지가 굵어지지 않고 오랫동안 결실가지로 이용 가능하다. 배면에서 발생된 가지는 세력이 강인해지고 활처럼 구부러지게 유인되어 웃자람가지 발생이 많아져 좋은 곁가지로 유지가 곤란해진다. 이외에도 생육 초기 곁가지 배면의 잎눈을 제거하여 웃자람 가지가 발생하는 것을 방지하고 웃자람가지가 많은 곁가지는 3년생 가지라도 갱신해 주어야 한다.

차 주요 품종의 생육 특성과 정지전정

(1) 품종별 생육 특성과 전정

가. 품종 간 가지 자람의 차이와 정지전정

 배의 새 가지는 전년생 가지의 끝눈에서 자란 가지와 육안으로 확인할 수 없는 숨은눈에서 자란 가지가 있다. 숨은눈에서 자란 가지에는 순수한 잎눈에서 자란 가지와 꽃눈의 덧눈에서 자란 2종류의 가지가 있다.

 끝눈에서 자라 나온 가지는 가지 윗부분에서 자라는 가지인 만큼 강하게 자라는 성질, 즉 정부우세성과 관계가 있다. 이러한 성질은 어느 품종에도 있으나 그 강약은 품종에 따라 차이가 있으므로 전정 시에는 정부우세성을 고려하여 절단의 정도를 달리해야 한다.

 품종별 정부우세성을 보면 '신고', '추황배', '만풍배' 등은 강하며 '원황', '황금배', '화산' 등은 약한 쪽에 속한다. 따라서 정부우세성이 약한 '원황', '화산' 등을 강하게 절단하면 윗부분의 가지뿐만 아니라 기부와 중간에서도 가지가 강하게 자라 가지가 난립하게 된다.

실제 재배상 정부우세성이 강한 품종은 짧은 열매가지가 형성되기 어렵고 중간눈이 되기 쉬우며 가지의 발생도 적어 열매 맺는 가지의 확보가 어려운 전정상의 문제점이 있다. 반대로 약한 품종은 원가지와 버금가지의 골격지를 곧게 자라게 하는 것이 어려우며 짧은 열매가지의 덧눈이 자라기 쉽다.

중 정도의 정부우세성을 가진 품종은 가지 끝부분의 자람도 좋고 기부의 눈은 짧은 열매가지가 되기 쉬우므로 전정상 어려움이 적다. 가지의 자람은 품종별 정부우세성에 따라 다르므로 전정뿐만 아니라 눈따기, 가지유인 등의 여름전정도 함께 실시하지 않으면 조절이 어려워진다.

나. 겨드랑이 꽃눈 형성의 품종 간 차이와 전정

나무의 나이가 많아지면 대부분의 품종은 겨드랑이 꽃눈이 잘 형성되지만 품종에 따라 차이가 있다. 어린나무 때에 겨드랑이 꽃눈의 형성이 많은 품종이 있는 반면 거의 형성되지 않는 품종도 있다.

겨드랑이 꽃눈의 형성이 잘되는 품종은 '신고', '황금배', '원황' 등이 있고 적은 품종으로는 '만풍배' 등을 들 수 있다. '추황배', '감천배'는 중간 정도이다.

다. 짧은 열매가지 유지성의 품종 간 차이와 전정

짧은 열매가지의 유지가 쉬운 품종은 '황금배', 추황배, '신고' 등이고, 어려운 품종으로는 '원황', '화산', '만풍배' 등을 들 수 있다. 짧은 열매가지 유지가 쉬운 품종들은 어린나무 때 짧은 열매가지 위주로 결실시킨다. 그리고 큰 나무나 늙은 나무에는 나무자람새 안정을 위해 짧은 열매가지와 긴 열매가지를 함께 이용하여 결실시킨다. 짧은 열매가지의 유지가 어려운 품종은 예비가지 전정에 의한 짧은 열매가지 확보와 새가지 유인 등에 의해 겨드랑이 꽃눈을 이용하여 결실시켜야 한다.

카 **배나무 여름전정**

배나무의 여름전정은 겨울전정의 보조 수단이다. 발아 후부터 생육기에 이루어지는 관리 작업으로 눈따기, 웃자람가지 제거 및 새 가지 유인 등을 실시해 주는 것을 말한다. 여름전정은 겨울전정과는 달리 과실 비대와 가지 내에 양분이 축적되는 생육기에 이루어지므로 나무에 미치는 영향이 커서 지나치지 않도록 실시해야 한다.

(1) 여름전정 효과

첫째, 과실의 품질을 좋게 한다. 불필요한 웃자람가지를 제거하거나 새 가지 유인 등에 의해 필요한 잎에 햇빛을 고루 잘 받을수록 과실의 품질이 좋아진다.

둘째, 발육가지를 충실하게 한다. '원황', '화산' 등 새 가지가 많이 발생하는 품종은 수관 내부가 어두워지기 쉬워 가지의 발육이 나쁘고 꽃눈의 충실도도 나빠지기 쉽다. 눈따기와 같은 여름전정으로 남은 가지의 초기 생장을 도와 발육가지를 충실하게 할 수 있다.

셋째, 겨드랑이 꽃눈의 형성을 좋게 한다. '원황' 품종은 새 가지가 무질서하게 나오는 경향이 있다. 눈따기와 같은 여름전정에 의해 새 가지의 기부까지 일조를 좋게 해주면 겨드랑이 꽃눈의 형성이 좋아져 좋은 긴 열매 가지의 확보가 쉬워진다.

넷째, 좋은 열매 맺을 곁가지의 육성이 쉽다. '원황'은 가지 끝부분의 자라는 힘이 약하고 가지 기부에 강한 웃자람성의 가지가 발생되어 열매 맺을 곁가지가 약해지기 쉬우며 기부의 비대도 빨라지게 된다. 기부에 발생하는 가지는 눈따기와 같은 여름전정에 의해 기부의 비대를 억제하여 곁가지의 사용연한을 연장할 수 있다.

(2) 여름전정 시기와 방법

눈따기는 발아 후 새 가지가 자라는 초기인 5월부터 2~3회 실시한다. 여름전정은 절단 후 재신장이 되지 않는 시기 또는 발육가지의 겨드랑이 꽃눈 형성이 촉진되는 6월 하순~7월 중순에 실시한다(표 5-23).

새 가지를 유인하는 시기는 조생종인 '원황' 품종과 같이 과실 비대를 목적으로 유인할 경우에는 6월 중하순경이 알맞다. 자람가지를 충실하게 할 때는 빠른 것이 좋으나 꺾어지기 쉬우므로 유의한다.

눈따기는 원가지, 버금가지의 기부 등 굵은 가지의 윗부분에 나온 눈이나 곁가지 기부의 굵은 눈은 제거한다. 어린나무나 자람새가 강한 나무의 숨은눈에서 굵고 힘차게 나오는 가지는 웃자람가지가 되므로 일찍 제거한다. 그러나 여름철 과실 비대기에 웃자람가지를 지나치게 많이 제거하면 잎면적이 줄어들어 과실 크기가 작아진다.

표 5-23 신고 새 가지 유인 시기별 겨드랑이 꽃눈 형성 정도 및 착과율

유인 시기 (월. 일)	겨드랑이 꽃눈 형성률(%)	겨드랑이 꽃눈 착과 상태		
		꽃송이 수	착과 과총 수	착과 과총률(%)
6. 20	87.1	11.8	5.6	47.8
7. 9	87.6	10.4	4.2	40.3
7. 31	70.0	9.8	2.8	30.2
무처리	36.1	7.0	1.5	21.4

* 유인 각도 : 수평에 대하여 20~40°

03 토양 관리

Pear cultivation

가 토양의 생산력 요인

토양 생산력은 재배작물의 생육 상태와 수량에 따라 평가되나 과실은 품질 또한 중요하게 여긴다. 따라서 배 재배에서는 수량도 많아야겠으나 고품질 과실 생산에 더욱 역점을 두지 않으면 안 된다. 배나무는 토양에 양분과 수분이 풍부하고 이화학적 성질이 양호해야만 해마다 좋은 품질의 과실을 많이 생산할 수 있다.

토양 관리를 위해서는 표토 관리, 물 관리, 시비 관리, 토양개량 등이 있으며 이 중에서도 물 관리가 가장 중요하다.

배나무는 (표 5-24)에서 보는 바와 같이 건조에 약하고, 습해에 견디는 정도는 중 정도이나 수분 요구도가 다른 과수보다 많다. 유기물이 많은 사양토 또는 식양토에 적합한 다비성 과수이다.

표 5-24 배나무의 토양 적응성

습윤	건조	물리성	토심	토양조건	토양 반응
중	약하다	배수성 중요	깊어야 함	사양토~식양토	미산성 pH 6.0

(1) 물리적 요인

일년생 작물은 뿌리가 표토에 분포하고 있다. 배나무는 심근성으로 주로 60~90cm까지 분포하고 있어 자랄 수 있는 토층의 깊이(유효토심)가 적어도 80cm 이상은 되어야 바람직하다. 점토 함량이 많은 식토는 보수, 보비력이 크지만 통기성이 불량하고, 모래 함량이 많은 사토는 보수, 보비력은 매우 작지만 통기성은 양호하다. 이와 같이 극단적인 토성에서는 배나무의 생장이나 유용 미생물의 활동이 억제된다. 따라서 모래 함량과 점토함량이 적당한 비율로 혼합되어 있고 배수성이 양호한 사양토나 식양토가 배나무 생육에 가장 알맞다고 할 수 있다.

가는 뿌리가 신장하는 토양조건에 관계되는 물리적 요인에는 토양의 삼상분포, 경도, 투수성, 공극률 등이 있다. 배를 재배할 때는 심토의 기상 비율이 적어도 10% 정도는 되어야 한다. 우량 과원의 기상 비율은 20cm 층위에 18%로 매우 높은 기상을 보였고, 60cm 층위에서도 7.1%로 불량 과원에 비해서 현저히 높았다. 120cm에서는 비슷하였다.

토양경도는 뿌리의 신장과 밀접한 관계가 있어 산중식 경도계로 18~20mm일 때는 가는 뿌리의 발달이 용이하다. 하지만 24~25mm에서는 저해를 받으며 26mm 이상에서는 신장하지 못하였다.

(2) 화학적 요인

배나무의 생장이나 과실의 생산에 영향을 주는 화학적 요인은 유기물 함량, pH, 양분 함량, CEC(비료 보유 능력) 등이 있다. 토양산도가 낮으면 질소, 인산, 칼리의 흡수는 낮아지고 미량원소의 흡수가 높아져 뿌리의 생육이나 수량이 감소된다. pH가 5.0 이하가 되면 과실 비대가 불량하고 유부과, 조기 낙엽, 잎의 황화 현상이 발생되는 것으로 보고되어 있다. 배 과원의 토양 pH는 6.0~6.5 정도가 알맞다.

토양의 비료 보유 능력은 점토의 함량이 많은 토성이 높지만 배수성과 통기성을 고려한다면 유기물 함량이 높은 양토가 적합하다. 이외에도 질소, 인산, 칼리는 물론 붕소, 칼슘, 마그네슘 등의 양적 균형도 문제가 되며 미량요소도 적당한 양이 존재해야 한다.

나 토양개량

(1) 토양개량 목표

배 과수원 토양의 이상적인 물리성은 유효토심 80cm 이상, 산중식 경도계로 토양경도가 20mm 이하로 부드럽고 토양의 삼상구조 중 기상이 15% 이상이어야 한다. 투수 속도가 0.4mm/시간 이상으로 1일에 100mm의 강우가 내려도 침수 위험성이 적은 곳이 적당하며 보수력이 풍부한 사양토~식양토가 적당하다(표 5-25).

토양의 화학성도 배나무 생육에 대단히 중요한 것으로, 그중 토양반응(pH)은 미산성 조건인 pH 6.0~6.5 정도가 적당하다. 치환성 양이온의 함유비는 칼슘이 65%, 마그네슘이 15%, 칼리가 5% 정도로 염기포화도가 80% 정도일 때가 가장 좋은 조건이 된다.

표 5-25 과수원 토양개량 목표

항목		목표치
물리성	유효토심	80cm 이상
	근군이 분포된 토층의 굳기	22mm 이하
	투수계수	2.7mm/시간 이상
	지하수위	지표하 1m 이하
화학성	pH(H₂O)	6.0~6.5
	유효인산 함량	200~300mg/kg
	염기치환용량(CEC)	10~15cmol/kg
	염기포화도	60~80%
	석회(칼슘) 함량	5~6cmol/kg
	고토(마그네슘) 함량	1.5~2.0cmol/kg
	칼리 함량	0.3~0.6cmol/kg
	마그네슘/칼리 비율	당량비로서 2 이상
	붕소 함량	0.3~0.5mg/kg 정도
유기물 함량		25~35g/kg

(2) 심경(깊이갈이)

가. 심경 효과

배 과수원에서 깊이 갈고 유기물을 투입하면 토양의 굳기, 물빠짐이 좋아진다. 그리고 기상 부분이 증가되며 보수력이 증대되어 유효 수분 함량이 높아지므로 가는 뿌리의 발생을 좋게 한다(표 5-26). 가는 뿌리가 많이 발생되면 양수분의 흡수가 증대되어 수량과 평균 과중이 증대되고 수세가 안정되어 품질이 향상된다(표 5-27).

나. 심경 방법

배 과수원의 토양개량 방법은 폭기식 심토파쇄와 소형 굴삭기를 이용하는 것이다. 심경 후 유기물(퇴비), 석회 등을 사용하며 수령, 재배 양식, 과수원의 위치, 토성에 따라 윤구식이나 도랑식을 채택하여 실시한다. 윤구식은 배수가 불량할 때 심경 부위가 물구덩이가 되어 좋지 않은 결과를 가져오기 때문에 도랑식이 효과적이다.

다. 심경 시기와 깊이

재식 후에 하는 심경은 나무 뿌리가 끊기는 피해를 최소한으로 줄여야 한다. 나무의 생육이 정지되는 월동기에 하는 것이 적합하며 낙엽이 지면서부터 흙이 얼기 전까지나 해빙 후 곧바로 실시해야 한다. 심경의 깊이는 60cm 정도까지 필요하며 폭은 40~50cm 정도면 된다.

표 5-26 심경 후 유기물 사용이 '신수'의 뿌리 발달에 미치는 영향

처리	가는 뿌리 수(50cm)				
	0~20cm	20~40cm	40~60cm	60~80cm	계
심경, 유기물 사용	22	127	35	13	197
무처리	19	29	16	18	82

林眞二, 米山寬一 編著, 1983, 三水の栽培, p.86

표 5-27 토양개량이 '신수'의 과실 품질 및 꽃눈 착생에 미치는 영향

처리	수량 (kg/주)	과중 (g)	당도 (°Bx)	신초장 (cm)	단과지	
					꽃눈	중간눈
심경, 유기물 사용	29.1	253	11.9	75	308	291
무처리	26.9	225	12.1	73	224	336

林眞二, 米山寬一 編著, 1983, 三水の栽培, p.231

라. 심경상의 주의점

① 과수원의 심경은 근군이 확대됨에 따라 점차 넓힌다.

② 중간에 단단한 층이 남아서 뿌리의 발달을 막는 일이 없게 하기 위해서는 이미 심경한 부위와 새로 심경하는 부위를 연결한다.

③ 지하수위가 높은 곳에서는 먼저 배수시설을 하여 지하수위를 낮추고 깊이갈이를 한다.

④ 하층에 점토층 등의 불투수층이 있을 때는 도랑식 심경을 하여 낮은 쪽으로 물이 빠지도록 장치를 한다.

(3) 폭기식 심토파쇄

가. 효과

배 과수원의 물리성 개선을 위해서 (표 5-28)과 같이 처리한 결과 통기성과 기상이 현저히 증가하였다. 뿌리의 생육이 혼층구는 2배 정도 증가하였고, 혼층 배수와 폭기식 파쇄는 8배 정도가 증가하였다. 수량도 5~18%가 증대되었다(표 5-29).

표 5-28 배 과수원의 물리성 개량 효과 및 뿌리의 생육

조사항목	무처리	혼층구	혼층+배수	폭기식 파쇄
경도(mm)	26.0	25.4	23.4	24.6
가비중(g/cm³)	1.41	1.34	1.32	1.28
통기성(cm/sec)	1.14	2.09	2.66	2.32
고상(%)	53.2	50.5	49.9	48.5
기상(%)	28.2	23.2	25.8	22.6
액상(%)	18.6	26.3	24.3	28.9
뿌리 밀도(mg/350cm³)	70.0	150.0	530.0	570.0

조인상 등, 1993, 농업과학 논문집, p.258

나. 처리 방법

처리 방법은 기종에 따라 파쇄 반경을 고려하여 실시한다. 트랙터에 부착된 공기 압력 $10kg/cm^2$, 1회 공기 주입량이 80L인 심토파쇄기는 파쇄기의 끝을 40~60cm 깊이로 처리 후 압축공기를 보낸다. 처리 간격은 배나무 열간을 1.5~2m으로 처리하면 토성에 따라 파쇄 반경 200~250cm 정도의 균열을 얻을 수 있다. 최근에는 심토파쇄와 동시에 석회를 공급할 수 있는 심토파쇄기가 이용되고 있어 매우 효과적이다.

다. 처리 시기

폭기식에 의한 심토파쇄 작업은 나무 뿌리의 손상이 적으므로 생육이 왕성한 시기를 제외하고 계절에 관계없이 실시할 수 있다. 봄에는 토양이 해토한 시기부터 꽃이 필 때까지, 여름에는 장마 후기에 배수를 고려하고, 가을에는 과실이 익을 때부터 토양이 얼기 전까지가 좋은 시기라고 할 수 있다. 여름 처리는 한발에 주의하여야 한다.

(그림 5-42) 심토파쇄 + 석회 사용

표 5-29 토양개량이 신초장 및 수량에 미치는 영향(농업과학논문집, 1993)　(품종 : 신고)

구분	무처리	혼층구	혼층+배수	폭기식 파쇄	비고
신초장(cm)	140.6	146.8	142.5	152.1	9.30 조사
수량(kg/주)	103.0	122.0	108.0	109.0	1990~1991
(지수)	(100)	(118)	(105)	(106)	2년 평균

(4) 화학성 개량

우리나라 배 과수원의 토양 화학성을 보면 pH는 5.25로 낮은 편이고, 유효인산은 802ppm으로 훨씬 초과하여 과다 시비되어 있으며 유기물 함량은 타 과종보다는 많으나 약간 부족한 상태이다. 치환성 칼리 함량은 1.13cmol/kg로 상당히 높은 조건이다. 이와 같은 결과를 볼 때 인산과 칼리는 과다 시비가 되고 있다는 것을 알 수 있다(표 5-30).

표 5-30　배 과수원 토양 내 무기성분 함량(과수연구소 시험연보, 1992)　(품종 : 신고)

pH (1 : 2.5)	유기물 (g/kg)	유효인산 (ppm)	Ex. Cat(cmol/kg)			B (mg/kg)
			K	Ca	Mg	
5.25	24.1	801.9	1.13	4.97	1.4	0.38

석회를 사용하지 않는 농가는 46.5%로 아직도 석회 사용이 요구된다(표 5-31). 일반적으로 층위별로 양분 함량을 보면 표토인 0~20cm 부위는 유효인산이 축적되어 있고 유기물이 부족한 상태이다. 20cm 이하는 유기물 함량이 급격히 떨어지고 치환성 양이온도 부족하여 심층에서는 유효인산과 칼리를 제외하고 모두 부족하였다.

표 5-31 배 과수원의 석회 사용 현황(과수연구소 시험연보, 1992)　　　　　　　(품종 : 신고)

구분 (kg/10a)	무사용	0~100 미만	100~200 미만	200~300 미만	300 이상
비율	46.5	9.3	32.6	2.3	9.3

가. 석회 사용

(그림 5-43)에서 보는 바와 같이 석회 표면 사용구에 비해서 깊이 파고 석회를 전층으로 사용할수록 칼슘의 흡수가 많았다. (그림 5-44)에서 석회를 표면 사용 후 3년 7개월 후와 깊이별 토양 pH의 변화를 살펴보면, 3년 7개월 후에는 20cm 정도까지의 pH가 교정되었고 13년 후에야 비로소 50cm까지 교정되었다.

부식의 함량이 많은 토양에 더 많은 석회가 요구된다. (표 5-32)는 점토의 함량 또는 부식의 함량에 따라 토양의 pH를 1.0 높이는 데 소요되는 석회량을 토양별로 표시한 것이다.

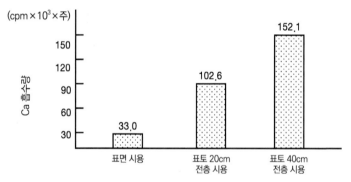

(그림 5-43) 석회 비료의 사용 방법과 과수의 Ca 흡수

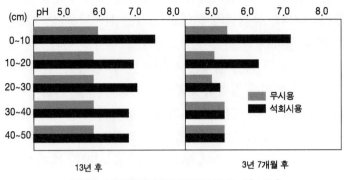

(그림 5-44) 석회 표면 사용 후 토양 깊이별 pH(H₂O법)

표 5-32 토양의 pH를 1.0 높이는 데 소요되는 소석회량 (오왕근, 1975, 석회심포지엄)

토성	토양의 pH		
	3.6~4.5	4.5~5.5	5.5~6.5
	----------(kg/10a, 10cm)----------		
사토	73	124	110
사양토	–	198	238
양토	–	297	312
석양토	–	348	421
부식토	531	696	787

우리나라의 과수원 토양은 사질인 곳이 많고 부식이 적은 것이 일반적이다. 이 때문에 소석회의 소모량은 대개의 경우 100kg에서 300kg이 적당한데 부식이 적은 사질토에서는 100kg 정도, 부식이 좀 있는 식양토에서는 300kg가량 사용해야 한다.

과수원 토양에 석회 사용은 개원할 때 재식 구덩이에 충분히 사용하고, 점차 윤구식 또는 도랑식으로 차근차근 심경하면서 유기물과 병행하여 사용해야 한다. 석회 살포 시 과용하거나 고루 섞이지 않을 때에는 부분적으로 토양 pH가 높아져 미량요소 부족을 가져오는 경우가 있다. 이 피해는 유기물과 석회를 병용함으로써 완화할 수 있다.

유기물은 토양의 흡수력을 증가시킬 뿐 아니라 탄산가스를 발생시킨다.

이는 알칼리성의 소석회를 탄산칼슘으로 침전시켜서 알칼리도(度)를 크게 낮추는 동시에, 유기물의 분해로 생기는 산이나 탄산가스를 칼슘이온(Ca^{2+})이 흡수하여 그 피해가 감소한다. 그러나 퇴비와 같은 암모니아성 유기물과 석회의 직접 접촉은 피해야 한다. 심경 후 석회 사용 시 가능한 한 석회가 퇴비에 접촉하지 않도록 사용하는 것이 좋다.

석회 사용 후 토양 pH가 일시적으로 높아져 작물의 생육에 장해를 주고 토양 성분의 유효도에 변화를 줄 염려가 크다. 이 때문에 11월 중하순에 사용하면 2월 중하순에 뿌리가 활동을 시작할 때까지 충분한 시간 간격을 가질 수 있어 이런 피해를 방지할 수 있다.

석회를 사용할 때 석회 분말 입자에 따라서 중화력이 달라진다(표 5-33). 그러므로 석회 사용 시 가능한 한 분말의 입자가 고운 것을 선택하는 것이 좋다. 또한 과수재배를 하는 경우에는 품질의 향상을 위해 마그네슘 성분이 필요하나 2~3년마다 석회 대신 고토석회를 사용하면 영양 면에서 유리하다.

표 5-33 석회암 분말의 중화력 계산 예

입도(메시)	함량(%)	표면적비(%)	유효 표면적비(%)	중화력(%) (유효 CaO)
10	2	10)	0.2	0.11
20	3	20	0.6	0.33
40	5	40	2.0	1.10
60	10	60	6.0	3.30
80	20	80	16.0	8.80
100	60	100	60.0	33.00
계	-	-	84.0	46.64

나. 인산 및 붕소 사용

야산을 개발하여 과수원을 개원할 경우는 토양 내 유효인산의 함량이 10ppm, 붕소가 0.15ppm 내외로 매우 부족한 상태이다. 구덩이를 파고 재식할 때 용성인비를 1구덩이에 1kg을 골고루 섞어서 전층시비하고 붕사는 10a당 2~3kg을 과수원 표면에 시비한다.

붕소는 너무 많이 사용하거나 매년 사용하면 과다 장해가 발생하므로 주의해야 한다. 그러나 석회를 지나치게 사용한 경우에는 붕소를 꼭 사용해야 한다.

다 지표 관리

표토 관리에는 청경법, 초생법, 멀칭법 등이 있는데 관리 방법마다 장단점이 있어 수령, 위치, 토성에 따라 한 가지 또는 몇 가지를 절충하여 재배 관리하는 것이 합리적인 관리 방법이 될 것이다.

(그림 5-45) 보온덮개 피복 장면

절충재배란 위에서 언급된 2~3가지 방법을 혼합하여 재배하는 방법을 말한다. 예를 들면 나무와 나무 사이는 초생재배를 하고 나무 밑은 청경 또는 멀칭하는 부분 초생재배법이 있다(표 5-34).

이 방법은 어린나무에서 잡초와의 경합을 피하고 수분을 유지하는 데 이상적이다. 성목 평지 과수원에서는 나무 밑만을 청경하는 부분 초생재배를 하고, 경사지의 과수원에서는 나무 사이를 초생재배하고 나무 밑을 멀칭하는 등 절충식으로 하는 것이 좋다.

최근에는 보온덮개를 이용한 피복재배 방법이 제초 효과와 토양수분,

토양온도 관리를 위해 쓰이고 있다. 사과재배에서와 같이 제대로만 활용한
다면 효과적인 방법이 될 것이다.

　보온덮개 피복 방법은 5월 중순경에 잡초가 20cm 정도 자랐을 때 나무
밑에 덮었다가 6월 중순경 장마가 오기 전에 골 사이로 옮겼다가 장마 후 7월
하순경에 다시 나무 밑으로 옮겨 덮어 제초 효과와 토양수분 관리에 활용
하면 된다. 심경을 하고 유기물을 사용하면 토양 공극량이 많아지고 물의
침투 속도가 빨라져 표토에 흐르는 양이 적어진다. 이러한 방법은 침식 대
책의 보조 수단으로 이용된다.

　경사가 심하고 경사면의 길이가 긴 곳에서는 흐르는 물의 양이 많기 때
문에 등고선을 따라 집수구를 만들고 상하로 배수로를 만든다. 집수구의
설치는 경사면의 길이를 짧게 하여 토양유실을 줄일 수 있으며 배수로는
많은 물이 흐르도록 설치할 필요가 있다.

표 5-34　표토 관리법의 장단점

관리 방법	장점	단점
청 경 법	① 초생과의 양수분 경합이 없다. ② 병해충의 잠복 장소가 없어진다. ③ 토양 관리가 쉽다. ④ 노동력과 비용이 적게 든다.	① 토양이 유실되고 영양분의 세탈이 　쉽다. ② 토양유기물이 소모된다. ③ 토양 물리성이 나빠진다. ④ 주야간 지온 교차와 수분 증발이 　심하다.
초 생 법	① 유기물의 환원으로 지력이 유지된다. ② 침식이 억제되어 영양분의 세탈이 　억제된다. ③ 과실의 당도가 좋아지고 착색이 좋아 　진다. ④ 지온의 조절 효과가 조금 있다.	① 과수와 초생식물과의 양수분 경합이 　있고 비용이 많이 든다. ② 유목기에 양분 부족이 되기 쉽다. ③ 병해충의 잠복 장소를 제공하기 쉽다. ④ 저온기의 지온 상승이 어렵다.
부 초 법	① 토양침식을 방지한다. ② 멀칭 재료에서 양분이 공급된다. ③ 토양수분의 증발 및 잡초 발생이 　억제된다. ④ 토양유기물이 증가되고 토양의 　물리성이 개선된다. ⑤ 낙과 시 압상이 경감된다.	① 이른 봄에 지온 상승이 늦어진다. ② 과실 착색이 지연된다. ③ 건조기에 화재 우려가 있다. ④ 만상의 피해를 입기 쉽다. ⑤ 겨울 동안 쥐 피해가 많다. ⑥ 근군이 표층으로 발달한다.

(1) 토양 보존

토양침식에는 빗물이나 눈 녹은 물에 의한 수식과 바람에 의한 풍식이 있지만 과수원에서는 대부분 빗물에 의한 침식만 있다.

가. 토양침식의 피해

경사지의 과수원은 원래 표토가 엷어 유효토심이 얕은 곳이 많다. 표토가 유거수(流去水)에 의해 유실되어 척박한 토양이 된다. 심한 경우에는 뿌리가 드러날 정도로 유실이 되어 나무가 쓰러지기까지 한다.

나. 침식요인

토양의 침식을 유발하는 인자로는 강우, 경사 정도, 지표면의 피복 유무, 토양의 물리 화학성 등이다.

① 강우

침식은 강우의 세기, 강우량, 강우 지속 시간 등의 영향을 받는다. 우리나라는 6~8월에 집중적으로 강우가 있어 이때의 토양유실량이 전 유실량의 대부분을 차지한다.

② 경사 정도와 경사 길이

경사 정도가 급할수록 흘러내리는 유거수의 속도가 빨라져 토양의 유실량은 많아진다. 경사면의 길이가 길수록 유거수량이 많아지고 속도가 빨라져서 유실량도 많아진다. 유거수량이 많게 되면 골이 파지고 심하면 작은 계곡이 형성되어 심한 피해를 받게 된다.

③ 토양의 물리 화학성

토양의 입자가 미세하고 응집성이 적을수록 침식되기 쉽다. 토양 입자가 미세하면 수직으로 침투량이 적게 되고 낙하하는 빗물에 의해 분산되기 쉽기 때문이다. 입단구조의 발달이 불량한 토양에서 토양유실이 많게 된다.

다. 토양침식 방지

① 심경과 유기물 사용

심경을 하고 유기물을 사용하면 토양 공극량이 많아지고 침투 속도가 빨라져 표토에서 유거수량이 적어진다. 이 방법은 침식 대책의 보조적인 수단으로 이용된다(표 5-35).

② 초생재배 및 부초

초생재배와 부초는 토양 표면을 덮어줌으로써 빗방울이 직접 토양에 닿지 않게 한다. 토양입자의 분산을 막고, 토양의 입단형성이 증가되어 투수량을 많게 하며, 유거수량을 적게 하여 토양유실을 감소시킨다.

③ 집수구와 배수로 설치

경사가 심하고 경사면의 길이가 긴 곳에는 유거수량이 많기 때문에 등고선에 따라 집수구를 만들고 상하로 배수로를 만든다. 집수구의 설치는 경사면의 길이를 짧게 하여 유거수의 흐름을 중간에서 차단하여 배수로로 보내 유실량을 감소시킨다.

표 5-35 배 과수원의 토양침식 방지 효과(1971, 養賢堂, ナツ栽培新書)　　　(품종 : 이십세기)

처리	유거수(L)	토양유실량(g)
볏짚멀칭	108	25
초생구(대두초생)	168	317
심경	240	781
무처리	4,123	17,992

북면경사 5~8도, 시험구 16×2.7m

라 수분 관리

(1) 습해 및 배수

배는 내습성이 중 정도인 심근성 작물이다. 지하수위가 높아 습하거나 배수가 불량하여 토양 내 산소가 부족해지면 환원 물질이 생성, 집적되어 새 뿌리가 상하기 쉽고 토양환원으로 인한 칼륨, 마그네슘의 흡수가 억제된다.

배수 방법에는 명거배수와 암거배수가 있다. 전자는 후자에 비하여 시설이 간편하고 비용도 덜 든다. 그러나 근군이 뻗을 수 있는 범위가 좁아지고 재배지에 골이 생겨 작업이 어려운 문제점이 있다. 암거배수는 시설에 드는 비용이 크지만, 땅을 깊게 파고 시설을 한 다음 다시 메워서 지표면을 평평하게 하기 때문에 과수원 작업에는 별 지장이 없고 근군의 분포에도 지장이 적다.

명거배수는 배수량이 많을 때, 배수면적이 넓을 때, 지표면에 물이 고일 때 비교적 쉽게 배수할 수 있는 방법이며 작업이 용이한 이점이 있다.

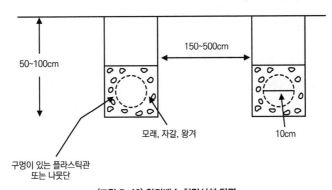

(그림 5-46) 암거배수 처리시설 단면

암거배수는 배수에 소요되는 시간이 더 걸리기 때문에 지선과 간선시설을 명거배수보다 좁은 간격으로 더 많이 만들어야 한다.

암거의 길이는 토성이나 지하수위에 따라 다르다. 지하수위를 낮추기 위한 방법으로는 일반적으로 사토는 1.2m, 양토에서 1.3m, 식토에서

는 1.4~1.6m로 한다. 암거 바닥 폭은 지선에서 약 25cm, 간선에서 30~
40cm로 하고 거구 윗부분의 너비는 45~75cm 정도로 한다.

암거의 간격은 깊이뿐만 아니라 토성과도 밀접한 관계가 있다. 식토에
서는 깊이의 8배, 양토에서는 12배, 사토에서는 18배 정도로 하나, 지형에
따라 변형하여 실시하는 것이 바람직하다. 그러나 토층 중의 배수를 목적
으로 한다면 (그림 5-46)과 같이 유공 파이프를 60cm 정도 깊이에 매설하
여도 효과가 크다. 여기서 전정목은 재배지에 따라 문우병의 먹이가 될 수
있으므로 가급적 이용하지 않는 것이 좋다.

(표 5-36)은 '신수' 품종의 배수 효과로 수체 생육이 좋아지고 당도와
과중이 높아져 품질이 향상되었음을 볼 수 있고 화아 형성률도 무처리보다
월등히 높았다.

표 5-36 배수가 수체 생육 및 과실 품질에 미치는 영향(1993, 農産漁村文化協會)   (품종 : 신수)

처리	과중(g)	당도(°Bx)	간주 비대량 (mm)	결과지 눈의 비율(%)		
				화아	엽아	맹아
배수	240	12.39	99.4	52.1	36.2	11.7
무처리	224	12.50	37.4	37.4	25.1	37.4

(2) 관수

우리나라의 연간 강수량은 1,000~1,300mm로 온대 과수재배에는 충
분한 양이다. 다만 대부분이 6월 하순에서 8월 중순으로 편중되어 있어 5월
과 9~10월 중 75%가 잠재 증발량보다 비 올 확률이 낮아 지나치게 건조할
때도 있다.

가. 관수 효과

관수를 하여 토양 내 적절한 수분을 공급시키면 배나무의 생육이 촉진
되고 광합성도 정상적으로 이루어져서 수량 및 품질이 향상된다. 수피 내 저
장양분도 증대되어 격년 결과 없이 안정적인 과실 생산을 도모할 수 있다.

이때 물과 비료를 동시에 공급하면 비료의 효율도 높여 비료 절감과
양분 유실을 적게 하여 하천의 오염을 감소시킬 수 있다.

표 5-37 점적관수 및 관비가 수체 생장과 결실에 미치는 영향(농진청 밭작물 관수 방법 연구, 1992)   (품종 : 신고)

처리	신초신장량 (cm)	간주 비대량 (cm)	수량 (kg/10a)
점적관수	103.1	2.21	4,683
관비	107.3	2.12	4,482
무관수	78.6	2.11	3,603

표 5-38 관비가 과실 생육과 신초장에 미치는 영향 (농진청 밭작물 관수 방법 연구, 1992)   (품종 : 신고)

처리	종경 (cm)	횡경 (cm)	과중 (g/개)	신초장 (cm)
점적관수	3.70	3.87	32.1	89.1
관비	3.87	3.92	34.4	119.0
무관수	3.55	3.40	25.0	50.0

나. 관수 방법

관수 방법별 장단점은 (표 5-39)와 같다. 최근에는 토양수분 감응형 자동관수 시스템을 이용하여 관수 효율을 올리고 있다.

표 5-39 관수 방법의 장·단점

구분	표면관수	살수법	점적관수
장점	·시설비 저렴. ·관리가 편함.	·관수량이 적음. (15톤/시간·10a) ·경사지 설치가능. ·관수노력 불필요.	·관수량이 매우 적음. (900L/시간·10a) ·토양 물리성 악변 방지, 관비장치 설치 가능, 경사지에 설치 가능.
단점	·관수량 많이 필요. ·노력이 많이 듦. ·토양유실이 많음, 경사지 설치 불가, 습해의 우려.	·시설비가 비쌈. ·토양 물리성 악변, 병해 발생 조장. ·토양유실이 있음.	·시설비가 비쌈. ·여과 장치를 해야 함.

다. 관수 시 유의사항

관수를 수확기까지 하면 당도가 저하될 우려가 있으므로 수확 3~4주 전에 관수를 중지해야 한다.

관수를 하면 토양 내 양분의 유효도가 증진되어 비료분의 흡수가 많아진다. 특히 질소의 과다가 발생할 수 있으므로 질소의 시비량을 30~40% 감량해야 한다.

04 시비 관리

(1) 비료요소의 흡수

가. 연간 흡수량

배나무 비료분 연간 흡수량은 연구자에 따라 차이가 있다. 이는 토양, 기후, 재배 방법, 품종, 시비 방법이 다르기 때문이다. 연간 흡수량은 대체로 질소 : 인산 : 칼리 = 10 : 4 : 10으로 비슷하였다.

나. 부위별 흡수량

새로운 기관이 생성될 때 흡수하는 양을 보면 질소, 인산, 칼리 모두 과실, 엽, 새 가지에 주로 흡수되었다. 질소, 칼슘, 마그네슘은 잎에 가장 많이 흡수되고 칼리는 과실에 주로 흡수되어 전체 흡수량의 54%를 차지하였다(표 5-40).

다. 시기별 흡수량

배 '이십세기'에 과실과 신초를 합한 3요소의 흡수량을 보면(그림 5-47) 질소는 5월에 최대 흡수량을 보였다. 다시 7월에 질소의 흡수량이 증가하였으나 5월의 절반 수준에도 미치지 못한다. 그 외의 질소 흡수량은 매우 적었다. 인산은 전 기간이 모두 비슷하였고, 칼리는 질소와 비슷하여 5월이 가장 많고 7월이 그 다음으로 많이 흡수되었다. 5월의 과실 내 3요소의 흡수량을 (그림 5-47)에서 보면 칼리는 과실이 급격히 비대하는 7월 이후에 많이 흡수되고 질소도 7월 이후에 흡수되나 완만하게 증가하였으며 인산은 과실 내에서 약간 증가하였다.

표 5-40 배나무의 각부 기관의 연간 비료 흡수량(果樹の營養生理, 朝倉書店, 1958)　　(g/주)

구분		N	P₂O₅	K₂O	CaO	MgO
과실		64.8(27)	31.3(26)	133.0(54)	5.6(3)	10.6(15)
잎		79.9(33)	23.9(20)	56.5(23)	88.3(38)	22.7(33)
새 가지	발육지	45.1(18)	29.2(24)	92.7(12)	44.7(19)	18.3(26)
	단과지	5.8(2)	2.6(2)	2.2(1)	15.8(7)	1.9(3)
묵은 가지 비대부		2.0(1)	1.4(1)	1.4(-)	2.3(1)	1.0(1)
굵은 가지 비대부		12.7(5)	10.0(8)	9.8(4)	28.1(12)	5.4(8)
주간 비대부		3.6(1)	1.8(1)	3.0(1)	10.9(5)	1.5(2)
작은 뿌리		10.1(4)	7.5(6)	4.3(2)	9.9(4)	2.9(4)
묵은 뿌리비대부		20.8(9)	13.3(11)	8.1(3)	24.9(11)	5.6(8)
계		244.8	212.0	248.0	230.5	69.9

( ) 내의 숫자는 흡수량을 100으로 한 지수

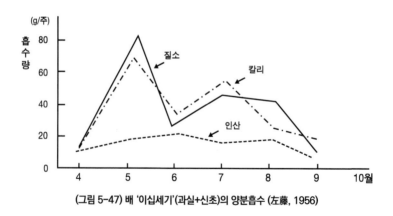

(그림 5-47) 배 '이십세기'(과실+신초)의 양분흡수 (左藤, 1956)

(2) 시비량

가. 이론적 시비량

시비량은 작물이 흡수한 비료성분의 총량에서 천연적으로 공급된 성분량을 빼고 그 나머지를 비료성분의 흡수율로 나누어서 계산한다.

$$\text{시비 성분량} = \frac{\text{비료요소의 흡수량} - \text{천연 공급량}}{\text{비료요소의 흡수 이용률}}$$

10a당 3,750kg을 수확하는 '장십랑'을 계산해 보면 (표 5-41)과 같다.

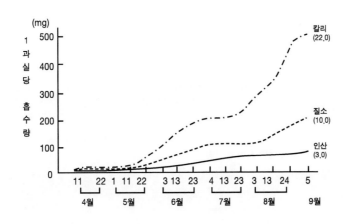

(그림 5-48) 배 '이십세기'의 비료의 흡수량(林, 1961)

표 5-41 '장십랑'의 10a당 이론적 시비량의 산출 예 (kg/10a)

구분	질소	인산	칼리	산출
흡수량	16.06	6.03	15.39	○ 10a당 수량이 3,750kg의 경우
천연 공급량	5.35	3.02	7.70	○ 질소는 흡수량의 1/3, 인산 및 칼리는 흡수량의 1/2
필요량	10.71	3.01	7.69	○ 흡수량- 천연 공급량
시용량	21.42	10.03	19.23	○ 질소, 인산, 칼리의 이용률은 각각 50%, 30%, 40%로 계산

나. 표준 시비량

국립원예특작과학원에서는 (표 5-42), (표 5-43)과 같이 배나무 시비량을 추천하고 있다. 특히 배나무 재배에서는 다수확과 대과 생산에 주력하여 다비재배를 하는 경향이다. 하지만 질소의 과다 사용은 과실의 품질을 저하시키고 나머지 양분이 용탈되거나 토양에 축적되어 해가 거듭됨에 따라 시비 관리가 어려워진다. 덕식재배는 무지주재배에 비해서 재식밀도가 높다. 그러나 10a당 시비량이 도표에 표시된 양을 초과하지 않도록 해야 한다.

표 5-42 배나무에 대한 시비 성분량 (kg/10a)

수령 (년)	질소 비옥지~척박지	인산 비옥지~척박지	칼리 비옥지~척박지	퇴비
1~4	2.0	1.0	1.0	300
5~9	3.0~6.0	3.0~4.0	3.0~5.0	1,000
10~14	10.0~15.0	5.0~8.0	8.0~12.0	2,000
15~19	17.0~20.0	8.0~13.0	15.0~18.0	2,000
20 이상	20.0~25.0	13.0~18.0	18.0~23.0	2,000

표 5-43 배나무에 대한 수령별 시비 성분량 (g/주)

비료성분	수령(년)								
	2	3	4	5	6	7	8	9	10
질소	80	120	180	240	320	400	460	520	600
인산	40	50	70	100	130	160	180	210	240
칼리	60	100	140	200	250	320	370	420	480

다. 토양검정에 의한 시비

최근에는 배 과원마다 영양상태가 아주 다르므로 토양검정에 의한 시비량 결정이 보다 합리적이다. 질소의 공급원인 유기물 함량을 검정하여 질소 시비량(표 5-44)을 결정하고, 유효인산 함량을 검정하여 인산 시비량(표 5-45)을 결정하고, 치환성 칼리 함량을 검정하여 칼리 시비량(표 5-46)을 결정한다.

표 5-44 토양의 유기물 함량에 의한 질소 시비량(농토배양기술, 1992) (kg/10a)

수령(년)	토양유기물(g/kg)		
	15 이하	16~25	26 이상
1~4	2.0	2.0	2.0
5~9	6.0	4.5	3.0
10~14	15.0	12.5	10.0
15~19	20.0	18.5	17.0
20년 이상	25.0	22.5	20.0

표 5-45 토양의 유효인산 함량에 의한 인산 시비량(농토배양기술, 1992) (kg/10a)

수령(년)	토양 중 유효인산 함량(mg/kg)			
	350 이하	351~550	551~750	751 이상
1~4	1.0	1.0	1.0	1.0
5~9	4.0	3.5	3.0	3.0
10~14	8.0	6.5	5.0	3.0
15~19	13.0	10.5	7.0	3.0
20년 이상	18.0	15.5	9.5	3.0

표 5-46 토양의 치환성 칼리 함량에 의한 칼리 시비량(농토배양기술, 1992) (kg/10a)

수령(년)	토양 중 치환성 칼리 함량(cmol/kg)			
	0.5 이하	0.51~0.80	0.81~1.10	1.11 이상
1~4	1.0	1.0	1.0	1.0
5~9	5.0	4.0	3.0	3.0
10~14	12.0	10.0	6.5	3.0
15~19	20.0	17.5	11.0	3.0
20년 이상	25.0	22.0	13.0	3.0

(3) 시비 시기

비료 주는 시기는 생장 주기에 따라 분시해야 수량이 높고 품질이 좋은 과실을 얻을 수 있다. 배나무의 분시 비율은 (표 5-47)과 같다.

표 5-47 배나무에 대한 분시 비율 (%)

비료성분	밑거름	웃거름	가을거름
질소	70	10	30
인산	100	-	-
칼리	60	40	-

*퇴비, 석회, 고토석회, 붕사 등은 밑거름으로 사용

가. 밑거름

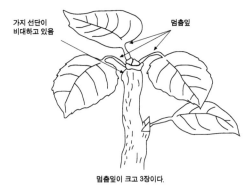

(그림 5-49) 정상적인 신초 선단

배나무의 밑거름은 낙엽기부터 휴면기 중에 사용되는 비료로, 겨울 비료라고도 한다. 질소는 연간 시비량의 50~70%를 사용하고 인산질 비료는 100%, 칼리는 50~60%를 사용한다. 퇴비나 석회(고토석회)를 기비로 주며 시비 시기와 퇴비의 종류에 따라서 화학 비료량을 가감하여야 한다.

현재 우리나라는 질소질 비료를 과다 사용하는 경우가 많은데 정확한 판단은 엽분석을 통한 영양진단을 해야 하나, 시간과 노력이 많이 소요되어 어려움이 많다. 개략적인 방법으로는 낙엽 상태, 가지와 눈의 상태를 보고 판단할 수 있는 방법이 있다.

신초 생장은 6월 하순~7월 상순에 그치고 신초 선단이 다소 비대하여 3장의 멈춤잎이 붙어 있는 것이 낙엽 전의 이상적인 가지이다(그림 5-49).

낙엽 시기는 일반적으로 10월 하순경이고 1~2회 서리가 내릴 때 일제히 낙엽되는 것이 정상적인 상태이다. 낙엽기가 너무 빠르거나 늦은 현상은 수체의 영양상태가 정상이 아님을 나타내고 있는 것이다. 낙엽 시기가 빠른 것은 양수분의 부족이나 결실 과다 등으로 수세가 떨어진 경우이다. 반대로 낙엽 시기가 늦거나 오랜 기간에 걸쳐서 낙엽되는 현상은 질소 사용이 많았거나 생육 후기까지 질소가 너무 많이 흡수된 것으로 본다. 낙엽된 후의 가지와 눈 상태를 보아 나무의 영양상태를 진단할 수 있다. 금년 성장한 가지의 색과 생장 정도, 눈의 착색 상태, 단과지의 착생 등이 나무의 영양상태를 보는 기준이 된다.

(표 5-48)에서 보면 수체 내 질소가 많이 흡수될 때 나타나는 현상은 신초의 경우 2차 생장되거나 가지 선단 부분이 녹색을 띠고 연한 털이 있으며 정아는 잎눈이 많으며 가지는 도장되어 마디 수가 22개 이상 되는 경우가 많다.

가지에 착생된 잎눈 상태를 보면 기부의 눈은 가지에서 대부(臺部)가 돌출하여 눈이 착생되거나 눈이 횡으로 서 있다. 가지 선단부의 눈은 편편하며 눈의 인편은 적색을 띠고 있다. '장십랑'과 같이 액화아가 많이 착색되는 품종은 선단부에만 꽃눈이 착생되고 기부는 잎눈이 붙게 된다. 단과지에서 보면 질소의 함량이 정상인 경우에는 가지에 바로 꽃눈이 착색되나 질소의 흡수량이 많을 때는 가지에서 약간 생장(2차)하고 그 위에 꽃눈이 착생된다. 낙엽기의 낙엽 상태나 가지와 눈의 상태를 관찰하여 수체 내 질소 함량을 판단하여 정상상태를 보일 경우에는 금년에 사용한 시비량을 기준하여 주어도 좋다. 질소의 흡수량이 많거나 적을 경우에는 사용량의 가감을 통해 조절하여 주어야 나무가 정상적인 영양상태가 유지되어 수체가 충실하고 품질 좋은 과실이 생산된다고 본다.

표 5-48 가지와 눈의 형태에 의한 영양상태 판단법

부위	질소 과다	정상	부위	질소 과다	정상
다 / 정아 / 액아 / 나 / 신초 / 라	가. 2차 생장을 하고 있다.	2차 생장을 하지 않는다.	눈 (눈 · 액 화)	신초 기부 눈이 가지에 대하여 서 있다.	눈이 서 있지 않다.
	나. 가지의 색이 녹색이고 연한 털이 나 있다.	갈색에 가까운 색을 띠고 있다.		눈이 붙어있는 태부가 돌출하고 그 위에 눈이 붙어 있다.	태부가 돌출하고 있지 않다.
	다. 정아가 잎눈	정아가 꽃눈		가지 선단 가까이의 눈이 편평하다.	옆눈이 둥근 모양을 하고 있다.
	라. 가지의 눈 수(절수)가 22개 이상으로 도장하고 있다.	눈 수가 18~22개이다.		눈의 인편이 붉은빛을 띠고 있다.	인편이 갈색을 나타낸다.
단과지	2차 생장을 하고 있다.			액화아를 착생하는 품종(장십랑, 행수 등)	
			꽃눈 / 잎눈	가지 선단만이 꽃이 붙어 있다. 꽃눈이 작다.	가지 전체에 충실하고 큰 꽃눈이 있다.

나. 웃거름(덧거름)

웃거름은 생육 기간 중에 부족한 비료성분을 보충해 주어 꽃눈분화, 과실 비대에 도움을 줄 목적으로 사용한다. 시비 시기는 5월 하순에 주며 질소는 연간 사용량의 10~20%, 칼리는 40~50%이다.

웃거름이 너무 강하면 신초 생장이 늦게까지 계속되어 과실 품질이 저하되는 폐단이 있어 일본의 경우는 가급적 웃거름을 피한다(표 5-49).

우리나라는 6월 하순부터 7월 말까지 집중적으로 비가 내리므로 칼리질 비료는 2~3차로 분시하는 것이 좋고 사질과 경사지 과수원에서는 분시 횟수가 많을수록 좋다.

표 5-49 웃거름(여름 비료)을 가급적 피하여야 할 경우(ナミ栽培實際, 農産漁村文化協會, 1981)

1. 토양	· 토성에 관계없이 토심이 깊고 보수력이 좋은 토양
2. 기상 환경	· 일조량이 적고 기온이 낮은 곳 · 여름에 강우가 많은 해
3. 과실 상태	· 당도가 9~10도 내외로 낮은 때 · 과실이 크고 과피가 얇고 매끈하며 육질이 연하고 늦게까지 푸른색을 띨 때
4. 나무의 상태	· 유목이며 신초의 신장이 7월 상중순까지 계속될 때 · 6월의 엽색이 진하고 잎이 클 때 · 도장지의 발생이 많고 매년 가지의 경화가 잘 안 될 때 · 덕식의 경우 덕 아래가 어둡고 다습하며 통기가 불량할 때
5. 비배 관리	· 계분과 구비를 매년 사용하는 경우 · 시비 구덩이를 파서 유기물과 비료를 주는 경우 · 겨울 비료가 늦어 3월에 다량 사용하는 경우
6. 시비 시기	· 조기출하를 목표로 하는 경우

다. 가을거름

가을거름은 과실 생산에 소모된 양분을 나무에 보충하여 주어 다음 해 발육 초기에 이용될 저장양분을 많게 하기 위한 목적으로 사용한다. 좋은 과실을 만들어낸 나무에 대하여 감사하는 의미로 주는 비료라고 하여 예비라도 하고, 가을에 주는 비료이기 때문에 가을 비료라고도 한다.

가을거름은 9월 중하순부터 시작되는 가을 뿌리의 신장에 맞추어 사용한다. 이 시기에 흡수된 양분은 다음 해 봄에 나무의 초기 발육, 즉 전엽에 크게 영향을 미친다. 한랭지에서는 예비가 토양미생물의 증식을 촉진하여 봄에 겨울 비료의 비효를 빨리 나타나게 한다. 유효양분의 양이 많아지므로 나무의 초기 생육을 좋게 하여 증수의 요인이 된다.

예비를 수확 전에 너무 일찍 사용하면 과실의 품질을 나쁘게 할 염려가 있다. 동시에 가을에 발아될 위험성이 있으므로 조중생종의 경우 9월 하순에 사용하는 것이 좋으며 만생종은 10월 중순에 사용하는 것이 좋다. 대체로 질소는 연간 사용량의 20% 정도이다.

라. 시비 방법

배나무의 수평 근군은 수관보다 멀리 분포된다. 양분흡수의 주체가 되는 잔뿌리는 수관의 바깥 둘레 밑에 많이 분포된다. 수직 근군의 분포는 지표로부터 0~60cm에 가장 많이 분포된다. 뿌리의 손상을 줄이고 비효를 높이려면 이웃 나무와 수관이 맞닿지 않는 유목기에 윤구 시비나 방사선구 시비를 하는 것이 좋다. 윤구 시비는 방사선구 시비보다 토양의 심경 효과도 크고 비효도 높지만 많은 노력이 소요되므로 재식 후 2~4년째까지 하는 것이 경제적이다. 그 후 성목이 될 때까지는 방사선구 시비를 하는 것이 경제적이다. 성목원의 경우 전원시비를 원칙으로 한다.

심경 방법에서 언급된 바와 같이 배수가 불량한 토양에서는 윤구 시비나 방사선구 시비는 구덩이가 집수구가 되어 나무의 생육을 오히려 해롭게 하므로 곤란하다. 전원시비의 경우 토양에서 이동하기 어려운 인산, 석회, 유기물 등은 지표면에 사용하면 근군에 도달하기 어렵기 때문에 반드시 심경 등의 방법으로 토양에 골고루 섞이도록 하는 것이 필요하다.

마. 과수재배에서의 엽면시비

① 엽면시비의 목적

비료 또는 각종 영양제로 토양에 시비하는 대신 나뭇잎에 살포하여 흡수시키는 것을 엽면시비 또는 엽면살포라고 한다. 따라서 엽면시비는 토양시비와는 달리 일시적인 효과를 얻기 위한 것으로 뿌리에서 제 기능이 안 되어 흡수할 수 없을 때 나뭇잎에 살포하여 빠른 시일 내에 보충하고자 할 때 이용한다. 응급조치라고 볼 수 있으므로 상시 이용할 수 있는 방법은 아니다. 응급조치의 횟수가 많으면 뿌리의 제 기능이 떨어질 수도 있고 필요 이상으로 비용을 부담하여 생산비 절감에 역행하는 시비 관리가 될 수 있다.

② 배나무 재배에서의 엽면시비

현재 우리나라 농가에서는 요소의 엽면살포 이외에 마그네슘, 칼륨, 붕소 등의 엽면살포를 실시하고 있다. 또 각종 비료요소가 함유되어 있는 영양제(제4종 복비)의 엽면살포가 실시되는 경우도 있다. 영양제 제4종 복비는 나무가 장해를 받았을 때나 생리장해 등이 발생했을 때 단기적으로 처방하는 방법으로, 궁극적인 방법은 아니다. (표 5-50)은 각종 양분의 엽면시비 성분 및 양분의 농도를 나타낸 것이다. 이것을 참조하여 부족할 때는 엽면살포를 하면 된다.

표 5-50 엽면살포제와 살포 농도

비료성분	엽면살포제	살포 농도
질소	요소($CO(NH_2)_2$)	생육 기간 : 0.5% 정도 수확 후 : 4~5%
인산	인산1칼륨(KH_2PO_4), 인산암모니아($NH_4H_2PO_4$)	0.5~1.0%
칼리	인산1칼륨(KH_2PO_4), 황산칼리(K_2SO_4)	0.5~1.0%
칼슘	염화칼슘($CaCl_2$)	0.4%
마그네슘	황산마그네슘($MgSO_4$, $7H_2O$)	2% 정도
붕소	붕사($Na_2B_4O_7 \cdot 10H_2O$), 붕산(H_3BO_3)	0.2~0.3%
철	황산철($FeSO_4 \cdot 5H_2O$)	0.1~0.3%
아연	황산아연($ZnSO_4 \cdot 7H_2O$)	0.25~0.4%

* 질소는 농약과 혼용해도 무방, 약해 방지를 위하여 인산과 칼리는 그 1/2에 해당하는 양의 생석회와 혼용. 마그네슘은 요소와 혼용, 붕소는 요소 또는 농약과 혼용 가능함
민감한 품종의 경우 아연은 동량의 생석회와 혼용하면 약해가 방지됨

제VI장
생리장해와 병해충 방제

1. 생리장해
2. 병해충 방제
3. 이상기상에 대한 경감 대책

01 생리**장해**

Pear cultivation

가 잎에서 발생하는 생리장해

(1) 마그네슘 결핍
가. 증상

(그림 6-1) 마그네슘 결핍 증상

전형적인 증상은 늙은 잎에서 엽맥 사이의 녹색부가 퇴색하여 점차 황갈색으로 황화되며, 심해지면 조기에 낙엽된다.

마그네슘은 수체 내에서 재이동이 잘되는 성분으로, 과실의 비대가 왕성한 7월 이후에 결핍 증상이 나타나기 쉽다. 착과 부위 근처의 잎이나 발육지의 기부로부터 4~8엽 사이에서 많이 발생한다.

증상이 경미할 때에는 나무와 과실에 피해를 주지 않으나, 낙엽이 심할 때는 과실의 비대가 부진하고 당도가 낮아져 품질이 떨어진다.

나. 발생원인

개간지 또는 모래땅에서 많이 발생되며 가뭄으로 건조하거나 토양이 과습한 경우에 많이 발생한다.

토양 중 치환성 마그네슘 함량이 부족한 경우와 산성토양일 때, 칼리질 비료를 과다 사용한 경우에도 많이 발생한다.

다. 방지대책

고토석회를 10a당 150~200kg 사용하여 토양의 치환성 고토 함량(MgO)을 1.0cmol/kg 이상 유지시킨다. 칼리 비료의 시비량을 10a당 10kg 이하로 줄인다.

토양을 깊이 갈고 고토 비료와 유기물을 충분히 사용한다. 토양의 배수성과 통기성을 좋게 하여 뿌리의 생육을 양호하게 한다. 가뭄이 심한 경우에는 관수를 철저히 한다. 응급 대책으로 황산마그네슘 1% 용액을 10~15일 간격으로 3~4회 엽면살포한다. 낙엽 후에 밑거름으로 마그네슘이 함유된 고토석회와 용성인비를 사용한다.

(2) 붕소 과다

가. 증상

(그림 6-2) 붕소 과다 증상

7월 중순경부터 배나무 성목의 엽맥 주위가 황화되고 신초의 생장이 정지되며 선단으로부터 말라죽게 된다. 증세가 심할 경우에는 1년생 신초뿐만 아니라 2~3년생 가지에서도 선단부가 말라죽으면서 측지의 발생이 많아지고 잎이 위로 말려진다.

나. 발생원인

붕소는 미량원소로서 배나무의 생육에 필수적이지만, 일시에 과다 사용하거나 매년 기준량 이상을 장기 사용하면 붕소 과다 증세가 발생한다. 붕소 과다 증상 발생 과원에서는 정상 과원에 비해 잎 내 붕소 함량이 현저히 높다(표 6-1).

표 6-1 붕소 과다 과원에서 배 신고 품종 엽내 무기성분 함량 비교

구분	질소(%)	인산(%)	칼리(%)	칼슘(%)	고토(%)	붕소(ppm)
정상 과원	1.82	0.13	1.25	0.95	0.11	39
붕소 과다	2.00	0.13	1.07	1.29	0.16	120

다. 방지대책

붕소 과다 증세가 나타난 경우에는 석회를 토양 전면에 살포하여 붕소를 불용화시킴으로써 뿌리에서 붕소 흡수를 억제한다.

(3) 철분 결핍증

가. 증상

철분 결핍에 의한 엽 황화 현상은 신초 생장이 왕성한 5월 상순부터 7월 상순 사이에 주로 발생한다. 초기에는 과총엽에서도 발생하지만 신초의 어린잎에서 주로 발생한다. 초기 증상은 엽맥 부위만 엽록소가 남고 엽맥 사이는 화백화하여 잎 전체가 황백색을 띤다. 점차 심해지면 오래된 황화엽은 가장자리부터 갈색으로 고사된다.

(그림 6-3) 철분 결핍 증상

나. 발생원인

철분 결핍에 의한 엽 황화 현상은 주로 석회질 토양, 산성토양, 인산 과잉 토양 등에서 발생한다. 토양의 산성화와 인산의 과잉 시비가 주요 원인이다. 배수 불량한 점질 토양에서도 많이 발생한다.

석회질 토양에서는 토양 중의 과다한 석회질에 의해 철분이 불용화 되고 뿌리의 철분 흡수가 감소된다.

산성토양에서는 토양 산성화에 의해 망간, 아연 등 중금속이 해리되어 식물에 과잉 흡수됨으로써 이들 중금속 과잉 장해에 의해 황화 현상이 발생한다. 망간, 아연 등 중금속의 과잉은 양분 경합에 의해 철분의 흡수와 활성을 억제한다. 인산의 흡수가 증가되고 인산에 의해 철분의 부족이 유발된다.

인산 과잉 토양에서는 토양 중의 인산에 의해 철분이 불용화되어 철분 흡수가 감소되고 식물체 내에 인산이 많아지면 철분의 이동과 활성이 억제되어 어린잎에서 발생한다. 인산은 토양이 산성인 경우에 식물에 잘 흡수되며 식물체 내에서 인산/철분 비율이 높아지면 철분 결핍이 조장된다.

배수 불량한 점질 토양에서는 뿌리의 생육이 불량하여 양분의 흡수가 부족하고 양분흡수의 불균형이 일어나 철분 결핍, 마그네슘 결핍, 망간 과잉 증상이 동시에 일어난다.

다. 방지대책

석회 과용으로 인한 철분 결핍은 유기철(Fe-EDTA, 또는 구연산철) 1kg을 물 10L에 녹여서 수관 하부에 뿌려준다.

배수 불량지나 지하수위가 높은 지역은 배수시설을 하여 토양의 통기성과 배수성을 향상시킨다.

산성토양에서는 충분한 양의 석회를 사용하여 중금속의 용출을 억제하고 토양수분이 부족한 경우에는 충분히 관수한다.

응급조치로는 황산철 0.1% 수용액을 엽면살포한다.

(4) 엽소(葉燒) 증상

가. 증상

(그림 6-4) 엽소 증상

주로 과총엽의 선단부나 잎의 한쪽이 흑갈색으로 괴사한다. 심해지면 엽자루만 남고 엽 조직이 흑색으로 말라죽으며 나중에는 조기 낙엽된다.

서양배에서 비교적 발생이 심하고 동양배 중에는 '행수'에서 빈번히 발생하며 '신수'와 '풍수'에서는 드물게 발생한다.

나. 발생원인

8월의 고온 건조에서 기공의 개폐 기능이 저하된 잎이 과도한 증산작용으로 탈수되기 때문에 나타나게 된다. 어린잎보다는 잎의 기능이 원활하지 못한 늙은 잎에서 많이 발생한다.

배수가 불량한 토양에서는 장마철에 침수나 산소 부족에 의해 뿌리가 손상을 받는다. 뿌리의 기능이 저하된 상태에서 장마 직후에 고온 건조하게 되면 수분 흡수가 불량하여 발생한다.

다. 방지대책

심경과 유기물을 증시하여 토양의 통기성을 높여 뿌리의 기능을 원활하게 한다. 배수가 불량한 토양은 장마철에 배수 관리를 철저히 한다.

영양 생장이 왕성한 과원에서는 가지와 잎이 너무 무성하지 않도록 질소 시비를 조절한다.

나 과실에서 발생하는 생리장해

(1) 돌배 현상

가. 증상

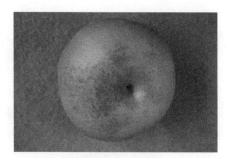

(그림 6-5) 돌배 현상

과실의 과육이 딱딱하게 경화되는 현상이다. 주로 과정부의 과육이 딱딱하고 물기가 적어 거의 먹을 수 없다. 외관적 특징은 과정부의 과피가 다소 울퉁불퉁하고, 수확기에 이르러서도 녹색이 남아 있으며, 배꼽 부분은 암갈색이 된다. 과형은 정상과인 원형에 비하여 편원형에 가깝다. 육안으로 식별되는 시기는 7월 상순부터이며 8월 상순경에 가장 심하다. '장십랑', '이십세기', '신세기', '황금배'에서 주로 발생한다.

나. 발생원인

돌배 현상은 토양과 수체의 여러 가지 요인이 복합적으로 관여하여 발생된다. 점질 토양에서 생육기 중에 배수가 불량한 과원이나 토양 물리성이 불량하여 건조와 과습의 변화가 심한 과원 또는 칼리질 비료의 사용량이 지나치게 많은 과원에서 주로 발생한다. 나무 상태는 수체 내 칼슘 함량이 적고 칼리 함량이 상대적으로 많은 경우, 유목기에 지상부의 생육이 지나치게 왕성할 경우, 강전정으로 나무의 지상부와 지하부의 균형이 깨졌을 경우에 주로 발생한다.

칼슘 부족도 원인으로 추정되며 토양의 배수성과 물리성이 불량한 경우에는 새 뿌리의 발달이 저조하여 칼슘의 흡수가 나빠진다. 칼리질 비료가 과다한 경우에도 길항작용에 의해 칼슘의 흡수가 억제된다. 과실 주위의 신초 생육이 왕성하면 신초와의 양분 경합에 의해 과실에서는 칼슘이 부족하게 된다.

다. 방지대책

근본적인 대책은 토양을 개량하여 배나무 뿌리의 생육을 촉진하는 것이다. 충분한 양의 유기물을 사용하여 토양 내 부식 함량을 증가시키는데, 이때 질소 함량이 적은 퇴비를 사용하고 석회질 비료를 충분히 공급한다. 배수가 불량한 경우에는 뿌리의 발달이 불량하여 칼슘 흡수가 저해되므로 배수 관리를 철저히 한다. 생육기 중의 경운 작업은 뿌리에 손상을 주므로 심경은 11~12월에 완료한다.

영양 생장이 왕성하고 나무가 도장하는 과원에서는 질소 시비량을 줄이고, 뿌리의 생장을 촉진하는 인산과 칼리질 비료를 증가시킨다. 밀식 과원에서는 제때에 간벌하여 수세 안정을 도모한다. 전정 시에는 약전정을 하고 유인 작업을 하여 도장지 발생을 억제한다.

돌배 현상은 과실 내 칼슘 함량과 밀접한 관련이 있으므로 퇴비를 사용할 때 소석회나 고토석회를 10a당 200~300kg 공급한다. 칼리질 비료는 뿌리의 칼슘 흡수를 억제하므로 과다 시비하지 않도록 한다.

응급조치로는 생육기 중 염화칼슘 0.5%액을 2~3회 엽면살포한다.

(2) 바람들이 현상
가. 증상

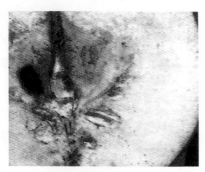

(그림 6-6) 바람들이 현상

'신고'와 '단배' 등에서 주로 발생된다. 수확 시나 저장 중에 과실을 잘라보면 과육의 일부가 스펀지처럼 변해 있는 것을 볼 수 있다. 과실의 외관은 정상 과실과 같지만 비중이 1.0 이하로 가볍다. 과실 크기에 비하여 가볍고 손끝으로 눌러 보면 과피 면이 들어가는 느낌이 있어 숙달된 사람은 무게와 손의 감각으로 바람들이 과실을 구별할 수 있다. 건전과를 저장했을 때에도 저장 중에 발생되기도 하며 바람들이과는 신선도가 떨어지고 맛이 없어서 상품 가치가 없다.

나. 발생원인

정확한 원인은 밝혀져 있지 않으나 대체적으로 지하부의 요인에 기인한다. 토양 중 칼슘이 부족하거나 토양 건조에 의해 칼슘 흡수가 저해된 경우, 배수가 불량하여 뿌리가 손상을 받는 경우, 토양이 단단하여 토양공극률이 적은 경우에 많이 발생한다.

지상부 요인으로는 가지의 생장이 지나치게 왕성한 경우, 밀식된 성목원에서 강전정을 한 경우, 질소 과다 사용에 의해 가지의 생장이 지나치게 왕성한 경우에 많이 발생한다. 이는 뿌리에서 흡수한 칼슘이 주로 신초 생장에 소비되어 과실로의 공급이 부족하여 발생한 것으로 생각된다.

강우량과도 밀접한 관계가 있어서 수확 전 8~9월의 강우량이 많은 해에 주로 발생한다. 강우가 많고 근권 부위의 배수 상태가 불량하면 새 뿌리의 생장이 불량하여 칼슘 흡수가 저해된다.

동일한 과원에서 '신고'에서는 바람들이 현상이 발생하고 '장십랑'에서는 돌배 현상이 발생되는 경우가 있는 것으로 보아 이 두 가지 생리장해 현상은 유사한 원인에 의해 발생되는 것으로 추정된다.

표 6-2 '신고'의 바람들이 과실 과피 중 무기성분 함량

구분	질소(%)	인산(%)	칼리(%)	칼슘(%)	마그네슘(%)
정상과실	0.44	0.54	0.83	0.12	0.08
바람들이과실	0.73	0.11	1.28	0.03	0.07

다. 방지대책

먼저 전정 방법을 개선한다. '신고'의 바람들이 과실은 수체의 영양 생장이 왕성한 나무에서 주로 발생하므로 수세의 안정을 도모한다. 밀식 상태의 과원에서는 간벌을 하고 약전정을 한다. 가지가 많은 경우에는 굵은 가지를 솎아내어 수관 내부에 충분한 햇빛이 들어가도록 한다. 도장지는 적당히 남겨두어 다음 해의 도장지 발생을 견제하고, 꽃눈이 착생되면 인접한 굵은 가지를 대체한다.

그리고 영양 생장을 억제하는 시비 관리를 하고 토양개량을 한다. 영양 생장을 조장하는 질소 비료를 줄이고 인산과 칼리 비료를 증가한다. 또한 유기물의 공급을 증가시키고 질소 함량이 적은 퇴비를 사용한다.

바람들이 증상은 과실 내의 칼슘 부족과 관계가 있으므로 과실 내 칼슘을 증가시키는 재배 관리를 한다. 소석회, 패화석 또는 고토석회를 매년 10a당 100~200kg씩 사용한다. 배수가 불량하면 뿌리가 손상되어 칼슘 흡수가 떨어지므로 토양의 배수 관리를 철저히 한다.

바람들이 과실이 발생하는 과원에서는 적숙기보다 다소 앞당겨 수확한다. '신고'의 경우 수확 1~2주 전에 봉지를 벗겨두었다가 과피가 햇빛에 충분히 노출되어 굳어진 후에 수확하면 저장 중의 각종 생리장해에 대해 저항력이 강화된다.

(3) 유부과(柚膚果) 현상

가. 증상

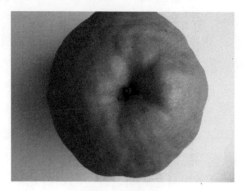

(그림 6-7) 유부과 현상

유부과란 과실 표면이 매끈하지 않고 마치 감귤 껍질처럼 울퉁불퉁하게 되는 현상이다. '신흥', '장십랑', '이십세기'에서 주로 발생하고, '풍수'와 '신수'에서는 조금 발생한다.

나. 발생원인

유부과의 정확한 발생원인은 아직 밝혀지지 않았으나 과실 비대기의 수분 부족, 석회와 붕소의 결핍 등이 주요 원인으로 알려지고 있다. 또한 봉지를 씌워서 재배할수록 발생이 심해지는 경향이 있다.

① 수분 부족

유부과 현상은 한발이 심한 해에 많이 발생되고 반대로 비가 많이 온 해에는 거의 발생하지 않는다. 6월 하순경부터 7월 하순경에 걸쳐 수분 부족이 심한 경우에 많이 발생한다. 양수분이 부족하거나 습해를 받아 세근이 고사된 경우에는 잎과 과실이 필요로 하는 만큼의 수분을 공급하지 못하게 된다. 결국 양수분 흡인력이 약한 과실에서 수분이 부족하게 된다. 7월 중하순은 과실의 수분 흡인력이 가장 약한 시기이며, 이 시기에 수분이 부족하면 유부과 발생이 가장 심하게 된다.

② 칼슘 부족 및 칼리 과다

유부과 현상이 매년 발생하는 '이십세기' 나무에서는 건전한 나무에 비해 과실 중의 칼리가 많고 칼슘이 적다. 6월 중순에 과실 내 칼리와 칼슘 함량의 비율(K/Ca)이 낮은 경우에 유부과의 발생이 많고 증상도 심해지는 경향이다.

다. 방지대책

활력이 건전한 뿌리에서는 칼리와 칼슘 모두 잘 흡수되지만 노화된 뿌리에서는 칼리는 잘 흡수되나 칼슘의 흡수가 현저히 감소된다. 뿌리가 노화되면 정상적인 시비를 실시하더라도 칼리와 칼슘의 불균형이 초래되고 배나무의 수분 흡수가 현저하게 감소한다. 따라서 활력 있는 뿌리를 만드는 것이 유부과 발생의 방지대책이 된다.

경토가 낮은 경우에는 뿌리의 발달이 나쁘므로 심경을 하고 유기물을 공급하여 뿌리가 깊고 넓게 발달되도록 한다. 부식 함량이 적은 점질토양의 경우에는 유기물을 많이 공급하여 투수성, 통기성을 좋게 한다. 사질 토양의 경우에는 토양의 부식 함량과 보수력을 높여야 한다. 과습하거나 배수가 불량하면 잔뿌리의 기능이 저하되므로 배수시설을 해야 한다. 토양의 산성화와 칼리 성분의 과다는 뿌리의 칼슘 흡수를 방해하므로, 산성 비료와 칼리질 비료의 사용을 줄인다. 심경이나 제초 작업에 의해 뿌리가 손상되어 유부과가 발생하는 경우가 있으므로 심경은 뿌리가 활동하지 않는 시기에 한다.

전정 시에는 도장지의 발생이 적게 나오도록 측지의 세력을 조절하고, 과다하게 착과시키지 않도록 한다. 건조한 경우에는 관수를 철저히 하고, 관수가 어려운 곳은 멀칭을 하여 지면의 수분 증발을 방지한다. 가뭄이 7~10일 이상 계속되면 10a당 20~30톤을 5~7일 간격으로 관수한다.

그리고 내건성이 높은 '만주콩배', '실생공대'에 접목한 묘목을 재식하고 매년 유부과의 발생이 심한 과원에서는 무대 재배를 한다.

(4) 붕소 결핍증

가. 증상

과실의 외관상 특징적인 변화는 나타나지 않으나 과실 적도면의 상부쪽 과육에서 붕소 결핍 증상이 나타난다. 그 증상은 두 가지로 구분된다. 첫째, 유관 속의 괴사부가 갈변하여 공동화하거나 둘째, 작은 괴사부를 중심으로 수침상이 된다. 괴사 조직의 크기는 직경 2~6mm로서 다양하며 과실당 2~6개 정도가 발생된다.

8월 상순부터 발생되기 시작하여 8월 하순경에는 육안으로 식별이 가능하다. '국수', '이십세기' 등 청배 계통에서 비교적 발생이 심한 편이고 '장십랑' 등 갈색배에서도 다소 발생된다.

나. 발생원인

사질 토양에서 붕소의 용탈이 심하거나 성목원에서 장기간 붕소를 사용하지 않을 경우 과실 부위에 결핍증이 발생한다.

붕소 수준이 토양 중에서 0.2ppm 이하인 경우, 충분히 전개된 잎에서 13~18ppm 이하인 경우, 과실 중에서 16ppm 이하인 경우에 발생한다.

다. 방지대책

배 과원에서 토양 중에 있는 붕소의 표준 함량은 0.5ppm이다. 그 이하 수준인 과원에는 10a당 2~3kg의 붕사를 수관 하부에 고루 살포하고 가볍게 긁어준다. 일시에 너무 많은 붕사를 사용하면 오히려 붕소 과다 피해를 받게 되므로 주의해야 한다.

생육기 중의 응급 대책으로서 붕산이나 붕사 0.2% 수용액을 10~15일 간격으로 엽면살포 한다.

석회를 다량 사용할 때에는 토양 중 붕소의 불용화가 일어난다. 반드시 붕사를 공급하고 유기물을 충분히 사용하여 보수력을 증진시키며 가물 때에는 관수를 실시한다.

(5) 밀 증상(蜜症狀)

가. 증상

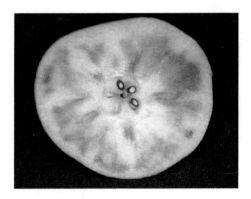

(그림 6-8) 밀 증상

밀 증상은 수확기에 잘 익은 배를 쪼개보면 과심 주위의 과육에 꿀과 같은 반투명한 액체가 함유된 수침상의 조직으로 관찰된다. 일반적으로 과숙된 과실에서 많이 발생하지만 '풍수'에서는 미숙과에서도 발생한다.

나. 발생원인

밀 증상의 발생은 품종 간에 차이가 있다. 현재 일본에서는 130품종 중 약 50%의 품종에서 발생된다고 한다. '풍수', '영산배' 등에서 많이 발생하고 '신고' 등은 조금 발생한다.

원인은 명확하게 밝혀지지 않았으나 고온 건조한 해에 수세가 약한 나무에서 많이 발생한다. '풍수' 품종에서는 여름철(7~8월) 저온이 원인이라는 보고가 있다. 일반적으로 유목보다는 노목에서 많이 발생되며, 수세가 약한 나무에서 많이 발생한다.

사과에서의 밀 증상은 과숙한 과실에서 많이 발생하며 가을에 낮은 야간온도는 과실의 성숙을 촉진시켜 밀 증상이 증가된다. 대과에서 많이 나타나며 엽과비가 높은 경우에 많이 발생한다. 개화기의 가뭄에 의해 뿌리의 칼슘 흡수가 불량한 경우, 과실 내 칼슘 함량이 낮은 경우, 과실 내 질소와 붕소의 함량이 높은 경우, 과다하게 적과한 경우, 광 노출이 심한 경우, 에스렐을 살포한 경우, 주지나 결과지 모지를 환상박피한 경우, 성숙기에 가뭄으로 수분이 부족한 경우에 발생이 증가한다.

다. 방지대책

　밀 증상은 고온 건조한 해에 수세가 약한 나무에서 많이 발생한다. 토양개량을 하여 뿌리의 발육을 촉진하고, 과실의 발육 중후기의 관수를 충분히 한다. 또한 칼슘 비료를 충분히 공급하고 칼슘을 주로 흡수하는 새 뿌리의 생장이 양호하도록 토양을 개량한다.

　밀 증상의 발생은 과실의 노화와 관련된다. 과실의 성숙과 당도를 증진하는 재배적 처리를 피하고, 토양수분이 부족한 기상조건에서는 관수를 철저히 한다. 과실을 조기에 수확하여 과실이 과숙되지 않도록 하고 붕소와 칼리질 비료를 과다 공급하지 않도록 한다. 나무의 수세를 다소 강건하게 관리한다.

(6) 열과(裂果)

가. 증상

(그림 6-9) 열과 증상

수확기 무렵에 과피가 갈라지는 현상이다. 과피가 얇고 육질이 유연한 품종에서 발생한다. 열과는 '행수'와 '팔행'에서 매우 심하고 '풍수', '신수' 및 '화산'에서도 다소 발생한다.

나. 발생원인

열과는 과육의 급격한 비대에 비하여 표피의 생장이 따라오지 못할 때 표피에 균열이 생겨 발생한다. 열과 발생이 많은 '행수'와 발생이 적은 '이십세기'의 과육세포와 표피세포의 비대 양상을 비교하면, 과실이 급격히 비대하기 시작하는 7월 상순에 표피세포에서 큰 차이가 된다. '이십세기'에서는 과육세포와 표피세포 모두 비대하는 데 비해 '행수'에서는 과육세포는 급속히 비대하지만 표피세포는 거의 비대하지 않는다.

6월 하순부터 7월 상순에 비가 많이 내리면 '행수'와 '팔행'에서 많이 발생한다. 과실에 수분이 과다하게 공급되어 열과되기도 하지만 강우가 계속되어 뿌리가 과습 상태로 되거나 산소 부족 상태가 되면 뿌리에서 에틸렌의 전구물질인 ACC가 만들어져 열과 발생을 유발한다.

과실의 성숙 촉진을 위해 6월 중순부터 하순까지 저농도의 에스렐을 엽면살포한 경우에 살포 농도가 높거나 시기가 늦어지면 '이십세기'와 '신수'에서 상당한 열과가 발생한다.

다. 방지대책

강우에 의한 열과를 감소시키기 위해서는 뿌리의 생육을 항상 양호하게 유지시켜야 한다. 이를 위해서는 토양개량, 유기물 공급, 배수 관리를 철저히 하여 토양의 통기성과 배수성을 좋게 해야 하고, 장마기에는 배수 관리를 철저히 해야 한다. 또한 토양에 수분이 부족한 경우에는 뿌리가 피해를 받기 전에 관수하거나 수관 하부를 볏짚, 풀 등으로 덮어 준다.

석회가 부족한 토양에서는 심경할 때 퇴비와 함께 농용석회를 10a당 200~300kg 사용한다. 매년 열과가 심한 과원에서는 신문이나 봉지보다는 투기성이 낮은 지질의 봉지를 씌우는 것이 좋다.

(7) 동녹

가. 증상

(그림 6-10) '황금배' 동녹 증상

'황금배', '이십세기' 등 청색배의 큐티클층은 아주 얇다. 바람, 서리, 강우, 비료 과다 사용, 지나친 건조 등에 의해 과피에 상처를 받으면 재생되지 않아 동녹이 생겨 과피 외관을 불량하게 한다.

나. 발생원인

청배 과피의 큐티클층은 아주 얇아 바람, 서리, 강우, 비료 과다 사용, 지나친 건조 등에 의해 상처를 받는다. 여기에 코르크가 형성되어 동녹이 생긴다.

동녹은 과실 주위가 다습한 경우에 발생한다. '황금배', '이십세기' 등 청색배 과실의 표피는 큐티클층으로 되어 있다. 과실 주위가 다습하게 되면 과실 표피의 큐티클층에 불규칙적으로 코르크층이 형성되어 외관을 나쁘게 한다. '황금배', '이십세기' 등 청배 품종에서는 여름에 비가 많은 해에 과실 동녹이 많이 발생한다.

과실 비대 중기 이후에 질소가 많이 흡수되면 동녹 발생이 증가한다. 질소가 많이 흡수되면 과육세포는 급격히 비대하는데 과실의 표피세포와 큐티클층은 과실 비대를 따르지 못하여 균열된다. 큐티클층의 균열이 수확기에 발생하면 과피에 윤기가 없어 보이고 수확기보다 훨씬 이전에 발생하면 여기에 코르크가 형성되어 동녹이 생긴다.

다. 방지대책

청색배의 동녹 방지를 위해서는 여름철에 강우가 적어 습도가 높지 않은 지역에 재식한다. 청색배는 과원의 상부, 통풍과 배수가 양호한 곳에 재식하고 과원이 다습하지 않도록 관리한다. 초생재배를 피하거나, 수관 하의 풀을 자주 예초하고 번무한 가지를 정리하여 통풍을 좋게 한다. 과실 비대기 이후에는 질소의 비효가 나타나지 않도록 시비 관리한다. 색택이 좋은 과실을 생산하기 위해서는 과실의 습도가 높지 않도록 하고 잘 건조되는 봉지를 사용해야 한다.

만개 후 20일 내에 작은 봉지를 씌워 과실을 보호한다. 큰 봉지를 바로 씌우려면 과점 코르크가 발달하기 직전인 만개 후 30일 이내에 가능한 빨리 씌우고 동녹 방지 전용 봉지를 사용한다.

다 저장 중에 발생하는 과실 생리장해

(1) 과피의 흑변 현상

가. 증상

(그림 6-11) 과피흑변 현상

배 과피에 생기는 매우 짙은 흑색의 반점이다. 초기에 깨알 정도의 크기에서 시작하여 점차 확대된다. 과피흑변 과실은 식용에는 지장이 없으나 외관이 나빠져서 상품 가치가 떨어진다. '금촌추'에서 주로 발생하며

'금촌추'를 이어받은 '신고', '추황배', '영산배' 등에서도 발생한다.

나. 발생원인

과피흑변 현상은 과피 부분에 많이 함유되어 있는 폴리페놀(Polyphenol)이라는 물질이 저온 다습 조건에서 산화효소인 폴리페놀옥시다제(Polyphenol Oxydase)의 작용을 받아 흑갈색으로 변색하는 것으로 알려져 있다.

현재까지 알려진 과피흑변의 발생 요인들은 다음과 같다. ① '금촌추'를 받은 품종에서 발생한다. ② 저장온도가 낮은 저온 저장(0~5℃) 조건에서 발생하며, 상온 저장 시에는 발생하지 않는다. ③ 저장고 내 상대습도가 높을 때 발생률이 높다(표 6-3). ④ 봉지를 씌워 재배한 과실을 저장하였을 때 발생하며, 빛의 투과가 적은 봉지일수록 심하게 발생한다. ⑤ 수확 시기가 늦거나 너무 일찍 수확한 과실을 저온 저장하였을 때 발생률이 더 심하다.

표 6-3 저장온도와 습도에 따른 과피흑변 발생 (과수연, 1992)　　　　　　　　　　　(품종 : 신고)

구분	저온 저장		저장습도	
	상온 저장	(3~5℃)	70~80(%)	포화습도
과피흑변과 발생률(%)	0	38.6	14.0	26.0

다. 방지대책

① 착과 위치

한 나무에서도 일조조건이 좋고 통풍이 양호한 수관 외부에 위치한 과실이 수관 내부보다 과피흑변 발생이 적으며, 과피흑변 발생 면적도 작게 나타난다(그림 6-12).

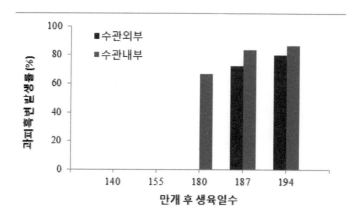

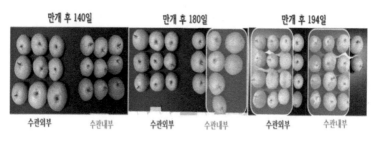

(그림 6-12) 생육일수별 착과위치에 따른 과피흑변 발생률 (2018, 국립원예특작과학원)

② 수확 시기

일반적으로 수확 시기가 늦어질수록 저온 저장 중 과피흑변 발생률은 증가한다. 따라서 과피흑변 발생 경감을 위해서는 수확 시기의 결정이 중요하며, 적절한 수확 시기는 재배 시 기후조건, 과실특성 등을 고려하여 결정하도록 한다. '추황배'의 경우 만생종으로 보통은 만개 후 190일 정도에 수확이 이루어지고 있으나, 만개 후 180일 이후에는 과실특성에 큰 차이를 보이지 않으므로, 과피흑변 발생 경감을 위해서는 만개 후 180일경에 수확하는 것이 좋다(그림 6-13, 그림 6-14). 또한 관행의 수확 적기보다 1주일 정도 앞당겨 수확하는 것이 장기저장용 과실의 품질유지를 위해서도 바람직하다.

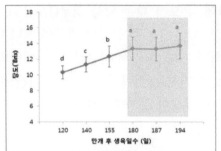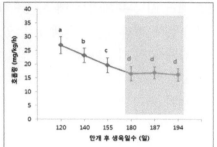

(그림 6-13) 생육일수에 따른 '추황배'의 당도 및 호흡량 변화 (2018, 국립원예특작과학원)

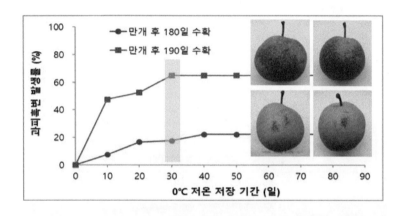

(그림 6-14) 수확 시기에 따른 '추황배'의 과피흑변 발생률 (2017, 국립원예특작과학원)

③ 수확 후 예건(豫乾)

배 과피흑변 방지를 위해서는 수확한 과실을 예건한 후 저온 저장하는 것이 효과적이다. 예건은 상온(20℃ 내외)의 통풍이 잘되는 그늘진 곳에 비닐을 깔아 토양습기를 차단한 후, 수확용 플라스틱 상자에 봉지를 벗기지 않은 배를 담아 층층이 쌓아 올리고, 그 위에 비닐을 덮어 빗물과 햇볕을 막고 옆쪽은 통풍이 원활하게 하면서 과실을 싼 종이가 바싹 마를 정도로 약 7~10일간(3% 정도의 중량 감소 발생) 야적 처리한다. 저장고와 같이 밀폐된 공간에서 예건할 경우에는 팬을 설치하여 통풍을 조절해 준다.

예건 시 온도관리는 매우 중요한데, 온도가 너무 낮을 경우(15~17℃) 처리 중에 과피흑변이 발생할 수 있고, 기온이 너무 높거나 기간이 지나치게 길게 되면 과실의 저장성이 감소하게 된다. 따라서 가급적 20℃ 내외의 온도에서 7일 정도(약 3% 중량 감소) 예건하는 것이 좋으며, 예건기간 중에 비가 내려 봉지가 젖으면 과피흑변 발생이 증가하므로 주의한다(그림 6-15).

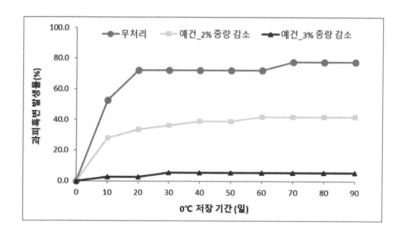

(그림 6-15) 예건 시 중량 감소율에 따른 '추황배' 과피흑변 발생률 (2018, 국립원예특작과학원)
(A: 무처리, B: 2% 중량 감소, C: 3% 중량 감소)

④ 저장 전 온도순화처리

과실이 급작스럽게 저온에 노출되면 과피흑변이 쉽게 발생하므로 저온 저장 전 온도를 서서히 떨어뜨리는 온도순화처리를 함으로써 저온에 대한 민감도를 줄여주어 과피흑변 발생을 방지할 수 있다(표 6-4).

표 6-4 0℃ 도달 기간에 따른 저장 중 과피흑변과 발생률 (원예연, 1995)

입고 시 온도	0℃ 도달 기간	과피흑변과 발생률(%)
15 ℃	0일	80.0
	5일	60.9
	10일	26.9
	15일	3.7

온도순화처리 시 과실은 봉지에 수분이 없도록 하여 통풍이 잘되는 플라스틱 상자에 담아 저장고에 넣고, 저장고의 온도는 상온에서부터 0℃가 될 때까지 15~20일에 걸쳐 단계적으로 서서히 내려준다(그림 6-16). (그림 6-17)과 같이 '추황배'를 대상으로 온도순화처리 후 저온 저장했을 때 과피흑변 발생률 및 과피흑변 발생 면적이 유의적으로 감소하는 것으로 나타났다.

온도순화처리 시 주의사항으로는 플라스틱 상자 안쪽의 과실에서는 통기불량 및 다습 조건에 의해 과피흑변이 발생할 수 있으므로 저장고 내 온도가 0℃에 도달하기 전까지는 환기를 충분히 시켜주거나, 팬을 설치하여 통풍을 조절해 주어야 한다.

처리 온도	20℃	15℃	12℃	9℃	6℃	5℃	4℃	3℃	2℃	1℃	0℃ 저장
처리 기간 (중량 감소)	3일 (1.27%)	3일	3일	3일	3일	1일	1일	1일	1일	1일 (4.62%)	총 20일

(그림 6-16) 온도순화처리 예시 (2018, 국립원예특작과학원)

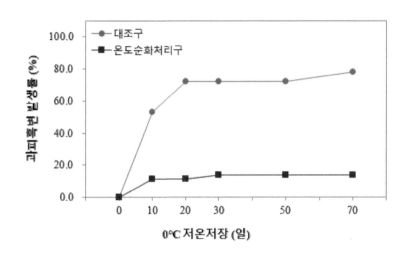

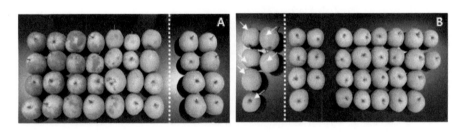

(그림 6-17) 온도순화처리에 따른 '추황배' 과피흑변 발생률 (2018, 국립원예특작과학원)
(A:무처리, B: 온도순화처리구)

⑤ 열(熱)처리

　수확한 과실을 저장 전에 열처리함으로써 과피흑변 발생을 억제할 수 있다. 열처리는 38℃에서 2일 또는 48℃에서 2시간 동안 처리하는 것이 효과적이다. 과실을 수확하여 통풍이 가능한 플라스틱 상자에 담아 햇볕이 잘 드는 양지에 비닐을 깐 다음 과실 상자를 3~4단으로 쌓고 투명비닐을 씌워 간이 비닐하우스를 만들어 고온 처리한다. 그러나 이때 하우스 내 온도가 48℃를 넘을 경우에는 환기를 시켜 온도를 낮추도록 한다.

02 병해충 방제

가 병해(病害)

최근 조사된 결과에 의하면 배나무에 피해를 주는 병해 종류는 23종으로 알려져 있다. 이 중 농가에 경제적 피해를 주는 병해의 종류는 검은별무늬병, 잎검은점병, 붉은별무늬병, 흰날개무늬병, 줄기마름병, 역병 등이 있다. 농가에서는 이들 병을 방제하는 데 있어 품종별 저항성과 기상 여건에 따른 감염 여부를 잘 고려하여 방제해야 한다.

(1) 검은별무늬병(黑星病, Pear Scab 또는 Black Spot)

* 병원균 : *Venturia nashicola* Tanaka & Yamamoto

가. 기주범위 및 품종
① 기주범위 : 배나무
② 품종 : '미황', '만수', '감천배', '만황', '만풍', '진황', '녹수' 등은 저항성이 매우 높은 반면 '신고', '수황배', '신일', '신천', '스위트스킨', '한아름', '황금배', '이십세기' 등은 병 발생이 많은 편이다. '조생황금', '추황배', '화산', '원황', '선황', '행수', '만삼길', '금촌조생', '금촌추', '풍수', '신수' 등은 중간 정도의 저항성을 보인다.

나. 병징

눈의 인편, 잎, 과실과 햇가지 등에 발생한다. 눈을 싸고 있는 인편의 녹백색 부위에 1~2개의 병무늬가 생기는데, 분생포자가 형성되면 암흑녹색의 그을음 모양으로 된다. 이 병무늬는 9~10월에 감염된 것이다. 병든 비늘 조각이 떨어지지 않고 그대로 붙어 있는 경우 햇가지의 아랫 부분에도 여러 모양으로 흑색 병무늬가 생기다가 그 부분에 나중에는 흑색 그을음 형태로 포자가 많이 생긴다. 이것을 봄형 병무늬라고 하는데 봄부터 여름에 걸쳐서 나타난다.

햇가지, 잎자루, 잎맥, 잎살 등에 많은 양의 분생포자가 형성된다. 8월 하순부터 잎의 뒷면에 먹물을 칠한 것 같은 병무늬가 나타나는데, 봄에서와 같이 진하게 그을음 모양으로 되지 않아 가을형 병무늬라고 한다. 어린 과실에는 5월 초중순에 열매 일부나 열매 자루가 노랗게 보이다가 그곳에 그을음 모양의 포자가 발생한다. 열매 자루에 감염되면 일찍 낙과되거나 강풍에 취약하게 된다. 익은 과실은 단단한 딱지 모양의 병무늬가 생기기도 하고 과실이 터지는 것도 있다.

햇가지의 병무늬는 흑색의 둥근 모양이다. 나중에 흑갈색의 타원형으로 변하고 표면에 그을음 모양의 포자가 많이 생긴다. 병무늬가 있던 부위가 나무껍질과 유사한 색깔로 퇴색하게 되고 포자는 유실되어 다시 생기지 않는다. 건전부와 병환부의 경계에 틈이 생긴다.

(그림 6-18) 검은별무늬병균에 봄철 감염된 잎과 가을철 감염된 잎

다. 발생생태와 발병환경

　　병원균은 낙엽 또는 눈의 비늘 속에서 월동하며, 자낭각의 형성은 2월 하순경부터 시작된다. 자낭포자는 4월 상순에 성숙되기 시작해서 4월 중순 이후에 비가 오면 비산되어 제1차 전염원이 된다. 전년 가을에 눈의 비늘 속으로 침입되어 감염을 일으킨 부위에서는 봄에 분생포자가 형성되어 제1차 전염원이 된다. 잎에 대한 감염 적온은 15~20℃이며, 최저 8℃, 최고는 28℃ 정도로, 물이 있을 때 48시간 이내에 침입이 끝난다. 잠복 기간은 어린잎은 7~10일, 성엽은 일반적으로 15~16일이나 잎이 전개된 후 1개월이 지난 잎에는 거의 감염되지 않는다. 병원균은 각피 침입 후 포복균사로 자라면서 분생포자가 형성된다. 5~6월에 심하게 발생하다가 여름에는 일시 중지되고 가을에 재발하여 10월까지 계속 진전된다.

라. 방제

① 경종적 방제
　　○ 병든 낙엽과 가지는 1차 전염원의 역할을 한다. 전정 시 병든 가지와 낙엽은 반드시 제거하여 땅속에 묻거나 불에 태운다.
　　○ 검은별무늬병에 요소와 같은 질소질 비료를 가을에 시비했을 때 낙엽이 더 빨리 부식화되어 자실체인 위자낭각(Pseudothecia)이 적게 생기도록 한다.
　　○ 비료는 너무 많이 주지 말고 가지가 무성하지 않도록 키운다.

② 화학적 방제법
　　○ 꽃눈과 잎눈의 비늘(인편)이 2~3mm 이상 나왔을 때, 즉 (그림 6-19)에서 (나)와 (다)가 혼재될 경우에 석회유황합제 5~7도액을 살포하여 병원균 밀도를 줄인다.

(가)   (나)   (다)   (라)   (마)

(그림 6-19) 석회유황합제의 살포 적기

○ 개화기부터 낙화기까지는 열매나 잎이 병원균에 쉽게 침입할 수 있다. 강우 직후에 습도가 95% 이상 지속되는 시간이 12시간 이상일 때 꼭 전문 약제를 살포해야 한다. 전문 약제로는 페나리몰, 시스텐, 헥사코나졸, 트리후민 등이 있다. 보호성 약제는 비가 오기 전에 배나무 표면에 충분히 부착시켜야만 한다. 치료 약제는 비 온 다음에 살포하되, 강우 시작일로부터 3~4일 이내에 약제를 살포해야만 치료할 수 있다. 국가농작물병해충관리시스템에서 알려 주는 배검은별무늬병 감염 위험도 수준을 참고하면 효과적이다.

○ 낙화기 이후부터 봉지 씌우기 전까지는 강우 전이나 후에 지속적으로 전문 약제를 살포해야 한다. 약제 부착량을 높이기 위해 추천 농도를 준수하며 살포량은 10a당 200~300L 수준으로 충분히 살포한다. 바람이 잔잔한 시기를 택해 살포해야 약제가 고르게 부착할 수 있다.

○ 가을방제는 수확 후부터 낙엽 10~15일 전까지 이뤄진다. 방제가 소홀할 경우 병원균이 꽃눈과 잎눈의 비늘 속으로 침입하여 다음해에 전염원량이 많아져 방제가 힘들게 된다. 금년에 병 발생이 많았던 과원의 경우 이 시기에 예방 위주로 1~2회 뿌려준다.

(2) 붉은별무늬병(赤星病, Rust)

* 병원균 : *Gymnosporangium asiaticum* Miyabe & Yamada

가. 기주와 중간기주식물
① 기주식물 : 배, 모과, 산사나무, 명자나무
② 중간기주식물 : 가이즈가향나무, 금반향나무, 참향나무, 섬향나무, 연필향나무, 단천향나무

나. 병징

배나무에는 어린잎, 어린 열매, 햇가지에서 발생한다. 잎에는 처음 등황색의 아주 작은 점무늬가 생기고, 커지면서 나중에 그 위에 많은 과립체(녹병자기)를 형성한다. 이 과립체는 점차 검은색으로 변하고 단맛이 있는 끈끈한 물질을 분비한다. 등황색의 점무늬가 생긴 지 약 1개월 후의 병무늬 뒷면에는 회색~자갈색의 모상체(녹포자기)가 생겨, 이것이 나중에 암갈색으로 짧게 된다. 개화기를 전후해서 비가 자주 오면 어린 열매와 햇가지에도 잎에서와 비슷한 병징이 생기는데, 나중에 모상체로 변하는 것을 볼 수 있다.

(그림 6-20) 향나무의 겨울포자 덩어리와 붉은별무늬병균에 감염된 잎

다. 발생생태와 발병환경

병원균은 4~5월까지 배나무에 기생한다. 6월 이후에는 향나무류에 기생하며 여기서 균사의 형태로 월동한다. 4~5월에 비가 오면 향나

무에 형성된 겨울포자퇴는 불어서 젤리처럼 되고, 겨울포자는 발아하여 소생자를 형성하게 된다. 이 소생자가 바람에 의해서 배나무로 옮겨지게 된다. 어린잎, 햇가지와 열매 등의 각피나 기공을 통해서 침입하며, 잠복 기간은 8~9일이다. 잎이 전개된 후 25일 이상이 경과된 잎은 병에 걸리지 않는다.

향나무에 생긴 겨울포자퇴의 겨울포자가 발아하기 위해서는 반드시 비가 와야 한다. 강우량은 많을수록 좋으나 강우의 지속 시간이 적어도 6~8시간 이상이어야 한다. 겨울포자의 발아 최적온도는 13~20℃이고, 7℃ 이하 또는 30℃ 이상에는 발아하지 않는다.

라. 방제
① 경종적 방법 : 배나무 재배 지역에서는 향나무류의 식재를 피하는 것이 효과적이다. 적어도 1km 이상 떨어지게 하는 것이 안전하다.
② 약제 방제 : 향나무 벌채가 불가능할 때는 겨울포자 발아 전인 4월 상중순경에 중간기주인 향나무류에 전문 약제를 살포한다. 개화기 전후 1개월간은 특히 주의하도록 하고 검은별무늬병 방제 약제인 페나리몰, 시스텐 등을 살포하면 동시 방제가 가능하다.

(3) 겹무늬병, 겹무늬썩음병(輪紋病 : Pear Ring Spot , Blister Canker)
* 병원균 : *Botryosphaeria dothidea*

가. 기주범위 및 품종
① 기주범위 : 배나무, 사과나무 등
② 품종 : '행수', '신흥', '석정조생'에 많이 발생되고 '장십랑', '이십세기', '신흥', '신수' 등은 가지에 많이 발병된다.

나. 병징
잎, 과실, 가지 등에 발생하며 잎과 가지에 감염되면 겹무늬병, 과실에 감염된 경우 겹무늬썩음병이라 한다. 가지에서의 발병은 원가지와 버금가지 등에 많이 발생되며 표피에 사마귀 모양의 돌기를 형성한다. 1~2년생 가지에도 발생하는데 만두 모양으로, 크기는 2×3~5×12mm 정도이고 표피와 같은 색깔을 나타낸다. 일반적으로 대부분의 표피에 흩어져 있으나 감염이 심하면 모여서 껍질이 거칠게 형성되는 경우도 있다. 가지의 아랫면보다는 윗면에, 짧은 열매가지, 꽃눈의 기부 등에 많이 형성된다. 사마귀 모양의 돌기는 나무가 비대해지면 나중에는 돌기 주변의 조직이 갈색으로 변하면서 약간 낮아진다. 건전부와의 경계에 틈이 생기고 크기 20mm 정도의 병무늬를 형성하며 병든 부위에는 작은 흑점(병자각)이 생긴다.

　재배지에 있어서의 과실의 발병은 8월 중순 이후에 나타나며 9월 중순에 가장 많다. 처음 과점을 중심으로 갈색의 작은 점무늬가 생기며 그 후 단기간 내에 확대되면서 겹무늬 모양의 과실 표면은 약간 움푹 들어간다. 한 개의 과실에 보통 2~3개의 병무늬가 생기나 경우에 따라서는 많이 생길 때도 있다. 병무늬 크기는 5~15mm이 많으나 때로는 25mm 이상도 있다. 병무늬 속의 과육은 물에 데친 듯 연황색이고 무름 상태이다. 또 병무늬가 늦게 나타나는 경우에는 수확 후에 발병되는 것도 있으므로 수송이나 저장 중의 병으로서도 중요시된다.

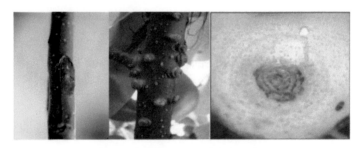

(그림 6-21) 겹무늬병균에 감염된 가지와 과실

다. 발생생태와 발병환경

　전염원은 가지나 줄기의 사마귀 모양의 돌기에 생긴 병자각 또는 자낭각에 형성된 포자이다. 병포자의 분출 기간은 오래된 병무늬에서는 2~11월, 새로운 병무늬에서는 6~11월경이다. 특히 분출이 많은 것은 7월 상순~9월 상순이며 9월 하순 이후엔 급격히 줄어든다. 포자는 빗물에 의해서 전파되며 1~5mm 정도의 강우 시에는 포자 밀도가 가장 높다. 과실의 감염은 꽃이 떨어진 직후부터 시작되어 8월 상순까지 계속되는데, 5~6월에 가장 많다. 어린 과실의 표면에 부착된 병포자는 발아 후 과점을 통해서 침입하며 과점 주변의 조직에 잠복한다. 과실이 미숙한 상태에 있을 때에는 과피 조직 속에서 균사의 발육이 이루어지다가 성숙기에 당도가 10°Bx 이상이 되면 발병하여 썩게 된다. 과실의 감염은 5월 중순부터 시작되어 6월 중순 이후에 많아진다.

발병은 25~30℃에서 많고 28℃일 때 가장 심하다. 이 시기는 중생종의 과실 비대기~수확기에 해당된다. 심식충, 잎말이나방의 유충 등 해충 가해 부위로부터 발병되는 것이 많다. 가지의 감염은 5월부터 연약한 부분에서 시작되며 햇가지의 자람이 정지되는 8월까지 계속된다. 주로 상처 부위로 병원균이 침입하나 피목으로 침입하는 것도 많다. 침입 후 90~120일의 잠복 기간을 거쳐서 9월 상순경부터 사마귀 모양의 돌기가 형성되기 시작되고 9월 중순에서 10월 상순까지 발병이 가장 많다.

라. 방제
① 경종적 방법
  ○ 나무자람새가 약하면 병의 발생이 심하므로 물빼기와 거름 주기를 철저히 하여 나무를 튼튼하게 키운다.
  ○ 심하게 발생되는 과수원에는 봉지 씌우기를 하는 것이 안전하다.
  ○ 전정할 때 자른 나뭇가지는 과수원에서 빨리 없앤다.
  ○ 줄기와 가지의 사마귀 모양 돌기를 봄에 일찍이 제거하고 지오판 도포제 및 석회유황합제 원액을 발라준다.

② 화학적 방법
  ○ 휴면기에는 석회유황합제를 살포하여 줄기의 사마귀 돌기의 발생을 막는다.
  ○ 가지에 병 발생이 많은 경우 장마철부터 적용 약제 방제를 한다.
  ○ 과실에서의 병반은 과실이 성숙되는 시기에 많이 발생한다. 가을

에 강우가 잦으면 9월 이후에 감염되는 경우가 있어 저장 중에 발생하는 병든 과실의 비율이 높아진다.

(4) 줄기마름병(胴枯病, Die-back)
　* 병원균 : *Phomopsis fukushii* Tanaka & Endo

가. 기주식물
　　배나무

나. 병징
　　줄기와 가지에 발생한다. 처음에는 불규칙한 타원형을 보이다가 암갈색의 병무늬가 생긴다. 나중에 병든 부위가 마르면 건전부와 경계 부위에 틈이 생기고 적갈색으로 된다. 병이 더 진전되면 병무늬 표면에 흑색의 과립체(병자각)가 밀생하며 나무껍질이 거칠게 된다.

(그림 6-22) 줄기마름병균에 감염된 햇가지와 줄기

다. 발생생태와 발병환경
　　병원균은 균사로 월동한 다음 봄에 병무늬에 병자각을 만들고 자낭각은 가을에 형성된다. 포자는 물기가 있을 때 빗물에 의해서 흩어지며 상처나 죽은 조직을 통해서 식물체에 침입한다. 이 병은 추위 피해, 가뭄 피해,

질소 비료의 과잉, 배수가 나쁜 토양에서 발생이 많고 특히 고접갱신을 하거나 강전정한 경우에 심하게 생길 수 있다. 또한 수세가 떨어진 상태에서 긴 가지를 결실지로 이용한 경우에도 발생이 많을 수 있다.

라. 방제
① 경종적 방법
- 배나무 묘목을 심을 때는 가뭄의 피해를 받지 않도록 물빠짐이 잘 되는 땅에 심도록 한다.
- 상처 부위를 통해서 병원균이 침입하므로 가지치기 이후에는 상처 부위를 치료할 수 있는 약제를 뿌려 병원균의 침입을 막는다.
- 나무가 웃자라면 겨울에 언 피해를 받아 병원균이 침입하기 쉬우므로 균형 시비하여 나무를 튼튼히 키운다. 특히 질소 비료를 많이 주지 않도록 주의한다.
- 병든 가지는 빨리 제거하여 다른 가지로 전염되는 것을 막아야 한다.

② 약제 방제
- 동계약제(석회유황합제)를 철저히 뿌려준다.
- 병든 부위를 깎아 내고 도포제로 발라준다.

(5) 역병(疫病, Collar and Fruit Rot)
* 병원균 : *Phytophthora cactorum* Schreenk

가. 기주범위와 품종
① 기주범위 : 배, 사과, 복숭아 등
② 품종 : '추황배', '풍수', '신고', '감천배'는 감수성이며 '행수', '감로', '선황'은 중간 정도이다. '장십랑', '만수', '황금배', '만풍배', '원황'은 저항성이고 '화산'은 극저항성이다.

나. 병징

① 줄기 : 주로 1년생 묘목에 발생이 많으며, 큰 나무는 대체로 저항성
   이다. 땅과 접한 줄기가 흑갈색으로 썩으며 부정형의 큰 병반은 줄기
   둘레 전반에 나타나고 위로 진전된다. 토양이 장기간 과습하면 수침
   상의 병반이 건전 부위와 불분명하게 나타난다.

② 잎 : 흑갈색의 큰 병반이 부정형으로 확대되는데 대개의 경우 1개의
   잎에 1~3개의 병반이 형성된다.

③ 가지 : 주로 1년생 가지에 발생이 많지만 2~3년생 가지에도 발생된
   다. 병원균은 세포분열이 왕성하고 부드러운 조직인 화총 형성 부위
   에 가장 용이하게 침투한다. 일단 감염되면 화총 전체는 검게 말라죽
   고 화총 생성 부위의 가지는 흑갈색의 큰 부정형 반점이 형성된다.

(그림 6-23) 역병균에 감염된 과실, 잎, 햇가지

다. 발생생태와 발병환경

　　병원균은 주로 병든 부위에서 균사나 난포자 형태로 월동하여 다음
해 1차 전염원이 된다. 토양 중에서도 난포자 형태로 2년 이상 생존하여
전염원이 될 수 있다. 병무늬에서 생긴 병원균은 빗방울에 튀어 땅에 가
까운 과일부터 발병이 시작되고 점차 상부 과일로 전파된다. 과일이나
가지의 병 걸린 부위는 알맞은 온도(25℃ 전후)와 습도가 주어지면 병무
늬 상에 유주자낭이 형성되어 2차 전염원이 된다.

　　장마가 오래 계속되는 해에 많이 발생하고 봄에 피해가 크며 한여름에
는 진전이 억제된다. 습하고 배수가 불량한 토양에서 병 발생이 심하며 한

번 발생하면 방제가 매우 어렵다. 지면에서 가까운 부분은 비교적 음습하여 병이 발생하기 쉽고 너무 가깝게 심거나 나무가 쇠약하면 피해가 크다.

라. 방제
① 경종적 방법
　　○ 배게 심기를 피하고 과수원에 햇빛과 바람이 잘 통하게 한다.
　　○ 물빠짐이 잘되도록 한다.
　　○ 병든 가지, 줄기, 잎 등은 반드시 한곳에 모아 태운다.
　　○ 초생재배를 하거나 보리와 볏짚 등으로 덮는다.

② 화학적 방법
　　○ 줄기나 원가지에 발생한 경우에는 병든 부위의 껍질을 칼로 벗겨 낸다. 큰 나무는 도포제나 역병 대상 약제를 발라 주어 병 진전을 막는다.
　　○ 피해가 발생되면 사이아조파미드, 아족시스트로빈, 플루아지남 등 적용 약제를 뿌려준다.

(6) 배나무잎검은점병(Pear Necrotic Leaf Spot)
　* 병원균 : Apple Stem Grooving Virus, Capillovirus

가. 기주 품종
　‘신고’, ‘황금배’, ‘영산배’ 등은 병에 잘 걸리고, ‘장십랑’, ‘감천배’, ‘추황배’, ‘화산’, ‘원황’, ‘만수’, ‘신일’, ‘조생황금’, ‘한아름’, ‘단배’, ‘금촌조생’, ‘미니배’, ‘미황’, ‘만풍배’, ‘진황’, ‘녹수’, ‘만황’, ‘풍수’ 등은 병에 저항성이 있거나 병 증상을 보이지 않는 품종이다.

나. 병징
　이 병은 웃자람가지 아랫부분의 잎과 열매송이의 잎이 점차 자라나 딱딱해지면서 병징이 나타난다. 초기에는 잎 표면에 투명하게 보이는 황색 반점이 나타나기 시작하다가 점차 적자색으로 변하면서 곧 흑갈색이 된다. 흑갈색 반점은 시일이 지나면서 갈색으로 색택이 옅어진다. 후기에는 점차 회백화되어 조직이 말라죽고 구멍이 생기기도 한다. 발생 초기에는 주로 타원형 또는 부정 다각형의 반점이 잎의 가장자리나 작은 잎맥 주위에서 발생하며 시간이 지나면서 그 증세가 심해져 잎 전체로 번진다. 반점의 크기는 초기에 직경이 0.9~2.5mm의 범위(평균 1.47mm)로 일단 발생하면 대부분 더 이상 커지지는 않는다. 이때 반점 부위는 함몰되며 경계가 뚜렷하다. 발병이 심해질수록 작은 반점이 합쳐져 큰 반점이 되고 점차 불규칙한 병무늬로 확대된다. 초기에 발생한 잎은 반점 부위가 찢어지고 지저분해진다. 가을에 발생하는 잎은 주로 여름에 자란 잎에서 발생하는데 황색 반점이 적자색에서 흑갈색으로 변하는 과정에서 기온이 15℃ 이하로 떨어지는 시기에 도달하면 흑갈색으로 변하지 못하고 잎에 그대로 황색과 적자색으로 남아 있다.

(그림 6-24) 배나무잎검은점병균에 감염된 잎과 병원체

다. 발생생태와 발병환경

이 병의 발생 시기는 아랫부분의 잎이 자라 굳어지는 시기다. 중부 지방은 5월 중순경부터 반점이 발생하기 시작하여 6월 초에는 20~ 30%의 발병률에 달한다. 6월 중하순에는 발병의 최대치에 이르며 7월이 되어 기온이 올라가면 발생이 정지된다. 이 상태가 8월까지 계속되다가 기온이 서늘해지는 9월 하순부터 다시 발생하기 시작해 10월 중순까지 계속된다. 발병의 최적온도 조건은 주간 23~25℃, 야간 17~

19℃ 범위에 있다. 이보다 낮은 온도에서도 발병하지만 병의 증세가 나타나는 것이 늦어진다. 또한 낮에 29℃ 이상 되는 날이 계속되면 발생이 정지된다. 가지별로 반점 발생 위치를 보면 햇가지 3/4 아래에서 발생이 많고 끝부분에서는 발생이 적다. 일단 한번 발생한 나무에서는 매년 발생하게 된다. 대체로 나무 전체에 발생하지만 몇 개의 가지에 한정해서 발생하는 경우도 있다. 이 병은 고접갱신한 과수원에서 많이 발생하였는데, 그 이유는 이병된 접수로부터 전염된 것으로 생각된다. 이 병에 감염된 배나무는 수량이 평균 26%, 당도는 평균 0.5°Bx가 감소한다.

라. 방제

① 경종적 방법

○ 병에 걸리지 않은 묘목을 생산해서 심고, 수체를 건전하게 관리하는 것이 필요하다.

○ 해에 따라서 발병 정도가 차이가 나는데, 강우와 밀접한 관계가 있다. 토양수분 관리를 잘하면 어느 정도 약하게 할 수 있다.

② 화학적 방법

○ 현재 시판되는 약제로 방제하거나 예방할 수 없다.

(7) 흰날개무늬병(白紋羽病, White Root Rot)

* 병원균 : *Rosellinia necatrix*(Hartig) Berlese

가. 기주범위

배나무, 사과나무, 포도나무, 감나무, 복숭아나무, 자두나무, 매실나무, 살구나무, 밤나무 등 거의 모든 과종을 침해한다.

나. 병징

① 지상부 병징 : 일반적으로 사과나무의 병징처럼 급격히 나타나지 않는다. 발병 초기에 나타나는 증상은 건전한 나무에 비하여 낙엽이 빠르

고, 착과량이 많으며, 과실의 자람이 현저히 떨어진다. 병이 점차 진행되면 잎이 누렇게 되며 후기에는 검게 변한다. 햇가지의 생장이 억제되고 꽃눈분화가 많아진다. 병이 심해지면 햇가지의 생장은 급격히 나빠지고 나무자람새가 쇠약해지며 최후에는 나무 전체가 말라죽게 된다.

② 지하부 병징 : 심하게 피해를 받은 나무의 뿌리는 흰색의 균사층으로 싸여 있으며 이 균사막은 시간이 경과하면 회색이나 흑색으로 변한다. 굵은 뿌리의 표피를 제거하면 목질부에 백색 부채 모양의 균사층과 실 모양으로 전개되어 부채살 모양의 균사다발을 확인할 수 있다.

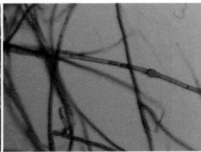

(그림 6-25) 흰날개무늬병에 감염된 나무 외관과 균사체

다. 발생상태와 발병환경

흰날개무늬병은 항상 토양수분이 과습한 토양조건(상대습도 70% 이상)에서 발생이 잘된다. 토양에 부숙되지 않은 전정가지 같은 유기물을 사용하면 병원균이 증식하여 병 발생이 급격히 증가된다. 병원균은 포자를 형성하여 전염되는 일은 드물고, 주로 균사나 균사다발로 전염된다. 나무의 뿌리에 발생하므로 나무가 고사할 때까지 계속 발병된다. 생육온도 범위는 20~29℃이나 최고온도는 35℃, 최적온도는 20~25℃, 최저온도는 10℃ 내외이다.

라. 방제

토양병해로 뿌리 주위의 환경에 신경을 써야 한다. 재배적으로 강전정, 과다 결실, 과도한 건조를 피하고, 배수를 철저히 하며 유기물(부숙

퇴비)을 사용하여 뿌리의 생장을 최대로 하는 것이 좋다. 최근 전정가지를 잘게 부셔 땅속으로 사용하는 농가에서 발병이 증가하는 경향을 보인다. 토양 속으로 유입된 전정지는 토양 병원균의 생존을 도와 오히려 토양병해 발생을 조장할 수 있어, 토양 위에 사용하여 썩도록 하는 것이 좋다. 아직까지 우리나라에서는 과수 흰날개무늬병 방제 약제로 등록된 농약이 없으나 외국에서는 지오판, 베노밀수화제와 이소란입제 등이 등록되어 방제에 이용되고 있다.

① 치료법
  ○ 뿌리를 완전히 노출시킨 다음 병든 뿌리를 제거한다.
  ○ 뿌리 부근에 약제를 처리한 후 복토할 흙에도 약제를 혼합하여 복토한다.
  ○ 처리량은 수화제의 경우 큰 나무 1주당 100~300L, 입제의 경우 1~3kg 정도이다.
  ○ 치료 후 복토할 때 완숙퇴비를 사용하면 한층 효과가 좋다.

② 치료 후의 관리
  ○ 나무자람새의 회복을 위하여 알맞은 꽃따기와 열매솎기를 실시한다.
  ○ 적절한 시비 관리와 잎에 거름 주기를 실시한다.
  ○ 대목이나 묘목에 기접을 실시하여 빠른 나무자람새의 회복을 꾀한다.
  ○ 유기물 사용량을 늘리고 관·배수 관리를 철저히 하여 급격한 수분의 변화를 막아준다.
  ○ 재발병 유무를 수시로 관찰한다. 재발한 경우에는 다시 치료를 실시해야 한다.

(8) 저장병해

대부분 저장병해는 과수원에서 병원균에 의해 직접 침입을 받는다. 이병, 잠복 감염된 상태로 저장되거나 과실 표면에 부생적으로 존재하다가 바람, 농작업이나 수송 및 유통 중 상처가 났을 때 침입하여 피해를 준다.

가. 병원균의 종류

과실을 직접 썩게 하는 병해로써 겹무늬썩음병(*Botryosphaeria dothidea*), 탄저병(*Collectotrichum* sp.), 검은무늬병(*Alternaria alternata*), 잿빛곰팡이병(*Botrytis cinerea*), 푸른 곰팡이병(*Penicillium* sp.), 열매썩음병(*Fusarium* spp.), 꼭지썩음병(*Phomopsis* sp.) 등이 있으며, 과피표면에만 기생하는 과피얼룩병(*Cladosporium* sp., *Epicoleosporium* sp. 등)이 있다.

나. 방제

가능한 한 저장온도를 낮추고 습도를 조절하는 등 환경을 제어하여 방제하는 방법이 근본적이고 확실한 방법이다. 수확 시기에 습도 관리를 통해 병원균의 감염 및 발생을 최소화해야 한다.

① 저장용 과실은 수확 전에 농약 안전사용 기준을 준수해 약제를 뿌려 주어 균의 밀도를 낮춘다.

② 저장용은 7~10일 일찍 수확한다.

③ 저장고 내 가스(에틸렌)는 조직을 연화시켜 병 발생을 유도한다. 따라서 환기는 에틸렌 가스를 줄이는 차원에서 필요하다.

(그림 6-26) 저장 배 얼룩곰팡이병 피해 증상 및 병징 확대 사진

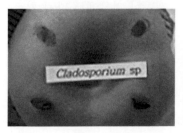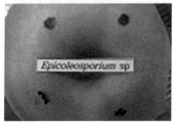

(그림 6-27) 저장 배 얼룩곰팡이병균 2종 병원성 검정 결과

나 해충(害蟲)

배나무에 발생하는 해충의 종류는 총 306종[1]이라고 알려져 있다. 최근에 조사된 결과에 따르면 실제 과수원에서 자주 발견되는 해충은 40종 내외로 알려져 있다. 그러나 이 중에서도 해충 개체군의 발생 밀도와 경제적 중요성을 기준으로 볼 때 반드시 살충제를 살포해야 하는 해충은 점박이응애, 꼬마배나무이, 조팝나무진딧물, 가루깍지벌레류, 잎말이나방류, 복숭아순나방 등 10여 종에 불과하다.

주요 해충은 시기에 따라 달라진다. 꼬마배나무이는 1990년대 중반 이후에 문제가 되었던 해충이고 응애류는 문제 해충이었으나 과수원 지표면의 잡초를 비롯한 풀 관리가 정착된 이후로 더 이상 문제가 되지 않게 관리되는 경우도 있다. 과실을 가해하는 심식나방류(복숭아순나방, 복숭아심식나방, 복숭아명나방 등) 중에서도 배병나방과 복숭아심식나방에 의한 피해 과실의 발생 비율이 10% 이하로 적은 편이다. 이들 심식나방류는 우리나라가 배를 수출하는 대상국의 요구조건에 따라 예찰과 방제 등의 관리가 필요한 종류도 있다.

과실에 직접 피해를 주지 않으면서 배나무 생육에 큰 지장을 초래하지 않는 진딧물류와 응애류의 방제를 위한 지나친 살충제 사용은 자제한다. 또한 살균제 살포 시 관행적으로 살충제를 혼합하여 살포하는 것을 피해야 한다. 해충 종류의 중요도를 정확히 인식하고 중요한 해충에 대한 발생 생태와 방제 방법에 대한 지식을 토대로 합리적이고 종합적인 대처 방안을 강구하여 방제 효과 증진은 물론 경영비 절감 목적을 달성해야 한다.

표 6-5 최근 배 과수원에서 발견되고 있는 해충의 종류

분류	해충명
응애목	점박이응애, 차응애, 사과응애 등(3종 이상)
총채벌레목	꽃노랑총채벌레(1종)
노린재목	갈색날개노린재, 썩덩나무노린재, 알락수염노린재(3종)
매미목	털매미, 말매미, 꼬마배나무이, 콩가루벌레, 배나무면충, 배나무방패벌레, 조팝나무진딧물, 복숭아혹진딧물, 목화진딧물, 배나무털관둥글밑진딧물, 가루깍지벌레, 온실가루깍지벌레, 버들가루깍지벌레, 산호제깍지벌레, 거북밀깍지벌레 등(15종 이상)
딱정벌레목	왕풍뎅이, 참검정풍뎅이, 다색풍뎅이, 흰점박이꽃무지, 모자무늬주홍하늘소, 뽕나무하늘소(7종 이상)
나비목	복숭아순나방, 복숭아순나방붙이, 애모무늬잎말이나방, 사과무늬잎말이나방, 사과잎말이나방, 사과유리나방, 노랑쐐기나방, 복숭아명나방, 조명나방, 담배거세미나방, 왕담배나방, 사과칼무늬나방, 배칼무늬나방, 배혹나방, 배나무굴나방(15종 이상)
벌목	배나무줄기벌, 말벌(2종)

(1) 점박이응애

* 학명(學名) : *Tetranychus urticae* Koch
* 영명(英名) : Two-spotted Spider Mite

가. 기주식물

배나무, 사과나무, 복숭아나무, 각종 채소류, 화훼류

나. 생육단계

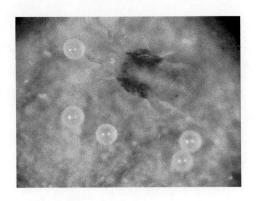

(그림 6-28) 점박이응애 성충과 알

① 알 : 알은 둥근 모양이며 크기는 0.14mm 정도이다. 처음에 산란되었을 때의 색깔은 반투명한 유백색이지만, 부화 시기에 가까워지면 점차 광택이 없는 담황색으로 바뀐다. 부화 직전이 되면 알 속의 빨간색 눈을 볼 수 있다.

② 유·약충 : 알에서 막 부화한 애벌레는 둥근 모양으로 알 크기와 비슷하며 3쌍의 다리를 가지고 있다. 처음에는 반투명하지만 배나무 잎을 먹기 시작하면서 점차 옅은 녹색으로 바뀌며 등 쪽에 검은 점이 생기기 시작한다. 전약충(前若蟲)으로 자라면서 다리는 4쌍이 되며 등에 있는 검은색의 두 점은 더욱 뚜렷해진다. 후약충(後若蟲)은 전약충보다 약간 크고 이 시기가 되면 수컷과 암컷의 구별이 쉬워지는데 수컷은 암컷보다 크기가 작고 배 끝 부분의 모양이 더 뾰족하다.

③ 성충(成蟲) : 수컷 성충은 암컷보다 작고 배 부분이 뾰족한 것이 특징이며 활동력이 왕성하다. 암컷은 크기가 0.42mm 정도이며 수컷보다 더 크고 달걀 모양이다. 몸 색깔은 다양한데 가장 일반적인 색은 옅은 녹색이며, 노란색과 갈색이 조금 섞여 있다. 이름에서 나타난 것과 같이 등의 앞쪽 절반 부위에 두 개의 뚜렷한 점이 있다. 월동 중인 암컷은 보통 진한 오렌지색이며 등에 있던 점은 없어지게 된다.

다. 생활사

점박이응애는 보통 오렌지색을 띠는 암컷 성충으로 배나무의 거친 껍질 아래 숨을 수 있는 장소에서 겨울을 나며, 잡초나 낙엽더미 속에서도 월동한다. 겨울을 난 어른벌레는 봄이 되면 월동 장소로부터 나와 활동하기 시작하는데 4월에는 주로 잡초에서 생활하다가 5월부터 본격적으로 배나무 잎을 먹기 시작한다. 겨울을 난 어른벌레는 잎을 빨아먹음에 따라 오렌지색이 점차 녹색으로 변하면서 등 쪽에 점이 나타난다. 약 25일 후에 알을 낳기 시작하는데 새롭게 전개된 잎의 아랫부위에 먼저 낳는다. 겨울을 난 어른벌레 한 마리는 20여 일 동안 살면서 평균 40개의 알을 낳는데, 여름에 어른벌레가 낳는 것보다 알 수가 적다. 이 알은 온도 조건에 따라 다르지만 보통 3주 후에 부화한다. 이 시점으로부터 세대가 중복되기 시작한다.

여름형 암컷은 30일 동안에 걸쳐 약 100개의 알을 낳는다. 알은 여름이 따뜻한 지역에서는 1~2일이면 부화하며 전체 세대 기간(산란부터 성충까지)은 10일 정도에 불과하다. 연중 다발생 시기는 7~8월이고 발생 최성기는 8월 상순이다. 응애의 지나친 섭식으로 인하여 잎의 질이 떨어지기 시작한다. 온도가 낮아지고 낮의 길이가 짧아지는 가을철이 되면 오렌지색의 월동 성충이 나타나기 시작한다.

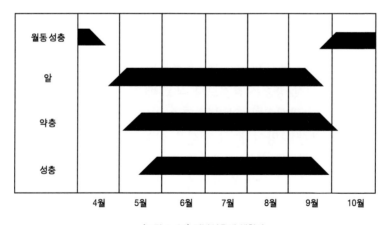

(그림 6-29) 점박이응애 생활사

라. 피해와 진단

배나무의 잎을 가해하는 응애 종류는 점박이응애, 사과응애, 차응애, 귤응애, 벚나무응애 등이 있는데 이 중에서 점박이응애의 발생이 가장 많다. 애벌레와 어른벌레는 배나무 잎에 주둥이를 삽입하여 세포 속의 내용물을 빨아먹는데, 잎이 엽록소를 잃어 표면에 하얀 점이 생긴다.

점차 피해가 진행됨에 따라 피해 잎은 짧은 갈색으로 변하고 심할 때에는 낙엽이 된다. 점박이응애의 피해를 받은 배나무 잎은 광합성 능력이 떨어져 과실의 생장과 착색에 나쁜 영향을 주며 이듬해의 착과량에도 영향을 미친다.

마. 방제 방법

① 이른 봄에 배나무 가지의 거친 껍질을 긁어서 불에 태우고 기계유유제를 뿌려준다.

② 응애가 잎당 2~3마리씩 보이기 시작하면 급속하게 늘어날 가능성이 있다. 즉시 약제를 뿌려주는 초기 중점방제를 실시한다.

③ 여름철에는 응애의 발생이 급속히 늘어난다. 한 세대를 거치는 기간도 짧아지므로 약제에 대한 저항성을 가진 응애의 출현을 고려하여 성분이 다른 약제를 교대로 뿌려준다.

④ 고온 건조기에 토양수분이 부족하거나 물빠짐이 불량한 과수원에서 피해가 급격히 증가하기 때문에 배나무의 수분 관리를 철저히 실시한다.

⑤ 질소를 너무 많이 주어 먹이 조건이 좋으면 피해를 받기 쉽다. 비료를 알맞게 주어 너무 무성하게 자라지 않도록 한다.

⑦ 포식성응애, 무당벌레, 포식성노린재, 풀잠자리 등의 천적에 독성이 낮은 약제를 선택하여 이용한다.

(2) 꼬마배나무이

* 학명(學名) : *Cacopsylla pyricola*(Foerster)
* 영명(英名) : Pear Sucker(psylla)

가. 기주식물

　배나무, 사과나무(중간기주)

나. 생육단계

① 알 : 알은 쌀 알맹이와 같은 모양이다. 배나무 눈 주위의 주름이나 껍질눈(피목)같이 배나무 표면에 융기된 부분에 놓여 있는 형태로 부착되어 있다. 산란 당시에는 유백색이지만 부화 시기가 다가오면 점차 노란색으로 바뀐다.

② 약충 : 약충은 다섯 번에 걸쳐 탈피를 한다. 알에서 막 부화한 약충은 우유빛을 띠는 노란색이며 알의 크기와 비슷하다. 부화 약충은 성장할수록 녹색을 띠게 된다. 다 자란 약충이 되면 어두운 녹색 내지 갈색이 된다.

③ 성충 : 겨울형과 여름형의 두 가지 형태가 있다. 겨울형 성충의 크기는 2.5mm 정도이고 여름형은 2mm이다. 두 가지 형태 모두 날개로 배 부분을 지붕 모양으로 덮고 있다. 여름형은 녹색이며 겨울형은 흑갈색을 띠고 있다.

다. 생활사

　꼬마배나무이는 월동형 성충으로 겨울을 지내고 배나무의 눈이 부풀어 오르기 시작하는 3월 상순경부터 알을 낳기 시작한다. 알은 주로 눈의 아랫부분이나 작은 가지 위에 낳는다. 눈이 열린 이후에 꽃잎이 떨어질 때까지 잎맥 중앙, 잎자루, 줄기, 꽃받침에 계속해서 알을 낳는다. 월동 성충의 산란 기간이 길기 때문에 첫 세대 약충의 발생 기간 역시 길다. 여름형 성충은 약충이 먹었던 잎 끝부분과 새로 자란 줄기와 잎 위에 알을 낳는다. 여름형 성충은 3~4세대를 보낸 후 9월 하순 이후에 겨울형 성충이 나타나 월동에 들어간다.

라. 피해와 진단

　꼬마배나무이는 서부 유럽이 원산인 해충이다. 과거에는 주로 수원을 중심으로 한 중부 지역에서 발생이 많았다. 그러나 최근에는 나주,

하동 등의 남부 지역까지도 광범위하게 발생하여 현재는 전국적으로 배나무 과수원에서 주요 해충이 되었다.

약충과 성충이 주로 잎을 가해하지만 심한 경우에는 봉지 속으로 침입하여 과실의 즙을 빨아먹기도 한다. 그 과정에서 감로라고 하는 물방울을 분비한다. 그 부분에 그을음병균이 2차적으로 기생하기 때문에 잎과 가지가 검게 그을린 것처럼 보이게 된다. 과실에 피해를 받으면 그을음으로 상품 가치가 떨어지고 저장력도 저하된다. 약충이 즙을 빨아먹을 때 배나무 속으로 주입한 타액의 독성으로 인하여 나무자람새가 약화된다. 타액에 의해 마이크로플라즈마 병원체가 전염되면 사관부 속 체관에 피해를 주어 합성된 영양분이 아래로 이동하는 것을 방해하기도 한다.

마. 방제 방법

① 이른 봄에 기계유유제를 뿌려주면 월동형 성충을 죽일 수 있다. 뿐만 아니라 살아남은 어른벌레가 배나무 가지에 산란을 기피하도록 하는 효과가 있다. 기계유유제 살포 시기 결정은 매년 기상자료를 확인하여 활용한다. 꼬마배나무이 월동형 성충은 2월 1일부터 하루 중 최고온도가 6℃ 이상 되는 날이 약 12회 이상 되면 나무 위로 80% 이상 이동하고, 약 25회 되면 산란을 시작한다. 기계유유제로 최적 방제 시기는 최고온도 6℃ 이상, 출현 일수가 16~21회 되는 기간이다.

② 개화기 직전이 되면 월동형 어른벌레가 낳은 알이 부화하기 때문에 이 시기에 약제를 뿌려주어야 한다. 꽃잎이 떨어진 후에도 다른 해충과 동시에 방제한다. 꼬마배나무이의 어른벌레는 활동 영역이 넓기 때문에 주위 과수원과 공동으로 방제하는 것이 재감염을 막는 데 효과적이다.

③ 꽃이 떨어진 후 생육기의 약제살포는 약충의 밀도가 잎당 0.5마리 이상일 때 처리해야 한다. 노령 약충보다 어린 약충일 때 살포하는 것이 더욱 효과적이다.

④ 꼬마배나무이 개체군은 웃자란 나무에서 빠르게 증가하기 때문에 나무의 생장을 지나치게 자극하는 방식을 피한다. 과실 생산에 충분할 정도로만 질소를 시비한다.

⑤ 배나무 골격가지에서 자란 새순이나 뿌리순을 제거하는 것은 피해를 받은 어린잎 제거뿐만 아니라 뿌린 약제의 침투를 더 효과적이게 해 준다.

⑥ 천적으로는 풀잠자리, 무당벌레, 포식성응애류와 노린재 등과 많은 종류의 거미 등이 있다. 가급적 이들 천적에 영향이 적은 작물보호제를 살포한다.

(3) 콩가루벌레
* 학명(學名) : *Aphanostigma iakusuiense* Kishida
* 영명(英名) : Pear Phylloxera

가. 기주식물
　　배나무

나. 생육단계

(그림 6-30) 콩가루벌레 성충과 알

① 알 : 타원형이며 산란 당시는 엷은 황색으로 껍질 표면은 끈끈한 물질에 덮여 있다. 며칠이 경과하면 껍질이 딱딱해지고 색깔이 점점 진해져 진한 황색으로 변한다. 부화 직전이 되면 알의 앞쪽 부분에 2개의 빨간색 눈을 확인할 수 있다.

② 약충 : 약충은 엷은 황색으로 타원형이다. 부화 당시에는 더듬이, 주둥이, 다리 등의 구분이 어렵지만 1~2회 탈피하면 구분이 명확해진다. 몸이 가벼워 비교적 움직임이 자유롭기 때문에 주로 이 시기에 이동한다.

③ 성충 : 성충은 날개가 없고 엷은 황색이다. 간모(幹母), 보통형(普通型), 산성형(産性型), 유성형(有性型) 등의 4가지 형이 있다. 간모, 보통형, 산성형의 몸 길이는 0.7~0.8mm이며, 유성형은 0.35~0.4mm이다. 머리는 작고 양쪽에 빨간색 눈을 한 개씩 가지고 있다. 더듬이는 검은색으로 짧고 크며 3마디로 구성되어 있다. 주둥이는 길고 9마디로 이루어져 있다. 복부는 7마디로 구성되어 있으며 끝부분으로 갈수록 뾰족하다. 3쌍의 다리는 크기와 모양이 비슷하며 검은색이고 4마디로 구성되어 있다.

다. 생활사

유성형이 가을에 출현해 산란한 알은 거친 껍질 밑에서 월동하다가 이듬해 봄에 부화한다. 부화한 간모는 그늘진 곳에서 증식하여 보통형이 된다. 6월 중하순부터 봉지 씌운 과실의 줄기를 따라 봉지 속으로 들어가 배 과실에 도달하여 계속 번식한다. 과실이 성숙함에 따라 점점 번식이 왕성해져 알은 5~6일이면 부화하고 약충은 1주일 정도 지나면 성충이 된다. 성충의 생존 기간은 3주일이다. 이 시기에 왕성하게 과실 표면의 즙을 빨아먹으며 교미하지 않고 번식한다. 9월 중순 이후에는 산성형이 출현하여 크고 작은 알을 낳는데, 큰 알이 부화하여 암컷이 되고 작은 알은 부화하여 수컷이 된다. 10월 중하순경이 되면 유성형 암컷과 수컷이 교미하고 월동 장소로 이동하여 월동 알을 낳는다.

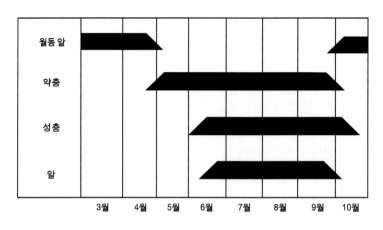

	3월	4월	5월	6월	7월	8월	9월	10월
월동 알								
약충								
성충								
알								

(그림 6-31) 콩가루벌레의 생활사

라. 피해와 진단

콩가루벌레는 우리나라와 만주가 원산인 해충으로, 오래전부터 배 과실에 피해를 주는 대표적인 해충이다. 햇빛을 싫어하기 때문에 주로 봉지를 씌운 배 과실에만 발생한다. 약충과 성충이 배 과실 표면을 가해하면 그 부분에 균열이 생겨 검은무늬병균 등이 침입하여 검은색으로 변한다. 피해가 더 심해지면 과실이 거북이 등같이 찢어지고 결국 떨어진다. 심할 때는 햇가지도 가해하며 발육을 저해하고 일찍 낙엽이 들게 한다.

마. 방제 방법

① 월동 직후 봄철에 배나무의 거친 껍질을 제거하고 기계유유제와 석회유황합제를 살포한다.

② 봉지 씌우기 직전에 살충제를 반드시 뿌려준다. 피해가 심한 과수원에서는 약충이 봉지 속으로 이동하는 시기인 6월 중순에 추가로 뿌려준다.

③ 가급적 포식성응애, 무당벌레 등의 천적에 영향이 적은 살충제를 뿌려준다.

④ 방제 약제는 진딧물과 깍지벌레 방제용으로 배나무에 명시된 작물보호제를 이용한다.

(4) 조팝나무진딧물

 * 학명(學名) : *Aphis citricola* van der Goot
 * 영명(英名) : Apple Aphid

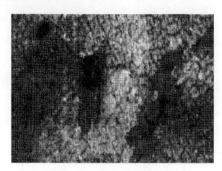

(그림 6-32) 조팝나무진딧물 성충

가. 기주식물

배나무, 사과나무, 복숭아나무, 귤나무, 조팝나무 등

나. 생육단계

① 알 : 윤기가 있는 검은색으로 쌀알 모양이며 크기는 0.5mm 정도이다.
② 약충 : 노란색을 띠는 녹색 또는 어두운 녹색으로 크기는 1.5mm 정도이다.
③ 성충 : 날개가 없는 것과 있는 성충이 있는데, 날개가 있는 성충이 이동한다. 날개가 없는 성충은 밝은 녹색이며 다리와 더듬이는 검은색이다. 날개가 있는 성충은 머리와 가슴 부위는 검은색이고, 배 부위는 노란색을 띠는 녹색이다. 성충 크기는 3mm 정도이다.

다. 생활사

주로 조팝나무에서 월동하는 것으로 알려져 있다. 배나무의 가지나 눈에서도 알로 월동한다. 배나무에서 월동한 알은 4월에 부화하기 시작하여 발아하는 눈에서 증식을 시작한다. 조팝나무 등과 같은 다른 곳에서 월동한 것은 5월에 날개가 있는 성충으로 배나무로 이동해온다. 암컷은 교미하지 않고 번식하며 새끼를 직접 낳기 때문에 이때부터 밀도가 급격하게 증가한다. 발생 초기에는 적당한 먹이를 찾기 위해 날개가 있는 성충이 많지만 일단 정착한 후에는 날개가 없는 성충이 대부분을 차지한다. 5월부터 7월에 걸쳐 주로 발생한다. 가장 많이 발생하는 시기는 5월 하순~6월 중순경이다. 조팝나무진딧물은 어린잎과 가지에서만 거의 생활한다. 신초 생장이 멈추는 고온기가 되면 밀도가 급격히 저하되었다가 가을철에 다시 햇가지가 발생하면 밀도가 증가한다. 가을철에 암컷과 수컷이 발생하여 교미한 후 월동 알을 낳는다.

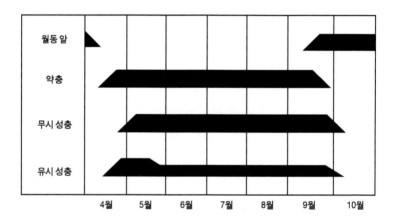

(그림 6-33) 조팝나무진딧물 생활사

라. 피해와 진단

배나무에 주로 발생하는 진딧물 종류로는 조팝나무진딧물, 복숭아혹진딧물, 배나무털관동글밑진딧물, 목화진딧물 등인데, 그중 조팝나무진딧물의 발생과 피해가 가장 크다. 약충과 성충이 배나무의 잎과 가지에서 즙액을 빨아먹는다. 즙액이 많은 어린 조직을 더 좋아해 주로 잎 뒷면, 햇가지 끝부분과 햇가지 줄기에서 즙액을 빨아먹는다. 개체군 밀도가 높을 때에는 잎 표면 위에서도 섭식한다. 배나무털관동글밑진딧물과 달리 피해를 받은 잎은 말리지 않는다. 발생 초기 밀도가 높은 경우에는 발육 중인 과실을 흡즙하기도 한다. 보통 햇가지 부위에 발생하기 때문에 큰 나무인 경우 수확량과 과실 품질에 미치는 영향은 적다. 그러나 어린나무에 발생하는 경우에는 생장이 크게 위축되기 때문에 주의해야 한다.

배설물에 의하여 그을음병을 유발시키기 때문에 과실이 그을음에 오염되지 않도록 해야 한다.

마. 방제 방법

① 큰 나무인 경우 나무에 큰 피해를 주지 않기 때문에 햇가지당 20~30마리일 때 약제를 살포하는 것이 바람직하다. 가급적 다른 해충과 동시 방제가 가능한 시기를 택하여 약제를 살포한다. 어린나무인 경우에는 밀도 수준이 낮을 때 뿌려주어야 한다.

② 고온기에는 밀도가 급격히 감소하기 때문에 약제를 뿌릴 필요가 없다. 9월 이후에 다시 발생하지만 조팝나무진딧물을 주목적으로 방제할 필요는 없고 다른 해충의 방제 시기에 맞춰 동시에 방제한다.

③ 살충제에 의한 방제가 다른 해충에 비하여 비교적 쉽지만 번식력이 왕성하기 때문에 같은 약제를 계속 사용하면 저항성이 유발되므로 주의해야 한다.

④ 배나무의 햇가지 생장을 억제시킴과 동시에 꽃눈 형성을 촉진시킬 수 있는 질소질의 적정 시비와 수분 관리에 신경을 써야 한다.

⑤ 무당벌레, 혹파리, 풀잠자리, 포식성노린재, 기생벌 등의 천적에 저독성인 약제를 선택하여 살포한다.

(5) 가루깍지벌레

* 학명(學名) : *Pseudococcus comstocki*(Kuwana)
* 영명(英名) : Comstock mealybug

가. 기주식물

배나무, 사과나무, 감나무, 귤나무, 복숭아나무, 자두나무, 살구나무, 매실나무, 포도나무, 무화과나무, 밤나무, 뽕나무, 호두나무, 미루나무, 단풍나무

나. 생육단계

(그림 6-34) 가루깍지벌레 성충

① 알 : 알은 핑크색이며 가늘고 긴 달걀 모양으로, 크기는 0.5mm 정도이다. 알은 하얀 섬유질인 밀랍 속에 덩어리 상태로 존재한다.

② 약충 : 부화 약충은 핑크색이나 진홍색이다. 잘 발달된 다리를 가지고 있고 하얀 밀랍 가루를 얇게 뒤집어쓰고 있다. 약충은 탈피함에 따라 이동성이 적어지게 된다. 몸 색깔은 핑크색 내지 진홍색이지만 더 많은 밀랍가루를 뒤집어쓰게 되므로 하얗게 보인다.

③ 성충 : 암컷 성충은 날개가 없으며 크기는 5mm 정도이다. 약충과 마찬가지로 하얀 가루로 덮여 있다. 수컷 성충은 암컷보다 더 작고 투명한 날개를 가지고 있다.

다. 생활사

골격가지의 나무껍질 밑이나 원줄기 부근의 낙엽의 느슨한 섬유성 주머니 속에서 알이나 부화 약충으로 월동한다. 월동 알은 4월 중하순부터 부화하여 잎자루나 꽃자루 틈, 가지의 절단 부분 등에서 서식하다가 6월 중하순에 1세대 성충이 된다. 6월 하순~7월 상순경에 발생하는 2세대 약충부터 과실 줄기를 통하여 봉지 속으로 들어가 과실 표면에서 즙액을 빨아먹기 시작한다. 2세대 성충의 발생 시기는 7월 하순~8월 상순경이며 9월 하순부터 발생하는 3세대 성충이 월동 알을 낳는다.

라. 피해와 진단

과수원에서 다른 과수원으로 퍼지는 속도는 느리지만 한번 감염된 과수원에서 깨끗이 제거하는 것은 어렵다. 어린나무에서보다는 큰 나무에서 문제가 크다. 이것은 은신처가 많아 약제를 살포해도 방제가 어렵기 때문이다. 배나무의 가지와 과실에서 즙액을 빨아먹는데 심하게 피해를 받은 과실은 기형이 된다. 또한 당분이 많이 함유된 배설물로 인해 그을음병을 유발한다. 또한 피해 부위에 하얀 납 물질을 분비하기 때문에 과실의 상품 가치를 떨어뜨린다.

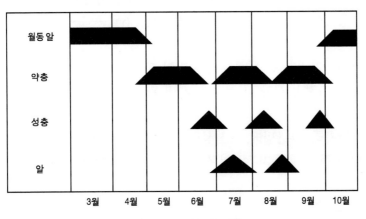

(그림 6-35) 가루깍지벌레의 생활사

마. 방제 방법

① 월동 직후 봄철에 가지의 거친 껍질을 긁어내고 기계유유제를 살포하는 것이 좋다. 거친 껍질 제거 작업은 겨울철 정지전정을 마치고 꼬마배나무이 월동성충 방제를 위한 기계유유제 살포기 전에 해주면 나무 껍질 틈에 있는 해충까지 방제가 가능하다. 거친 껍질 제거 작업(조피 작업)은 고압(20bar 이상의 압력)이 가능한 고압살수기를 이용하여 물로만 방제하기도 한다. 2~3년에 1회씩 실시하고 이후에 배나무가 생육하는 동안에 줄기에 피해를 주는 해충(사과유리나방과 나무좀류)을 잘 관찰하여 피해를 빨리 파악하고 방제하는 것이 좋다.

② 한편 배나무에서 열매가 맺히는 가지(결과지)를 유인 시, 가지가 찢기거나 톱으로 가지의 일부분을 자르는 경우에 생기는 상처는 분무용 점착제나 도포용 점착제를 처리한다. 깍지벌레류의 서식처를 줄여주는 효과가 있으며, 가지에서 과실로 깍지벌레가 이동하는 것을 막아 과실 피해를 줄일 수 있다. 분무형 점착제 처리는 잎이 나오기 전에 하는 것이 유인 시 상처 부위를 확인하는 것과 점착제 처리에 좋다(4월 중순 이전). 점착제를 구하기 어려운 경우 일반 접착용 테이프(너비 5cm)나 고무끈 등을 이용하여 유인 상처 부위를 틈 없이 감아주면 깍지벌레류가 서식하는 장소를 줄여줄 수 있다.

③ 약충 발생 초기인 4월 하순~5월 상순, 6월 중순~7월 상순, 8월 중하순에 적용 약제를 살포한다.

④ 웃자람가지가 큰 나무에서는 먹이 조건이 좋고 살충제의 침투 효과가 떨어져 방제가 더 어렵다. 시비 관리와 전정 방법 등에 주의를 기울인다.

⑤ 풀잠자리, 무당벌레, 포식성노린재, 기생벌 등의 천적이 다수 존재하니 이들 천적에 저독성인 작물보호제를 사용한다.

(6) 애모무늬잎말이나방

* 학명(學名) : *Adoxophyes orana*(Fisher von Roeslerstamm)
* 영명(英名) : smaller tea tortrix

가. 기주식물

배나무, 사과나무, 살구나무, 복숭아나무, 자두나무, 차나무, 버드나무, 장미 등

나. 생육단계

① 알 : 알은 잎의 표면 위에 50~100개의 덩어리를 낳는다. 각각의 알은 편평한 타원형이며 길이는 0.7mm 정도이다. 알 덩어리는 짧은 황록색이며 부화 직전이 되면 유충의 검은색 머리를 각각의 알에서 볼 수 있다.

② 유충 : 어린 유충 단계에서는 다른 잎말이나방과 구분하기 힘들지만 자랄수록 구별이 쉬워진다. 가장 쉽게 구별할 수 있는 방법은 머리 색깔의 차이이다. 사과무늬잎말이나방과 사과잎말이나방의 머리는 검은색이지만 애모무늬잎말이나방은 황갈색을 띠고 있다. 다 자란 유충의 크기는 20mm 내외이다. 유충은 동작이 매우 활발하여 놀라면 재빨리 몸을 꿈틀거리며 뒤로 움직이며 피해 잎이나 과실 바깥으로 실을 토하며 도망간다.

③ 번데기 : 피해 잎이나 과실에서 가느다란 실을 토하여 엉성한 고치를 짓고 그 속에서 번데기가 된다. 번데기는 처음에 엷은 녹색을 띤 갈색에서 시간이 지남에 따라 색깔이 진해진다. 모양은 방추형이고 크기는 8mm 내외이다.

④ 어른벌레 : 담황색이나 황갈색으로 길이는 8mm 정도이다. 앞날개 중앙에 2줄의 갈색 선이 날개의 가운데에서 연결되는 모습을 하며 같은 빛깔로 된 다수의 가는 선이 그물 모양으로 배치되어 있다. 뒷날개는 엷은 갈색을 띤다.

다. 생활사

애벌레로 가지 틈이나 거친 껍질 밑 등에서 하얀색의 얇은 고치를 짓고 그 속에서 겨울을 난다. 배나무의 발아 시기에 월동 장소에서 나와 눈, 꽃, 어린잎 등을 가해한 후 번데기가 된다. 1회 성충의 발생 시기는 6월 중하순이다. 성충은 동작이 활발하며 주로 잎의 표면에 알을 덩어리로 낳는다. 성충은 보통 1년에 3회 발생하는데, 2회 성충은 8월 상순에 발생하며 9월 상중순경에 3회 성충이 나타난다. 3회 성충이 낳은 알에서 부화한 어린 유충은 짧은 시간 동안 잎과 과실을 가해한 후 10월경에 월동 장소로 이동한다.

라. 피해와 진단

배 과수원에서 발견되는 잎말이나방 종류는 애모무늬잎말이나방, 사과잎말이나방, 사과무늬잎말이나방, 갈색잎말이나방, 매실애기잎말이나방 등이다. 이 중 애모무늬잎말이나방의 발생이 전체의 80% 이상을 차지하고 있어 피해가 크다.

표 6-6 중부 지역 배 과원에 발생하는 잎말이나방류의 종별 점유율

한국명	학명	채집 유충수	점유율(%)
애모무늬잎말이나방류	*Adoxophyes* spp.	190	82.3
사과무늬잎말이나방	*Archips breviplicanus*	10	4.3
사과잎말이나방	*Hoshinoa longicellana*	11	4.8
갈색잎말이나방	*Pandemis heparana*	7	3.0
매실애기잎말이나방	*Rhopobota naevana*	13	5.6

유충은 일차적으로 잎을 가해하지만 과실에도 피해를 준다. 봄에는 어린잎과 꽃을 함께 묶고 그 속에서 조직을 먹는다. 유충이 성숙함에 따라 신초로 이동하여 새로 난 잎을 묶어 은신처를 만들고 그 속에서 먹는다. 봉지를 씌우기 이전의 어린 과실을 가해하는데 주로 잎과 과실을 묶어 동시에 피해를 준다. 이 시기에 피해를 받은 과실은 매우 큰 상처가 남아 기형과가 된다. 봉지를 씌운 이후에는 유충이 과실 줄기를 통해 봉지 속으로 들어가 과실 표면을 얇게 갉아 먹는다. 피해를 받은 과실의 피해 부위에는 갈색의 녹이 생기고 거칠어져 상품 가치가 떨어지게 된다. 애모무늬잎말이나방의 유충은 접촉자극이 있는 공간에 숨어서 가해하는 습성 때문에 봉지를 씌운 배 과실에서도 피해가 크다.

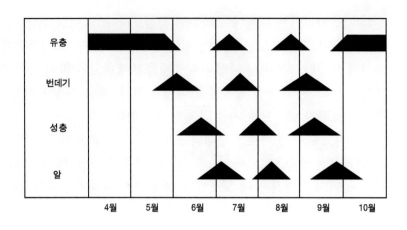

(그림 6-36) 애모무늬잎말이나방 생활사

마. 방제 방법

① 눈의 인편이 탈락하는 시기부터 월동 유충이 활동하기 때문에 개화 직전에 적용 약제를 뿌린다. 낙화 후에는 다른 해충과 동시 방제한다.

② 잎말이나방류를 효과적으로 방제하기 위해서는 우점종인 애모무늬 잎말이나방의 방제 적기인 6월 상순, 7월 중순, 9월 중순에 약제를 살포해야 한다. 사과잎말이나방은 7월 상순에 가루깍지벌레와 동시 방제하는 것이 바람직하다.

③ 기생벌, 기생파리 등과 같은 천적에 저독성인 약제를 살포한다.

④ 배 과원에 발생하는 애모무늬잎말이나방은 재배 지역에 따라 성페로몬 조성에 차이가 있다. 성페로몬 트랩 구입 시 판매처에 지역에 맞는 성분의 페로몬을 구입하여 예찰한다.

⑤ 현재 판매되고 있는 교미교란제(교신교란제)는 나무에 걸어두는 형태와 바르는 형태가 있다. 단위면적당 추천하는 용량을 사용한다. 걸어두는 형태의 교미교란제는 100개/10a로 지상 1.5m 정도 높이에 월동 해충이 본격적으로 활동하기 전에 설치한다. 전량 설치할 경우 3월 하순에서 4월 상순까지 2회에 나누어 설치하며 봄에 전체 설치량의 70%를 설치하고 7월 하순에 나머지 30%를 추가 설치한다. 과

원의 가장자리에는 설치량이 과수원 중심보다 20% 이상 더 많이 설치하고 교미교란 튜브는 지상에 떨어지지 않게 한다. 교미교란제를 과원에 도입한 초기에는 나방류 살충제를 병행하고 수확이 늦어지는 해에는 수확 전 나방류 방제를 고려해야 한다. 적용 대상이 아닌 해충에는 효과가 없으므로 예찰 및 방제해야 한다.

⑥ 마찬가지로 나무에 바르는 형태의 교미교란제도 월동 해충이 활동하기 전과 8월 상순으로 2회 나누어 배나무 1주당 약 3g씩 지상 1.5m 정도 높이의 그늘진 곳에 도포한다. 과원 가장자리에는 주당 2배량, 과원 내부에는 골고루 배분한다.

(7) 복숭아순나방

* 학명(學名) : *Grapholita molesta*(Busck)
* 영명(英名) : Oriental Fruit Moth

가. 기주식물

배나무, 사과나무, 복숭아나무, 매실나무, 벚나무, 모과나무 등

(그림 6-37) 복숭아순나방 성충

나. 생육단계

① 알 : 알은 납작한 원형이다. 처음에는 유백색이지만 부화 직전에는 황갈색으로 변하며 유충이 비쳐 보인다. 길이는 0.3mm 정도이다. 낱개로 잎이나 과실 위에 낳는데 발견하기가 매우 어렵다.

② 유충 : 알에서 막 부화한 유충은 1mm 정도이다. 머리가 크고 검은색이며 가슴과 배는 유백색이다. 유충이 5번에 걸쳐 탈피를 하여 다 자라게 되면 10~13mm 정도가 된다. 머리가 어두운 갈색으로 변하고 몸 색깔은 붉은색이 가미된 황색을 띠게 된다.

③ 번데기 : 거친 껍질 밑이나 틈에 실을 토하여 긴 타원형의 고치를 짓고 그 속에서 번데기가 된다. 크기는 5~7mm이며 방추형이다. 처음에는 갈색이지만 성충이 되기 직전에 어두운 회갈색으로 변한다.

④ 성충 : 성충은 길이가 5~7mm 정도로, 전체적으로 흑갈색을 띠는 작은 나방이다. 앞날개는 흑갈색이고 앞날개 바깥쪽으로 7개의 하얀 선이 있다. 뒷날개는 암갈색이며 배는 암회색이다.

다. 생활사

배나무의 갈라진 틈, 거친 껍질 밑 그리고 남아 있는 봉지 잔재물 등에 고치를 짓고 다 자란 유충으로 그 속에서 월동한다. 월동 유충은 3월에 번데기가 된다. 4월 상순부터 성충이 나타나기 시작하여 새 가지 끝부분에 있는 잎의 뒷면에 알을 낳는다. 암컷 한 마리가 200개 정도의 알을 낳으며 알 기간은 3~7일 정도이다. 유충 기간은 9~17일이며 용 기간은 7~13일 정도인데, 온도가 높을수록 발육 기간은 짧아진다. 1년에 4회 발생하는데 각 세대의 성충 발생 최성기는 4월 하순~5월 상순, 6월 상중순, 7월 하순~8월 상순, 8월 하순~9월 상순경이다. 유충은 과실과 신초를 가해하다가 9월 중순 이후에 다 자란 유충이 되면 피해 부위를 나와 월동 장소로 이동하기 시작한다.

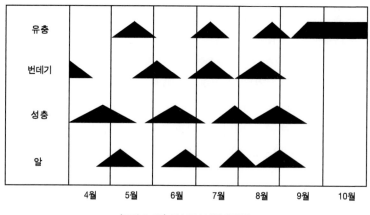

| | 4월 | 5월 | 6월 | 7월 | 8월 | 9월 | 10월 |

(그림 6-38) 복숭아순나방 생활사

라. 피해와 진단

복숭아순나방은 중국이 원산인 해충으로 우리나라 배 과수원에 발생하는 심식충류 중에서 가장 발생량이 많고 피해가 크다. 유충이 과수의 신초와 과실에 구멍을 뚫고 들어가 조직을 먹는다.

배나무 생육 초기에 알에서 부화한 어린 유충은 새 가지 끝부분에 구멍을 뚫고 들어가면서 먹기 시작한다. 피해를 받은 새 가지 끝부분에 잎이 시들고 피해 부위 주변에서 배설물을 확인할 수 있다. 이 시기에 일부 유충은 어린 배 과실 속으로도 뚫고 들어가 피해를 준다.

배 과실의 본격적인 피해는 7월 이후에 발생하는 3, 4세대의 유충에 의해 받게 된다. 과실이 성숙하여 과즙이 많아지게 되면 유충은 열매꼭지를 통해 과실 속으로 들어간다. 일부 유충은 과실과 봉지가 접촉하는 부분으로 직접 뚫고 들어가 피해를 준다. 과실의 피해 부분은 주변이 까맣게 변하며 썩게 되고 결국 떨어지게 된다. 수확기에 접어들어 과실의 크기가 커져 봉지가 찢어지면 그 부분으로 유충이 쉽게 침입할 수 있기 때문에 주의를 기울여야 한다.

마. 방제 방법

① 봄에 거친 껍질을 벗겨 월동 유충을 제거한다.

② 알에서 유충이 부화하는 시기인 5월 상중순, 6월 중하순, 8월 상순, 9월 상순을 중심으로 각각 나방 전문 약제를 살포한다.

③ 피해 새 가지와 과실을 제거하며 수확 후 봉지 잔재물 등을 수거하여 태운다.

④ 애모무늬잎말이나방의 방제 방법에서 교미교란제 이용 방법을 참고한다.

(8) 사과유리나방

* 학명(學名) : *Synanthedon haitangvora*

가. 형태적 특징

(그림 6-39) 유살된 사과유리나방 수컷 성충

유충의 몸 길이는 25mm이고 3개의 작은 흉각과 5개의 복각을 갖고 있다. 몸은 담황백색이고 머리는 갈색이다. 번데기는 황갈색으로 길이는 15~17mm이다. 복환절에는 거치상의 단단한 가시가 열을 지어 있어 우화 시에 몸을 밖으로 내밀 때 유용하다. 성충의 몸 길이는 17mm이고 날개를 편 길이는 25~32mm이다. 날개는 가늘고 투명하다. 몸과 날개의 가장자리는 흑색이고 복부에 2개의 황색 선이 있으며 언뜻 보면 벌처럼 보이기도 한다.

나. 피해

사과유리나방에 의해서 피해를 받은 배나무는 수간부나 가지로부터 즙액과 배설물이 나와 피해 여부를 쉽게 알 수 있다. 사과유리나방은 나무껍질 속의 피층 조직과 목질부를 식해하여 나무의 발육을 저해하며 피해가 심하면 고사한다.

다. 생태

1년에 1세대 또는 2세대 발생한다. 유충으로 나무의 주간에서 월동한다. 월동충의 발육 정도는 큰 것부터 작은 것까지 각양각색이다. 5월부터 10월까지 성충이 나타나며, 발생 최성기는 6월 중순과 8월 하순경이다. 우화 시에는 번데기 탈피각을 반쯤 밖으로 내놓고 성충이 우화한다. 성충은 주간의 갈라진 틈이나 상처를 받은 흔적이 있는 곳 등에 산란한다. 부화 유충은 조피 내부의 조직을 식해하고 그곳에서 월동한다.

라. 방제

배나무 줄기에 유충의 배설물이 확인되면 그곳을 전정가위나 칼을 이용해 굴취하여 유충을 포살한다. 포살하는 시기는 4월 이후에 조직이 연약해질 시기에 실시하는 것이 좋다. 약제 방제로는 성충 우화 초기인 5월 하순경부터 10일 간격으로 3회 정도 나방류 방제 전용 약제를 살포하는 것이 효과적이다.

다 유해 조류

조류 피해는 비행장, 전력 배전시설 등 주요 공공시설과 양어장, 과실, 채소, 화훼 단지, 축사 등에 머무르지 않고, 일반 가옥이나 아파트 상부에 집을 짓거나 배설물을 쌓아 미관을 해치거나 보건 위생을 위협하고 있다. 농작물에 피해를 주는 조류는 주로 텃새이다. 강한 정주성을 확보하고 있기 때문에 먹이 학습이 이미 상당 기간에 걸쳐 이뤄진 상태이다.

(1) 유해 조류의 종류와 생태

가. 까치(Black-billed Magpie, *Pica pica*)

까치는 암수 한 쌍이 짝을 이뤄 일정한 세력권에서 계속 살아가는 텃새이다. 짝짓기를 못하는 개체(비번식 개체)는 무리지어 다니는데, 개체수 면에서 전체의 약 20~40% 수준으로 대부분 1~2년생의 어린 새이다. 까치가 활동하는 세력권 면적은 평균 1만 5,000평 수준이고 일부일처제를 취한다. 잡식성으로 곤충류, 과실, 동물 배설물, 쥐, 도토리류, 작은 새, 음식 쓰레기 등을 먹는데 80% 이상이 동물성 먹이이다. 2~4월에 보통 3~9개의 알을 낳으며 번식에 실패했을 경우 개체당 최고 연간 4회까지 산란이 가능하다.

나. 물까치(Azure-winged Magpie, *Cyanopica cyanus*)

참새목 까마귀과의 텃새이고 까치와 마찬가지로 깃털 모양상 암수 차이가 없다. 구릉이나 높은 산에 이르기까지 도처에 서식하며 낙엽송림을 특히 선호한다. 번식 후 5~10마리 정도의 작은 무리를 지어 활동한다. 산란은 5~7월에 이뤄지고 보통 6~9개의 알을 낳는다. 먹이는 개구리, 어류, 곤충, 농작물(벼, 콩, 옥수수, 감자), 과일(배, 감, 감귤, 포도, 복숭아, 블루베리, 양앵두), 과채류(딸기, 양배추) 등이며 잡식성이다.

다. 기타

직박구리, 어치, 꿩 등이 과수원 주변에 다수 관찰되었다. 어치는 개체별로 과수원에 비래하여 과실을 가해하는 특성을 보이며 꿩은 수관 하부의 과실을 가해하지만 피해 수준은 크지 않다. 직박구리는 봉지를 씌운 배 과실을 직접 가해하지 않지만 사과, 포도, 복숭아, 자두, 뽕, 양앵두, 블루베리, 감 등은 직접 가해한다. 개화기에는 배 과수원에서 일부 꽃을 가해하기도 하나 직접적인 피해보다 까치가 가해한 후 이차적으로 섭식하는 특성이 있다.

(2) 방조법 종류

가. 농가에서 활용되는 방조법의 종류

우리나라의 농가에서 활용되는 방조법은 대부분 2가지 이상의 방법을 혼용하고 있다. 인력, 소음, 빛을 이용하여 쫓는 방법이 많다. 방조망과 포살법이 최근에 널리 이용되고 있다(표 6-7).

표 6-7 배 재배 농가에서 사용하고 있는 방조법 종류 (원과원, 2008)

방조법	사용률(%)		실례
	2008년	1999년	
기피 자재	5	88	빛 반사물, 소음기
인력	55	61	이른 아침과 오후 해 질 무렵에 직접 쫓기
방조망	37	15	과수원 전면 방조망 처리
밀도 조절	87	33	
· 트랩	71	–	사다리식 트랩
· 치사제	11	9	농약을 이용한 구제
· 총포	5	24	직접 구제하거나 쫓기

일본은 방조망과 방조 봉지가 많이 보급되어 있는 점이 특징적이다. 소음과 모형 등으로 쫓아내는 방법은 우리나라와 비슷하게 활용되고 있다(표 6-8). 우리나라의 과수원에서 조류 피해 수준을 보면 2000년 5.1%에서 2007년 0.6% 수준으로 급격하게 감소되었는데 이는 주로 트랩에 의한 조류 밀도 조절과 방조망이 폭넓게 보급되었기 때문으로 판단된다.

표 6-8 일본의 방조법 실태 및 활용 효과 (과수시험장보고, 1999)

방조법	활용 지역 수	효능
폭음기	10	· 설치 초기에 효과가 있고, 익숙해지면 효과가 저하됨
방조망	10	· 가장 유효한 수단임
방조 봉지	8	· 효과가 인정되는 편임
사체 걸기	7	· 일부 효과가 있으나 익숙해지면 효과가 떨어짐
눈동자 모형	3	· 거의 효과 없음
낚시줄 설치	6	· 까마귀에는 다소 효과적이나 다른 조류엔 효과 없음
폭죽	6	· 일시적 효과 있음
총기	4	· 사용 기간에는 효과 있음
자석(자기)	4	· 효과가 불명확하고, 일부 조류의 경우 초기에 효과를 보이는 정도임
회전대	4	· 익숙해지면 효과 저하됨
인형	5	· 익숙해지면 효과 저하됨
방조갓	4	· 방조 봉지보다 효과가 적은 편임

특히 1999년과 2007년의 까치 밀도를 보면 37.5% 수준으로 감소한 것으로 보아 전국적으로 조류 밀도 조절 조치가 폭넓게 이뤄지고 있음을 알수 있다(표 6-9, 10). 특히 농약을 이용한 독살은 원하지 않는 야생 조류를 죽일 뿐만 아니라 보호 중인 야생 동물의 2차 중독을 유발할 위험이 있으므로 무분별하게 사용하는 것을 금해야 한다.

표 6-9 배 과수원 조류 피해 실태 (원과원, 2008)

연도	피해과율(%)		비 고
	범위	평균	
2000년	0~31.2	5.1	조사 과원 : 44
2007년	0~1.7	0.6	조사 과원 : 15
증감	−	△850	

표 6-10 배 주산단지 까치 밀도 변화 (원과원, 2008)

조사 지역	까치 밀도*		증감(%)
	2007년	1999년	
나주	2.3	3.0	△ 23.3
천안	7.8	14.5	△ 46.2
익산	9.3	16.3	△ 42.9
계	6.5	11.3	△ 37.5

* 도로를 중심으로 좌우 폭 200m, 총이동거리 5km에서 조우되는 개체 수

나. 방조망 설치

방조망은 조류 피해를 막는 효과가 뛰어날 뿐 아니라 우박과 바람 피해를 막는 장점이 있다. 가장 선호되는 방조법이나 설치 시 여러 어려움이 있다. 간이 방조망은 4~5명이 동시에 방조망을 피복할 수 있으며 개폐가 비교적 편리하게 설계되었다. 시설 비용은 표준 방조망에 비해 경제적인 장점이 있다. 그러나 바람과 우박에 대한 효과가 검증되지 않은 상태이므로 조류 피해 방지용으로 한하여 설치가 요구된다. 농가형 방조망은 나무 전체를 피복하는 것으로 현 농가에서 활용되고 있다. 설치비가 매우 저렴하고 방조 효과도 비교적 좋은 까닭에 많이 활용되고 있다. 하지만 밀식 과원에서 망 피복과 제거 작업과 피복 후 과원 작업이 불편하고 강풍에 쉽게 훼손되는 단점이 있다.

다. 총기 포획법

국내에서뿐만 아니라 외국에서도 사용되는 방법으로 비교적 효과가 좋은 방법 중 하나이다. 특히 성숙기부터 수확기까지 방조 효과를 지속시키기 위해서는 집단적으로 포획이 이뤄지고 시기적으로 봄철에 포획되어야 효과적이다(표 6-11).

표 6-11 **집단 포획을 한 시기별 까치 포획 수 및 서식밀도 (원예원, 1999)**

포획 방법	집단 포획 기간 (개월)	총 포획 수 (마리)	까치 밀도 (마리/5km)
봄철 포획	1	10,000	3.0
가을철 포획	3	805	14.5
대조구		–	16.3

라. 종합 모빌

조류가 새로운 것에 대해 가지는 경계 행동은 일반적으로 7~10일이다. 이 기간을 최대한 이용하여 유해 조류의 접근을 막는 것이 종합 모빌(Mobil)의 활용 원리이다. 이는 반사 거울, 반사 테이프, 허수아비, 깃발 등 여러 종류의 저렴한 모빌을 긴 장대나 덕시설에 매달고, 이들을 약 10일 간격으로 바꾸는 것이다. 농가에서 활용되는 모빌형 방조 기구는 일반적으로 피해가 시작될 때 설치하여 수확 후까지 그대로 두는 경우가 많다. 텃새인 까치 등의 유해 조류 습성상 이에 대한 학습 효과가 유발되므로 한시적으로 교체 사용하고, 수확 후에는 과수원에서 반드시 철거해야 한다. 이런 학습 효과 때문에 소음 기기들은 한 종류에 의존하지 않고 방조율이 떨어질 무렵 농가끼리 서로 다른 기종으로 바꾸어 설치하면 방조 효율을 높일 수 있다(표 6-12).

표 6-12 **조류 피해 방지를 위한 기피 자재 교체투입 효과 (원과원, 1999)**

처리 내용	조류 피해율(%)	방조 효과(%)
교체 투입구	2.8	81.0
관행 처리구	14.6	–

마. 재봉실 이용법

설치 방법은 검은색의 재봉실 한쪽 끝을 나무 주간이나 가지에 묶어 고정한 후, 나무 수관 위를 20cm 정도 간격의 그물 모양으로 탱탱하게 감아 주는 것이다. 재봉실 간격이 넓거나 느슨하게 설치하게 되면 효과가 떨어지기 때문에 주의해야 한다(표 6-13).

표 6-13 재봉실 이용에 따른 유해 조류 피해경감 효과 (경북기술원, 1999)

구분	재봉실	무처리
피해율(%)	1.8	10.4

바. 소음 기기 활용

매, 부엉이 등과 같은 천적에 대해 까치가 내는 경계음을 활용하여 기피 효과를 내는 것과 라디오, 폭죽, 카바이트 총 등의 소음 기기를 써서 조류를 놀라게 하여 쫓는 방법이다. 시판되는 제품이 많고 모빌류에 비해 다소 기피 효과가 길게 유지되므로 선호되는 장점이 있으나, 과원이 민가 부근에 위치할 경우 소음 공해를 유발하여 사용에 문제가 많고 효과 면에서도 지속적이지 못한 단점이 있다.

사. 조류 포획 트랩

조류 포획용 조립식 트랩은 이동과 설치가 편리한 것이 특징이다. 일곱 개의 철골 구조물로 제작하였으며 조립할 때 천 노끈으로 고정한다. 트랩 크기는 가로 3m, 세로 3m, 높이 2m로 트럭에 자유롭게 적재가 가능하고, 설치뿐만 아니라 해체하여 보관도 용이하다. 트랩 입구를 "井"자 형태로 제작하여 유입구가 넓게 만들되, 직박구리와 물까치의 경우 유인된 조류가 탈출하지 못하도록 간격을 더 좁게 하는 것이 좋다.

포획 트랩으로 까치를 포획하려고 할 경우 주로 쉬는 장소를 택하되 비교적 사람의 통행이 적은 장소에 설치한다. 개를 놓아 기른 곳에는 트랩 관리에 더 세심한 관리가 필요하다. 설치 후 4~5일 동안 까치가 포획되지 않으면 장소를 옮겨서 다시 설치해야 한다. 주변에 쉴 만한 나무가 있어야 하며 평소 잘 쉬는 나무를 택해서 그 근처에 설치하면 더 효과적이다. 과수원 내부에 설치하여 농작업이 불편할 경우도 있는데 이럴 경우 과수원 주변의 빈터에 설치해도 트랩의 포획 효과는 떨어지지 않는다.

(그림 6-40) 포획 트랩 설치 장면과 트랩 유입구

　까치를 포획하려고 할 경우 먹이는 도살장 폐기물, 생선 등 부패하면서 파리를 많이 유인할 수 있는 것일수록 효과적이다. 물까치와 직박구리는 배, 포도, 수박 등 과실을 이용하면 좋다. 먹이와 더불어 물은 매일 관리해야 한다. 트랩 내부에 먹이와 물을 투입하면 대부분의 조류는 7일 내외에 먹이 탐색의 과정을 거친 뒤 트랩 내부로 유입된다. 이런 기간을 생략하기 위해서 포획하고자 하는 조류를 후리새(Lure Bird)로 투입하면 투입한 다음날부터 포획이 가능하다. 트랩 내부에 동료 개체가 있음으로 해서 유인 효과를 높일 수 있고 먹이 학습의 시간을 구태여 갖지 않으려는 성향을 보이기 때문이다. 까치를 후리새로 넣으면 까치만 선택적으로 잡을 수 있다. 이른 아침과 해지기 2시간 전쯤에는 먹이 활동이 왕성하므로 트랩 주변에 접근하지 말아야 한다. 그런 이유로 트랩 관리는 주로 해가 진 후에 하는 것이 좋다. 포획된 조류가 안정감을 갖도록 대나무, 플라스틱 등으로 1m 전후의 횃대를 트랩 모서리 부분에 설치해 주면 좋다. 조립형 포획 트랩은 총기나 독극물 대체용으로 과수 농가에서 이용할 수 있다. 효과 면에서도 넓은 지역에 걸쳐 확인할 수 있는 장점이 있기 때문에 권장될 필요가 있다.

　과수원에서 활용되고 있는 조류 피해 방지법 중 총기 포획과 사다리식 트랩을 활용한 밀도 조절 방법이 소요 단가가 가장 적고 과실 피해율 감소에 효과적이다(표 6-14). 포획 트랩을 이용하고자 할 경우 반드시 읍·면·동장의 허가를 받아야 한다. 포획 대상 조류가 아닌 보호 조류는 반드시 방사해야 한다.

표 6-14 배 과수원 방조 방법별 소요 단가 및 과실 피해율 (원예원, 2011)

방조 방법		소요 비용	운용 가능 지역 (ha)	유효 기간 (년)	소요 단가 (원/10a/년)	과실 피해율(%)	
						범위	평균
총기 포획		(엽사 고용) 320,000원 = 80,000원/명×2명×2회/년	100	1	320	0.2~1.8	1.0
사다리식 트랩		600,000원 = 550,000원/기+인건비 50,000원/년	100	10	105	0.2~6.3	1.7
기피 자재	광반 사물	120,000원 = 20,000원/기×6기	1	3	4,000	0.3~6.3	3.1
	소음기	(판매가)15,010,000원 = 15,000,000원/기+유지비 10,000 원/년	1	10	160,000	-	-
실감기		40,000원 = 실 10,000원+인건비30,000	4	1	1,000	1.9~4.5	3.2
간이 그물		(농가 사례) 1,200,000원 = 망 1,000,000원+인건비 200,000원	1	3	400,000	≥0.1	≥ 0.1
방조망		(농가 사례) 30,000,000원	1	7	428,571	0	0
인력		200,000원 = 1시간/일×1일/8시간×40일× 40,000원/일	1	1	200,000	0.4~6.3	1.9

03 이상기상에 대한 경감 대책

가 서리 피해

(1) 서리 피해

서리에는 결정형과 무정형 두 종류가 있다. 지면이나 물체가 냉각되고, 이것과 접촉하는 수증기가 냉각되어 찬 물체의 표면에 붙는 경우 결정형 서리가 된다. 공기의 온도가 차차 낮아지면서 0℃ 이하에 불과할 때는 이슬이 맺히기 시작하다가 점차 온도가 낮아지면서 이슬이 얼게 되고 그 위에 수증기가 냉각되어 달라붙게 되면 무정형 서리가 된다. 서리가 내리기 2~3일 전 비가 오고 하루 중 최고기온이 18℃ 이하이면서 바람이 불지 않을 때 서리가 내리기 쉽다. 낮 최고기온이 20℃ 이상 되거나 바람이 2m/sec 이상이 되면 기온과 수체 온도가 비슷해져 서리는 거의 내리지 않는다.

시베리아에서 이동성 찬 고기압이 발생되어 한반도를 통과하는 봄에는 밤에 지면에서 복사방열이 심하다. 이때 이동성 고기압이 자주 통과하는 길목, 내륙기상으로 기온의 일변화가 심한 곳, 긴 언덕, 산으로 둘러싸인 곳, 강변, 산기슭 등 낮은 곳으로 찬 공기가 흘러들어 오기 쉬운 지형 조건에서 서리 피해를 많이 받는다.

(2) 발육 시기별 서리 피해 증상

서리 피해 정도 및 피해 양상은 수체의 발육단계에 따라 다르게 나타난다.

표 6-15 배 품종별 생육 시기에 따른 피해 발생률 (%, 1996, 전북도원)

품종	화뢰기	만개기	낙화 직후
신고	8	40	23
황금배	5	38	20
추황배	8	35	23
영산배	10	38	25

※ 처리 조건 : −5℃, 4시간

가. 개화기 서리 피해

배의 생육단계 중 개화기가 서리에 가장 약하며, 이 시기의 늦서리에 의한 피해가 가장 일반적인 서리 피해이다. 서리 피해는 발육 정도에 따라 차이가 있다. 개화 전까지는 내한성이 비교적 강하나 개화 직전부터 낙화 후 1주까지 가장 약하고, 낙화 후 10일이 지나 잎이 피면 서리 피해를 적게 받는다.

표 6-16 발육 정도별 서리의 피해를 받는 위험 한계온도 (품종 : 장십랑)

발육 정도	위험 한계온도	비고
꽃봉오리가 화총 안에 있을 때	−3.5℃	
꽃봉오리가 끝이 엷은 분홍색일 때	−2.8℃	
꽃봉오리가 백색일 때	−2.2℃	30분 이상 되면 위험
개화 직전	−1.9℃	
만개기, 낙화기, 낙화 10일 후 유과	−1.7℃	

꽃봉오리가 벌어지기 전에 서리 피해를 받으면 정상적인 암술 발달이 이루어지지 못하고 암술의 길이가 짧아진다. 개화기를 전후한 시기의 서리 피해는 암술머리, 암술대, 배주가 얼어 죽어 검은색으로 변해 수정이 불가능하게 한다.

암술 및 수술의 피해

정상화

(그림 6-41) 개화기의 서리 피해

나. 유과기 서리 피해

유과기의 서리 피해는 과피 쪽 피해 부분의 세포가 얼어 죽는다. 피해 부위는 일반적으로 꽃받침 가까운 부분에 환(가락지) 모양으로 나타나나 과실 전체에 그물 모양, 별 모양, 혀 모양으로 나타나기도 한다. 심하면 피해 부분의 비대가 불량하여 기형과가 발생된다. 어린잎이 피해를 받으면 물에 삶은 것같이 되어 검게 말라죽는다.

피해과

정상과

(그림 6-42) 유과기의 서리 피해

다. 품종과 상해

품종별로도 생육에 차이가 있다. 저온의 피해를 가장 심하게 받는 품종은 '신고'이다. '신고'는 내한성이 가장 약한 시기인 개화기에 기온이 떨어져서 서리 피해를 받고 있다. '신고'의 개화기는 일반적인 경우 '원황', '추황배', '감천배', '장십랑'에 비해 2일 빠르고 '황금배', '만풍배'에 비해 3일 빠르다.

그 밖에도 수관 상부보다는 수관 하부 쪽이, 액화아보다 정화아가 피해가 크다. 이는 수관 하부는 찬 공기가 정체되고 정화아는 액화아보다 생육이 빠르기 때문이다. 수체 상태에 따라서도 피해 정도의 차이가 있는데, 병해충 피해가 심하거나 조기 낙엽에 의해 저장양분이 불량한 나무는 피해가 심하다.

표 6-17 배 품종별 서리에 의한 꽃 피해율 (2000, 나주배시험장)

품종	신고	장십랑	영산배	감천배	화산배
피해화율 (%)	91.0	66.5	50.9	35.0	30.4

품종	원황	황금배	풍수	추황배	행수
피해화율 (%)	26.9	20.0	19.4	17.3	6.3

※ 내습 시기 및 최저기온 : 4월 8일, -3.1℃, 만개기 : 4월 16일

(3) 서리 피해 대책

가. 예방

서리 피해 예방법으로는 연소법, 송풍법, 관수법 등이 있다.

① 연소법

연소법은 중유, 폐유, 왕겨 등을 태워 서리 피해를 예방하는 방법이다. 이 방법들은 서리 피해 예방에 상당한 효과가 있으나, 준비하는 데 시간과 노력이 많이 소요되며 오랫동안 과수원에 냄새가 남아 있고 화재의 염려가 있다. 영하 0.5℃ 때 이들을 사방 5m 간격으로 배치하고 불을 붙이면 2℃ 정도 높아진다. 왕겨나 톱밥으로 연기를 피우면 지면의 방열을 줄일 수 있고 연기 속의 수증기 응결로 0.5~1.0℃ 높아진다.

② 송풍법

송풍법은 지상 1m보다 지상 10m에 있는 공기가 보통 2~3℃, 때로는 5℃ 높으므로 프로펠러로 찬 공기와 더운 공기를 섞어 주어 서리 피해를 예방하는 방법이다. 8m 높이에 LNG 엔진 80~100Hp에 직경 1~3m 프로펠러를 부착하여 일정 온도 이하가 되었을 때 자동 작동시켜 서리 피해를 예방한다. 송풍기 가까이는 지상부의 온도를 2℃, 좀 떨

어진 곳에서는 1.5℃ 높일 수 있다. 프로펠러 길이가 1m인 경우 10a당 1.6대가 필요하며 프로펠러가 선 위치에서 32m까지 영향을 미친다.

③ 관수법

스프링클러로 시간당 3mm 정도 계속 살수해 배나무의 꽃(눈)을 얼음으로 씌워 0℃ 이하로 내려가지 않게 하는 방법이다. 살수를 해가 뜨기 전에 중단하면 더 큰 피해를 받는다.

다음날 아침에 서리가 예상되면 땅에 물을 충분히 주어 땅속의 열을 끌어올려 지면의 냉각을 완화해 1℃ 정도는 높일 수 있다. 이때 지면이 피복되어 있으면 지열이 차단되어 서리의 피해를 더 받으므로 피복물을 제거해야 한다.

나. 서리 피해 후 대책

개화된 상태에서 피해를 받았을 경우에는 피해를 받지 않은 꽃에 인공수분을 실시한다. 결실량이 충분히 확보되지 않았을 때에는 질소 비료 사용량을 줄이고 다음 해 결실을 위해 농약을 적기에 살포하여 잎을 보호한다. 유과가 피해를 받았을 때는 피해를 받은 과실부터 적과해야 하며 봉지 씌우는 시기를 늦춘다.

나 우박 피해

(1) 우박 피해

우박은 갑자기 일어나는 기상재해로 짧은 시간 안에 큰 피해를 준다. 상승기류가 심하게 생기고 공중에는 한랭전선이 지나갈 때 강우와 번개를 동반하여 우박이 온다. 우박의 경로는 번개의 경로와 일치하거나 평행한다. 우박이 내리는 범위는 폭이 수 km에 불과하며 통과 경로에 따라 가늘고 긴 띠 모양이 된다. 이동 속도는 시속 40km 정도이고 한 지점에서 10분 정도 오는 경우가 많다. 우박의 모양은 구형, 타원형, 원형, 불규칙형이 있으며 우박 크기는 직경이 보통 0.5cm이나 3~4cm가 되는 것도 있다. 우박이 내리는 시기는 5~6월(연중 50~60%), 9~10월(연중 20~30%)에 기온이 2~25℃ 사이일 때 많이 발생하며, 12~15시 사이 상승기류가 형성될 때 많이 내린다. 내리는 시간은 보통 몇 분 정도나 30분 이상이 될 때도 있다. 대체로 큰 강의 상류 쪽에 빈도가 많으며 산 근처, 골짜기, 산맥이 막힌 앞쪽에 많이 발생된다. 우리나라는 지역적으로 낙동강 상류 쪽이 가장 많고 다음이 청천강, 한강 유역 순이다. 우박은 국지성이 매우 강하여 같은 시·군에서도 특정 마을에만 우박이 내리는 경우도 종종 관측된다.

표 6-18 수확 직전 우박에 의한 엽 및 과실 피해 정도 (1998, 남양주시)

구분	피해율	피해 정도별 분포율 (%)			
		낙엽률	심	중	경
잎	99.4	25.4	38.9	21.0	14.6
과실	97.2	-	25.3	42.9	31.8

(2) 우박 피해 발생

가. 피해 증상

엽이 우박을 맞으면 찢어지거나 마찰에 의해 상처를 받으며 심한 경우 낙엽된다. 낙엽은 광합성량을 감소시켜 소과와 꽃눈 불량의 원인이 된다. 꽃눈이나 잎눈이 우박에 의해 상처를 받거나 탈락되면 다음 해 결실에도 영향을 준다. 과실은 마찰에 의해 경미한 상처가 생기거나 우박과 충돌한 부위가 깊게 구멍이 생기고 심하면 낙과된다. 과실 비대 후기에 피해를 받은 경우 봉지가 찢어지고 과실에 상처가 생긴다. 과실의 피해는 상품성 저하와 수량 감소로 직결된다.

낙엽, 신초 피해

유과 피해

가지 상처

(그림 6-43) 생육기 및 수체 부위별 우박 피해 양상

피해 후 신초 다발

수확기 기형과

(그림 6-44) 우박 피해 후 양상

나. 대책

① 예방

근본적인 방지대책은 우박이 오지 않는 곳에 배 과수원을 만들면 되겠으나, 어느 때 우박이 올지 예측할 수 없으므로 안전지대를 찾기는 매우 어렵다. 우박 예방을 위해서는 배나무보다 30cm 정도 더 높게 5~10mm 망목의 망을 씌우는 것이 좋다. 9mm 망을 피복하면 과실에는 약간 멍이 드나 수확 시에는 회복되어 정상 과실이 된다. 망을 씌우면 우박 피해뿐만 아니라 새와 흡수나방도 예방할 수 있고, 수확기에 태풍으로 인한 낙과도 줄일 수 있다. 차광 정도가 심하면 액화아가 감소되고 과실 비대가 나빠져 품질이 낮아지는 경향이 있는데, 20% 이하의 차광 조건은 실용적 측면에서 문제가 없다. 망을 씌웠을 때 빗물이 직접 과실 표면이나 잎에 닿지 않아 응애와 진딧물이 일찍부터 많이 발생되므로 방제에 유의해야 한다. 겨울 동안에 망 위에 눈이 쌓이면 시설물이나 나무의 피해가 크므로 수확 후에는 망을 철거하는 것이 좋다.

② 피해 후 대책

우박의 피해 정도를 낙엽 정도나 잎이 파엽된 정도를 기준으로 구분할 경우, 잎이 30% 이상 낙엽되거나 100% 찢어진 경우는 극심, 엽의 10~30%가 낙엽되며 70~100%가 찢어진 경우는 심, 엽의 10% 이하가 낙엽되고 40~70% 찢어진 경우는 중, 엽의 10% 이하가 낙엽되고 40% 이하가 찢어진 경우를 경미한 상태로 나눠볼 수 있다. 각 피해 정도에 따라 이듬해 생산을 위한 수세 안정과 수체 관리에 대한 대책이 요구된다.

표 6-19 개화기 우박 피해에 의한 수량 및 기형과 발생 (나주배시험장, 1988)　　　　(품종 : 금촌추)

피해 정도	착과율 (%)	기형과율 (%)	평균 과중 (g)	수량 (kg/10a)
심	2.5	51.7	752	448
중	15.2	24.2	573	3,557
경	86.1	3.4	487	5,695

○ 적과

우박 피해를 받은 시기와 피해 정도에 따라 적과량을 다르게 해야 한다. 낙화 직후부터 5월 중순까지 우박 피해가 격심한 경우 정상 착과량에 비해 40~50% 적과하고 심한 때는 20~30%, 중은 10%, 경은 정상적으로 결실시킨다. 5월 하순~7월까지 우박의 피해를 심하게 받은 경우 '장십랑', '행수'에서는 모두 적과하고 심한 경우는 '장십랑'에서 30%, '행수'에서 50% 적과해야 한다. 중은 두 품종 모두 10% 적과하고 경은 보통 착과시킨다.

○ 약제살포

우박 피해를 받은 직후 석회보르도액을 살포하면 약해를 받기 쉬우므로 3일 정도 지난 후 살포한다. 다이센, 다코닐, 톱신 등 봉지에 든 농약은 피해를 받은 직후에 살포할 수 있다. 농약은 충분한 양을 빠짐없이 살포하여 상처를 보호해야 다음 해 정상 결실이 가능하다.

○ 신초 관리

잎은 심한 피해를 받고 가지는 상처를 받아 새순이 부러진 경우에는 수세 회복과 꽃눈 형성을 위하여 피해를 받은 바로 아랫부분까지 절단하여 새순이 나오게 하고 6월 하순~7월 상순에 새순을 유인한다.

○ 시비

피해를 받은 직후 물 20L에 요소 60g을 넣어 농약과 함께 엽면시비하거나 10a당 질소 비료를 성분량으로 1.5~2.0kg 사용한다.

다 동해

(1) 배의 동해 피해 지대 구분

우리나라는 대륙성 기후의 영향을 많이 받고 있기 때문에 겨울 휴면 기간 중 저온에 의한 동해를 간혹 받게 된다. 배나무는 -25~-30℃에서 5시간 정도 지속되면 동해를 받는다.

표 6-20 배 동해 피해 지대 구분

구분	특성
1지대	생육기(4~10월)의 평균기온이 19~21℃이고 8~9월의 평균기온이 22℃ 이상이며 동해 위험이 없는 지역으로 전남, 경남 지역이 해당된다.
2지대	생육기의 평균기온이 19~21℃이고, 8~9월의 평균기온이 22℃ 이상이며 동해 위험이 예상되는 지역으로 전북과 충남의 서해안 지역, 경북 일부 지역이 해당된다.
3지대	생육기 및 8~9월의 평균기온 중 하나가 적지에 들고 동해 위험이 예상되는 지역으로 경기도 서해안 지역이 해당된다.
4지대	생육기 평균기온이 19℃ 이하, 8~9월의 평균기온이 22℃ 이하이며 동해 위험이 예상되는 지역으로 전북과 충북의 내륙 지역, 경북과 강원도 동해안 지역이 해당된다.
5지대	극기온이 -25℃ 이하인 재배 부적지로 강원도 내륙 지역이 해당된다.

생육기 및 8~9월의 평균기온을 기준으로 한 동해 피해 지대 구분은 (표 6-20)과 같다. 특히 양평, 춘천, 원주 등 강원도 내륙 지역에서는 10년 간격으로 -25~-30℃에 이르는 저온 출현이 예상된다. 이러한 지역에서는 재배를 피하거나 동해에 대한 대책이 반드시 필요하다.

(2) 동해를 일으키는 요인

가. 온도

배나무의 동해 한계 위험온도는 -25~-30℃이다. 그 이하로 내려가지 않은 지역에서는 안전재배가 될 수 있으나 국지적으로 동상을 받는 경우가 자주 있다.

1981년 1월 5일 극저온 후 조사주수에 대하여 30% 이상 동사한 나무의 비율은 양평(-32.6℃) 25.9%, 이천(-26.5℃) 19.7%, 수원(-24.8℃) 12.6%이었으며, 온양(-21.7℃)은 동해를 받지 않았다.

표 6-21 지역별 배나무 30% 이상 동사한 나무의 비율　　　　　　　　　　　**(1982, 문종열)**

양평	이천	수원	온양
25.9%	19.7	12.6	0.0
(2,280주)	(3,993)	(4,160)	(1,800)

※ ( ) : 조사주수
　극저온: 양평 -32.6℃, 이천 -26.5℃, 수원 -24.8℃, 온양 -21.7℃

나. 지형과 동해

주위가 산으로 싸여 있어 찬 공기가 흐르지 못하는 곳, 물이 흐르는 강변, 산기슭의 평지 또는 산기슭의 낮은 곳이 동해를 받기 쉽다. 1981년 1월 양평의 기온이 -32.6℃일 때 동해를 심하게 받은 곳은 팔당 저수지 안쪽 양평군 강산면의 평지, 양평군 용문면의 낮은 곳, 여주 이천의 강변, 화성시 정남면의 낮은 곳이었다. 동해로 인해 죽은 나무가 많은 같은 지역에서도 경사지 높은 곳에서는 정상적으로 결실되었고 평지와 이어진 경사지에서는 결실량은 적었으나 나무는 죽지 않았다.

다. 품종과 동해

품종에 따라서 내한성의 차이가 있는데 '금촌추'와 '만삼길'이 내한성이 가장 약하고 '신고'는 다음으로 약하며 '단배'가 가장 강하였다.

(3) 부위별 동해 발생 양상

가. 목질부 동해

동해에 의해 목질 내부는 흑갈색으로 변한다. 이 갈변이 절단면의 반 이상이 되면 가지는 이미 건전하게 회복되지 않고 고사하는 경우가 많다.

나. 분지부의 동해

밀생한 상향지와 분지각이 좁은 가지의 분지 부분은 성숙이 늦다. 수피, 형성층, 변재 등에 동해가 발생하고 분지 내측의 피층부가 괴사하고 쉽게 벗겨진다.

다. 가지 선단부의 동해

신초나 2년생 이하의 가지는 저온에 대한 저항성이 약하다. 선단부는 생장이 늦게까지 진행되어 조직이 충실하지 못하기 때문에 눈, 피층, 형성층의 피해가 크다.

라. 눈의 동해

눈의 내부가 갈변하고 원기가 괴사되어 발아하지 않는다. 일반적으로 잎눈보다 꽃눈이 약하나 가지 선단부의 미성숙한 상태에서 휴면 상태에 들어간 잎눈은 꽃눈보다 약한 경우도 있다.

마. 지제부의 동해

주간 지제부의 수피가 흑갈색으로 변해서 떨어진다. 주간과 뿌리의 접합부는 비교적 성숙이 지연되고 주야의 온도 변화가 심하기 때문에 피해를 받기 쉽다.

바. 주간의 균열

줄기의 내부 수분이 급격히 동결되면 가지의 피층, 목질부가 세로 방향으로 열개된다. 절개된 부분은 온도가 올라가면 서로 붙게 된다. 수피는 서서히 치유되나 어떤 경우에는 수피가 벗겨져 큰 상처를 남긴다.

단과지군의 동사 동해 피해에 의한 기형과

(그림 6-45) 동해 피해 부위 증상

(4) 동해 증상 및 감별법

배나무 꽃눈은 잎눈보다 동해를 받기 쉬우며 동해 받은 눈은 꽃이 피지 않는다. 동해 여부를 감별하는 방법은 몇 가지가 있다.

가. 발아율 확인

눈이 있는 가지를 잘라 물속에 꽂아 20℃ 이상 되는 곳에 2~3주 두어 꽃눈이 나오지 않으면 동해를 받아 죽은 눈이다.

나. 절단 확인

물에 꽂지 않고 하는 방법이다. 추위가 있은 다음 2~3일 후에 꽃눈을 세로로 잘라보면 얼어 죽은 눈은 검은색을 띤 회색으로 변해 있고 활력이 없다. 살아 있는 눈은 엷은 연두색을 띤 흰색이고 활력이 있어 보인다.

다. TTC 염색법

꽃눈을 세로로 잘라 TTC 0.5% 용액(25℃)에 2시간 정도 담가두면 얼어 죽은 꽃눈은 회색으로 변하나 살아 있는 꽃눈은 붉은색을 띤다.

꽃눈보다 동해를 더 받기 쉬운 부위는 지면과 접촉된 부위의 남쪽이나 동남쪽이다. 지면에서 가까운 큰 가지의 분지점에도 동해를 받는데 죽은 부분은 검은색을 띤 회색으로 변하고 약간 오목하게 들어간다. 어떤 때는 죽지는 않고 나무껍질이 세로로 길게 갈라지거나 목부를 포함해서 갈라지는 경우도 있다.

(5) 대책

가. 동해 예방 대책

영하 25~30℃ 이하 되는 지역의 평지에서는 배나무 재배를 피한다. 경사지의 경우 추위에 약한 품종은 경사지 위쪽에 심고 강한 품종은 낮은 쪽에 심어 동해를 예방할 수 있다. 동해 위험 지역에 배를 재식할 경우에는 12월에 지면에서 60~90cm 부위를 보온재로 보호해야 한다. 과다 결실을 시키지 말고 배수가 잘되게 하며 병해충 방제를 철저히 하여 잎을 늦게까지 잘 보존한다. 질소 비료를 알맞게 주어 늦어도 7월 중순까지는 생육이 정지되게 하는 등 나무의 저장양분이 많이 축적되게 해야 한다.

나. 동해 후 대책

꽃눈이 죽어 결실이 되지 않거나 결실량이 적은 때는 질소 비료 사용량을 줄여서 웃자람을 예방한다. 다음 해 결실을 위해 농약을 적기에 살포하여 잎을 보호한다. 지면과 접한 부위나 가지의 분지점에 동상을 받은 경우에는 석회유황합제나 외벽용 페인트를 발라 동고병 감염을 예방한다. 굵은 가지가 갈라지거나 지면 가까운 곳의 껍질이 벗겨지면 새끼로 감은 다음 그 위에 석회유황합제 찌꺼기를 바른다.

라 풍해

(1) 풍속과 피해 정도

전엽 시의 강풍은 어린잎에 상처를 주어 농약 살포 시 약해 발생의 원인이 되고 개화기의 강풍은 결실을 나쁘게 한다. 결실기의 강풍은 낙과를 유발하며 나뭇가지가 부러지거나 꺾어지고 때로는 나무가 쓰러지거나 뽑히기도 한다.

최대 풍속이 17m/sec 이상이면 태풍이라 하고 30m/sec 이상이면 초태풍이라 한다. 국지적으로 돌풍이 발생되어 큰 피해를 주는 경우도 있다. 낙과율은 과실의 발육 시기에 따라서도 차이가 있지만 풍속에 따라 큰 차이가 있다. '만삼길' 품종의 경우 최고 풍속(1984년 8월 27일)이 10m/sec일 때는 11.3% 낙과되었으나 30m/sec일 때는 100%가 낙과되었다.

표 6-22 최고 풍속과 낙과율 (만삼길, 1984)

풍속 (m/sec)	10	14	18	24	30
낙과율 (%)	11.3	33.8	56.3	90.0	100.0

(2) 풍해 발생 기구

배는 과실이 크고 무거우며 골격지의 탄력성이 적기 때문에 강한 바람에 의한 피해를 받기 쉽다. 수고가 높거나 뿌리의 발달이 불량하면 피해가 커지며, 골짜기나 하천을 끼고 있는 곳은 풍속이 강해서 피해가 크다. 강풍에 의해 낙엽, 낙과, 도복되는 것은 일차적으로 풍압력에 의한 것으로 피해는 풍속의 제곱에 비례한다. 낙과는 과실에 가해지는 풍압력보다도 가지의 진동에 의해 더 크게 영향을 받는 것으로 해석되고 있다. 또한 과실 무게에 비례하고 가지 길이의 제곱에 비례한다.

표-23	태풍 '다이아나' 직후 품종별 낙과율 (1987)		
지역 ＼ 품종	장십랑	신고	만삼길
울주[1]	30.4	30.9	33.0
경주[2]	60.0	70.0	65.0

[1] 순간 최대 풍속 36.8m/sec, 최고 풍속 23.3m/sec.
[2] 순간 최대 풍속 38.0m/sec, 최고 풍속 23.0m/sec.

(3) 태풍 피해 양상

전엽기의 강풍은 어린잎에 상처를 주어 농약 살포 시 약해 발생의 원인이 되며, 개화기의 강풍은 결실을 나쁘게 한다. 생육기의 강풍은 잎의 증산작용을 과도하게 하여 건조해를 입게 하며, 바람과의 마찰에 의해 상처를 입히고 낙엽을 유발한다. 이러한 잎의 피해는 과실 비대 및 수체 저장양분, 꽃눈 발달에 나쁜 영향을 미치고, 낙과는 수량 감소의 원인이 된다. 피해가 심한 경우 가지가 부러지거나 나무가 쓰러지거나 뽑히기도 한다.

낙엽 피해   낙과   봉지 피해

(그림 6-46) 바람에 의한 피해 양상

(4) 대책

가. 방풍

과수원 지대에 풍해 방지를 위해 폭 5~15m인 광폭 방풍림이나 폭 1~2m인 소폭 방풍림을 설치할 수 있다. 2~3열을 바람맞이 방향에 심는 방풍 울타리나, 바람이 불어오는 직각 방향에 방풍망을 설치하는 방법도 있다.

경사지에서는 경사의 정도에 따라 바람을 막아주는 거리에 차이가 있는 것으로 나타났다. 위쪽으로 바람이 불 때는 방풍 높이의 3~5배 거리까지 바람을 막아주는 효과가 있고, 아래쪽으로 바람이 불 때는 15~25배 거리까지 바람을 막아주는 효과가 있다. 20~30%는 바람이 통과할 수 있도록 바람막이를 한다.

방풍림으로 쓰는 나무는 남부 지방에서는 탱자나무, 삼나무 등이고 해변에는 해송이 좋으며, 중부 지방에서는 편백, 리기다소나무, 낙엽송 등이 효과적이다. 방풍망을 설치할 때는 과수원 쪽으로 불어오는 바람의 방향에 따라 설치 높이(일본 5m)를 조절해야 하며 12~15mesh 한랭사가 알맞다.

파풍수

파풍망

(그림 6-47) 방풍림 및 파풍망 설치 모습

나. 재배법에 의한 대책

풍해 위험 지대는 나무를 낮게 키우고 전정할 때 주간, 주지, 부주지, 측지 등 굵기 차이를 두어야 한다. 배는 꼭지가 길어 사과나 복숭아보다 낙과가 잘되므로 태풍의 영향을 자주 받는 나주, 울산 등지에는 평덕을 만들어 풍해를 최소화하고 있다. 지금은 중부 지방에서도 평덕 시설면적이 늘어나고 있다.

낙과는 풍압보다 가지의 진동에 의해 더 크게 영향을 받으므로 덕을 설치하고 가지를 유인하여 결과지가 바람에 흔들리지 않도록 한다. 2002년 8월 태풍 루사에 의한 낙엽 피해는 유인이 잘된 경우 5%에 불과하였으나 유인 상태가 불량한 과원은 50%에 달하였다.

표 6-24 덕 설치 유무에 따른 태풍 피해 (1986)

구분	덕식	배상형
낙과율(%)	29.0	38.7
가지 절손(개/주)	2.8	7.8

표 6-25 덕 유형별 낙과 피해 정도 (고창, 2002)

덕 형태	유인 상태	낙과율(%)	낙엽률(%)
배상형	불량	90	45
Y자형	양호	60	15

유인 불량(피해 심함)

유인 양호 (피해 경미)

(그림 6-48) 유인에 따른 태풍 피해 정도

다. 피해 후 대책

쓰러진 나무는 빨리 일으켜 세우고 충분히 물을 준 다음 공간이 생기지 않도록 밟아 주어야 한다. 지면에는 피복을 하고 나무가 바람에 흔들리지 않도록 삼각 지주를 세운다. 낙엽이 심한 경우에는 주간이나 굵은 가지에 석회도포제(물 1L에 생석회 200g, 돼지기름 38g)를 발라 햇빛에 데지 않게 하고 9월까지 질소 비료를 액비로 주어 나무의 세력을 회복시켜야 한다. 부러진 가지는 잘라 주고 나무의 세력을 보아 알맞게 적과를 해야 한다. 태풍 직후 보르도액과 같은 농약을 살포하면 약해가 나기 쉬우므로 2~3일 후에 살포해야 한다. 바닷물을 뒤집어썼을 때는 10시간 안으로 10a당 물 3,000L 이상을 살수하여 잎에 묻은 소금을 씻어 주어야 한다.

01 수확

가 수확 적기

일반적으로 배 과실은 직접 판매용, 시장 출하용, 저장용에 따라 수확기를 달리해야 한다. 수확하여 포장해 직접 판매할 경우에는 완숙과가 좋다. 수확하여 얼마간 지난 후, 저장하지 않고 시장에 출하할 때는 유통 거리와 기간을 감안하여 완숙과보다 약간 빠르게 수확하여 출하한다. 저장용은 장기저장용과 단기저장용으로 구분된다. 수확기를 앞당기면 저장력은 좋으나 식미가 불량하고 과실이 작으며, 완숙된 과실은 맛은 좋으나 과실이 쉽게 연화되어 저장력이 떨어진다. 그러므로 배 과실의 출하 목적에 따른 수확기 결정은 매우 중요하다.

배의 수확기는 그 해의 기상, 과실 크기 및 봉지 종류 등에 따라서도 숙기의 조만에 다소 차이가 있다. 대개의 경우는 평년의 품종별 숙기를 감안한 당도, 과피색, 만개 후 일수 등을 기준하여 결정하는 경우가 많다. 최근 기상 변화로 장기간 장마기 지속에 의한 뿌리의 수분 스트레스와 일조 부족, 장마 후의 고온 현상은 과심갈변 등의 생리장해 발생이 나타나기 쉬우므로 주의해야 한다. '신고'의 경우 과실 크기, 품질, 저장력 등을 감안하면 장기저장용의 경우 적숙기는 만개 후 성숙까지의 일수가 160일, 적산 온도는 약 3,480±50℃ 정도가 좋다. 품질의 차이는 그해의 기상 상태에 따라 다르므로 지역과 토성, 시비량 등 과원 상태도 고려하여 수확 적기를 판단하도록 한다.

봉지는 겉지, 속지 등의 지질이나 이중, 삼중의 봉지 형태에 따라 과실 품질에 영향을 주는 투광도, 투기도, 투습도 등이 달라진다. 과피색의 경우 일반적으로 광 투과량이 많을수록 과피에 녹색이 많으며, 반대인 경우는 엽록소가 빨리 없어져 녹색이 적다. '원황', '화산', '만풍배', '감천배' 등은 수확기가 되어도 과피에 녹색이 많이 남아 있는 과육선숙형 품종에서 과피 색을 기준으로 숙기를 결정할 경우에는 과숙되기 쉬워 수확기를 놓치지 않도록 주의가 필요하다. 이러한 품종들에서 과피의 녹색이 없어질 때까지 기다려 수확하면 과숙으로 인하여 과육갈변이 발생된다. 뿐만 아니라 저장 또는 유통 기간이 짧아지므로 품종별 평년 숙기를 기준하여 수확 시기가 늦어지지 않도록 주의한다.

표 7-1 품종별 수확기 및 저장성

품종명	수확 적기	저장성	품종명	수확 적기	저장성
원황	9월 상순	약	신고	10월 상순	강
황금배	9월 중순	중	감천배	10월 상중순	강
화산	9월 중하순	중	추황배	10월 중하순	강
만풍배	9월 중하순	중	만수	10월 하순	강

(지역 : 나주 기준)

나 수확 요령

과실의 성숙은 같은 품종 및 동일한 과수원이라도 과원의 방향이나 경사지 상부 또는 하부에서도 숙기에 다소 차이가 나기도 한다. 그리고 한 나무에서도 수관 외부에 달린 과실이 당도가 높고 착색이 양호하여 숙기가 빠른 반면 수관 내부에 달린 과실은 이와 반대 경향으로 나타난다. 따라서 수확할 때는 이와 같은 점을 고려하여 수관 외부의 큰 과실부터 수확을 시작하여 3~5일 간격으로 2~3회 나누어 수확하면 과실 품질이 향상된다 (표 7-2).

표 7-2 분산수확에 의한 과실 품질 향상 효과

구분	평균 과중(g)	당도(°Bx)	대과 생산율(%)
3회 분산수확	639	11.7	40.7
1회 일시수확	611	11.4	36.7

한편 외기 온도가 높을 때 수확하면 과실의 호흡량이 많아져 소모가 많아 착색이 나빠지며 저장력도 떨어진다. 특히 '한아름', '원황' 등의 조생종의 수확 시기는 온도가 높을 때이므로 아침 이슬이 마른 후부터 수확을 시작하여 오전 11시 정도까지 또는 온도가 낮은 오후 늦게 수확하는 것이 좋다. 비가 온 직후의 수확은 가급적 피하고 2~3일 뒤에 수확하는 것이 좋다. 부득이 수확된 과실은 봉지에 물기가 잘 마를 수 있도록 통풍이 잘되는 곳에서 넓게 펼쳐두고 건조시킨다. 배 과실은 수확 과정이나 선과 도중에 압상과 자상 등 물리적인 충격이나 상처의 발생이 유통 및 저장 기간 동안에 부패과의 원인이 되므로 과실에 상처가 생기지 않도록 주의한다.

02 예건

Pear cultivation

　수확 후에 통풍이 양호하고 그늘진 곳에서 과실 표면의 작은 상처 등이 아물도록 건조시키는 것을 예건이라 한다. 수확 과실의 예건은 통풍이 잘 되고 그늘진 곳에 5~7일 정도 야적해 두었다가 마른 후에 저장고에 들어가야 과피얼룩과, 부패과, 과피흑변과 등의 발생이 적고 장기간 보관할 수 있다. 수확기의 잦은 강우로 인하여 '신고', '추황배', '금촌추'에서 저장 중에 잘 발생되는 과피흑변과의 방지를 위해서는 저장 상자나 봉지 등을 건조시키고 10일 이상 예건하여 저장하는 것이 좋다(표 7-3).

　특히 수확기에 강우가 잦을 경우 과실의 표면이 습할 우려가 있다. 과피와 봉지가 바싹 마를 정도로 예건을 충분히 하여, 수확이나 기타 작업 중 발생한 작은 상처들이 잘 아물도록 한 후 저장 및 출하 작업을 하도록 한다.

　조생종인 '원황'이나 수출용 '황금배' 등은 수확기가 고온기이므로 야적 기간을 최대한 짧게 해야 과심갈변 방지에 효과적이다. '신고'의 경우 수확 후 과피흑변에 의한 문제가 발생하므로 수확 후에는 반드시 예건을 하도록 한다.

　야적을 위한 적당한 비가림시설이 없다면 햇빛을 가릴 수 있는 차광막을 이용하여 직사광선에 의한 온도 상승을 최대한 줄이도록 한다. 또한 통풍이 양호하도록 적절한 상자 띄움이 바람직하다. 예건은 그늘지고 통풍이 양호한 곳에서 처리해야 과실 온도를 낮출 수 있다.

표 7-3 수확 후 상온통풍 순화처리가 저장 중 과피흑변 발생에 미치는 영향 (품종 : 신고)

순화처리 기간(일)	과피흑변 발생율(%)	과피흑변 면적(mm²/과실)
0	56	24.5
5	6	12.4
10	0	0
15	0	0

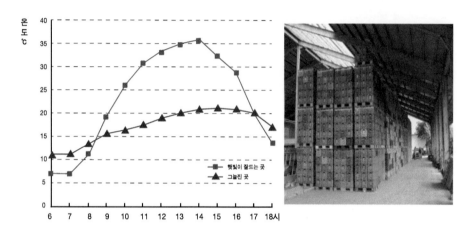

(그림 7-1) 과원 내 장소별 온도 변화

(왼쪽, 국립원예특작과학원(2005.10.13), 예건의 좋은 예(오른쪽, 2007. 성환)

03 저온 저장고 **관리 방법**

가 과실 입고

입고 전에 저장력이 약한 지베렐린 처리과, 과숙과 등을 따로 보관해 수출용 배에 섞이지 않도록 주의하여 입고하도록 한다.

저장성이 약한 조생종 품종은 가급적 수확 직후 바로 저온 저장고에 입고시켜 신속하게 품온을 낮추어야 한다.

'신고', '추황배', '금촌추', '만삼길' 등과 같이 저온 저장 중 과피흑변 발생의 우려가 있는 품종은 수확 후 일정 기간 포장해 야적한 후 예건을 실시하고 저장고에 입고하는 것이 방지에 유리하다. 조생종 과실은 일반적으로 고온기에 수확되므로 수확 직후 즉시 저온 저장하여 호흡을 줄이도록 한다. 중만생종으로 저장력이 강한 품종은 병해충과, 압상과 등을 철저히 골라낸 후 예건을 통해 습기를 제거한 다음 저장고에 입고시켜 온도 0℃가 되도록 관리한다.

과실은 상처나 병해, 충해를 입거나 부적절한 환경적 조건으로 인해 스트레스를 받게 될 경우 에틸렌의 발생이 증가한다. 이러한 과실은 주위의 건전한 과실에도 영향을 미칠 수 있으므로 저장 시 상처과, 병해충과, 과숙과는 철저히 선별 제거해야 한다. 특히 배는 사과에 비하여 에틸렌 발생량은 적으나 더욱 민감하므로 사과와 혼합 저장하지 않도록 해야 한다.

저장고 적재는 시설 형태, 규모, 작업을 고려하여 냉기 순환이 되도록 적재한다. 최대 적재량은 저장고 부피의 70~80%로 하고 벽면으로부터 30~50cm 이상 공간을 두고 적재한다. 온도는 0~-1℃ 범위에 두도록 하는 것이 바람직하며 습도는 85~90%가 적당하나 자동으로 유지하기는 어려우므로 상자 내 비닐 포장이나 바닥에 물뿌림 등으로 건조 피해를 최소화하도록 한다.

보통 과실의 경우 다량의 수분과 함께 무기염류나 당을 비롯하여 각종 성분이 용해되어 있다. 어는 온도는 빙점 강하 현상에 의해 낮아져 대략 -1.5~-2℃에서 조직 결빙이 나타나는데 간혹 저온 저장고에서 온도의 불균일에 의한 동결 피해가 나고 있으므로 저장 시 주의사항을 반드시 숙지하여 관리하도록 한다.

나 저장고 관리

(1) 온도 관리

저온 저장고 온도 센서는 최소 1년에 한 번씩 정기적으로 검토하여 정확성을 검토한다. 저장 과실이 동해를 입으면 해동 후에 정상 회복이 어렵고 상온에서 쉽게 부패한다. 과실 저장 시 저장고 내의 온도는 0℃ 이하로 내려가지 않도록 특히 유의해야 한다. 저온 저장고 내의 온도는 위치에 따라 불균일하므로 가능한 한 다점 온도계를 활용하여 여러 군데를 수시로 조사, 기록하도록 한다. 온도 센서는 저온 저장고 전체를 대표할 수 있도록 공기가 잘 유동되는 위치에 있도록 한다. 저온 저장고 내 유닛 쿨러에 얼음이 쌓이면 저장고 내 온도가 떨어지지 않는다. 퓨즈 등 관련된 부속품을 교체하고 수시로 확인해야 한다.

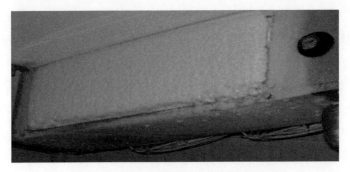

(그림 7-2) 저장고 내부의 유닛 쿨러에 얼음이 차 있는 모습
(2005, 국립원예특작과학원)

배 과실에서는 압상 부위 등이 저온 피해에 민감하므로 수확 및 적재 시에 압상과가 생기지 않도록 주의한다. 배 과실이 동결하지 않는 한 온도를 낮출수록 품질에 유리하나 실제 적용은 어려우므로 0℃ 정도로 저장하는 것을 권장한다. 유닛 쿨러에 의한 바람이 직접 닿지 않도록 하고 적정한 적재량(75% 이내)을 유지한다. 증발기 코일 주위의 공기 온도는 쉽게 영하로 내려가는 경우가 있으므로 주의한다. 저장고 내에 덕트를 설치하여 냉각기의 바람이 직접 닿지 않도록 해야 건조 피해를 줄일 수 있다. 팔레트와 벽 사이, 바닥 사이에 간격을 두어 충분한 환기를 하도록 하고 청소와 설치류 및 곤충류에 대한 검사를 쉽게 하도록 해준다. 저장고 내의 원활한 통풍을 위하여 팔레트와 팔레트 사이, 팔레트와 벽면 사이에는 약 50cm, 천정 사이에는 최소한 1m 이상의 공간을 두고 상자를 배치해야 한다. 과실 상자는 통풍이 좋은 상자를 이용하는 것이 좋다.

(2) 습도 관리

배 과실의 저장에 알맞은 습도는 85~90%이다. 수분 함량이 높을 뿐만 아니라 사과와 달리 과피에 왁스층이 발달되어 있지 않아 과피를 통한 수분 증발이 빠르게 일어나므로 수분 손실에 특히 유의해야 한다. 저온 저장고는 습도 조절이 불가능한 단점이 있으므로 건조 피해를 막기 위해 주기적으로 저장고 내에 물을 뿌리거나 작은 얼음을 뿌리는 것도 효과적인 방법이다. 이는 저장고를 깨끗이 청소한 후에 실시하는 것을 원칙으로 한다. 배 과실의 저장 중 스티로폼 망에 싼 것보다는 종이에 싼 채로 저장하는 것이 건조 피해 방지에 도움을 준다. 농가에서는 상자 하나하나를 비닐로 싸서 보관하는데 이는 건조 방지에 도움을 주며, 팔레트 전체를 씌우는 방법도 있다. 하지만 두 방법 모두 장기저장 시 과습 피해를 받을 우려가 있으므로 사용할 때는 상자 내에 이슬이 맺히지 않도록 상단부를 열어놓아야 한다. 비닐 내 이슬이 맺히는 상태가 몇 개월 지속될 경우 과습 피해를 받아 포장된 배 모두를 버릴 수 있다. 그러므로 기본 적재 방법과 적재량을 반드시 지키는 것을 원칙으로 습도 관리에 임해야 한다. 유닛 쿨러에서 녹아나오는 물은 저장고 내에서 오염된 것으로 간주되므로 밖으로 버리는 것이 바람직하다.

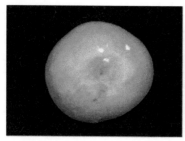

(그림 7-3) 과습 피해에 의한 과실의 얼룩과 및 부패과(저장 7개월)
(2002, 국립원예특작과학원)

(그림 7-4) 건조 피해를 막기 위한 비닐 이용 및 신문이용 방법

(3) 에틸렌

대부분의 과실은 상처, 병해, 충해를 입거나 부적절한 환경적 조건으로 인해 스트레스를 받게 될 경우 에틸렌의 발생이 증가한다. 이러한 과실은 주위의 건전한 과실의 후숙을 촉진시켜 저장력을 떨어뜨리므로 저장 시 상처과, 병해충과, 과숙과는 선별 제거해야 한다. 사과와 배를 혼합 저장하게 되면 에틸렌 생성이 상대적으로 적은 배는 에틸렌에 의한 피해를 받기 때문에 혼합 저장을 피하는 것이 좋다. 원예 산물의 생리적인 면을 고려할 때 장기간 저장을 위해서는 단일 품종, 과종만 저장하는 것이 효과적이다. 우리나라 배는 사과와 같이 에틸렌을 많이 발생하지 않는다. 또한 감, 참다래, 자두 등의 과실과 같이 외부적으로 품질 저하 현상을 관찰하기 어려우나 내부 과심갈변 등 품질 저하를 가져올 수 있으므로 적절한 적재 방법에 따른 환기를 병행하도록 한다.

(그림 7-5) 잘못된 적재 방법의 예

(4) 저장고 환기

저장 중의 원예 산물은 살아 있는 생명체로서 호흡을 한다. 이때 발생되는 이산화탄소, 에틸렌, 휘발성 가스(향기성분) 등은 과실 저장에 유해한 요소로, 밀폐된 저장고 내에 장기간 축적되면 배 과실에 좋지 않다. 저장고 내에 환기창을 설치해 주기적으로 환기를 하고, 환기창이 없을 경우에는 외기온이 0℃에 가장 가까운 시간에 저장고 문을 열어 환기시킨다.

외기 온도가 과실의 저장온도보다 낮으면 동해 피해가 생기므로 조심한다. 휘발성 물질인 휘발유, 신나 등은 배 과실로 냄새가 전이되므로 저장고에 함께 보관하지 않도록 한다.

다 저장고의 소독

저장고가 오래되어 균사체가 많은 곳에서는 물 솔질을 해서라도 균사체를 없애는 것이 저장고 곰팡이 냄새가 저장물에 영향을 미치지 않아 좋다. 저온 저장고의 소독 효과를 최대한 보기 위해서는 우선 저장고 내부를 솔질을 통하여 물로 깨끗이 청소한 후 하룻밤 말린다. 다시 염소계 살균 소독제(락스 이용 가능)의 약액이 저장고 내부에 묻어 흘러내릴 정도로 골고루 살포하도록 한다. 처음부터 염소계 살균 소독제를 첨가하여 청소해도 좋다. 저온 저장고를 소독하는 모든 방법은 처리 후 입고 시에 냄새가 반드시 제거되도록 환기를 충분히 한 후에 저장물을 입고하도록 한다.

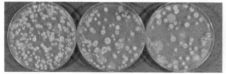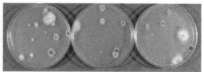

(그림 7-6) 저온 저장고 소독 전(좌)과 소독 후(우) 부유균의 차이

04 저장에 관련된 장해 요인

Pear cultivation

배 과실은 수확 후 품질 유지를 위해 저온 저장 방법이 이용되고 있다. 저온 저장은 원예 산물의 성숙과 노화를 지연시켜 경도와 품질의 변화를 억제하며, 생리적 대사와 호흡열의 증가를 지연시키는 효과를 갖는다. 배의 저장성은 품종에 따라 큰 차이를 보이므로 저장 시 우선 저장에 적합한 품종이 선택되어야 한다. 장기저장에는 조생종보다 만생종 품종이 유리하다. 품종에 따른 저장 특성과 저장 한계 기간을 초과하여 저장할 경우 과심 갈변, 과육갈변, 연화 등이 심하게 나타나 상품 가치가 떨어진다. 조생종인 '원황배'의 경우에는 저온 저장을 하더라도 과심갈변으로 인해 2~3개월 정도의 저장 기간을 보인다. 숙기가 빠를수록 저장 기간이 짧다는 것을 염두에 두고 저장 및 유통 계획을 세워야 한다. '신고'의 과실은 6개월 정도까지 저장이 가능하다.

배는 수확 후 저온 저장과 유통 중에도 생리장해를 포함한 여러 가지 장해가 많이 일어난다. 장해과의 발생은 저장고 내 물량을 한 번에 못쓰게 만드는 치명적 요소가 될 수 있다. 박테리아와 곰팡이의 번식을 억제하기 위한 청결 상태도 배 과실의 저장에 필수적인 요소이다. 저온 환경은 이러한 점에서 작물의 신선도 유지에 효과적이지만 부적절한 저온은 작물의 신선도를 감소시키는 방향으로 작용할 수 있다. 이에 배 과실의 수확 후에 문제가 되는 여러 가지 장해 요인에 관한 증상과 대책에 관해 숙지해야 한다.

표 7-4 '신고' 과실의 적정 저장 조건

저장온도(권장)	저장습도(RH)	저온 저장 기간	동결온도
0℃	85~90%	6개월	-1.5~-2.0℃

가 온도에 의한 장해

(1) 동해(凍害)

배 과실이 빙점 이하의 온도에서 조직의 결빙에 의해 나타나는 장해를 동해(Freezing Injury)라고 한다. 배 과실의 빙점은 -1.5~2.0℃이다. 동해도 저온 장해(냉해, Chilling Injury)와 마찬가지로 노출된 온도와 노출된 기간에 의해 복합적인 영향을 받는다. 저장고에서 발생하는 동해는 증발기에서 나오는 찬 공기에 직접 노출되는 위치의 과실에서 심한 피해를 일으킨다. 대체적으로 1.5~-2℃(과실 온도)부터 심한 피해를 입는데, 세포의 견고성을 잃게 하고 수침 증상을 보인다. 동해 피해를 받은 배 과실을 5~10℃ 상온에서 2개월간 보관했을 경우 과심 및 과육이 심하게 갈변됨을 관찰할 수 있다. 이는 동해 피해에 의해 세포가 괴사하여 색이 변하기 때문이다.

(그림 7-7) 저온 저장 중(좌), 유통 후(우) 배 과실의 동해 피해 증상 (2003, 국립원예특작과학원)
(좌: -2℃에서의 동해 피해, 우 : 동해 피해 과실의 상온 보관 모습)

수확 후 저장 유통 중, 특히 장기간 소요되는 수출 과실에서 동해로 이어지는 저온은 품질 저하와 부패로 이어지는 원인을 제공한다. 언 피해 방지를 위해서는 저온 저장 중 권장온도인 약 0℃의 온도 관리가 매우 중요하다. 저온에 의한 피해를 줄이기 위해서는 저온 저장고 내의 모든 부위의 온도를 일정하게 유지시키는 것이 매우 중요하다. 이를 위해 적절한 적재 방법과 다점 온도계를 통한 저장고 내 온도를 항시 살펴보아야 한다.

(2) 압상에 의한 저온 장해

작물의 종류에 따라서는 빙점 이상의 온도에서도 저온에 의한 생리적 장해를 입는 경우가 있다. 저온에 민감한 작물이 한계온도 이하의 저온에 노출될 때 나타나는 영구적인 생리적 장해를 저온 장해(Chilling Injury)라 한다.

과실의 수확, 선과, 적재 중 취급 부주의에 의한 과실의 압상은 외관으로는 쉽게 확인할 수 없으나, 과실 내부 조직은 심한 수침상을 나타내는 경우가 발견된다. 즉 압상된 부분에서 저온 피해를 쉽게 관찰할 수 있으며 이는 유통 중 부패로 이어지게 되므로 수확 후 선별, 포장, 적재 시 압상에 의한 피해가 없도록 조심스러운 관리가 필요하다.

(그림 7-8) 압상 부위 저온 피해(맨 왼쪽) (2003, 국립원예특작과학원)

나 가스에 의한 장해

(1) 이산화탄소 장해(탄산가스 장해)

배는 이산화탄소 2% 이상의 조건에서 과육갈변을 일으킬 수 있다. 밀폐된 저온 저장고에서는 입고 후 며칠 사이에 이산화탄소 농도가 상승할 수 있다. 입고 후에는 과실 온도가 저장온도로 떨어질 때까지 환기를 자주 해 주도록 한다.

(2) 저산소 장해

정상적인 호흡이 곤란할 정도의 낮은 산소 농도에서 작물은 생리적 장해를 받는다. 작물의 정상적인 유기호흡에 요구되는 산소 농도는 매우 낮아서 배의 저농도 산소 장해의 한계 농도는 약 2%이다.

가스 장해의 극단적인 예를 들면 수출용 컨테이너에 전기 공급이 안 되어 컨테이너 내부온도가 호흡열에 의해 높아지며 내부의 산소가 소모되고 아울러 이산화탄소가 높아지는 예를 생각해 볼 수 있다. 결정적인 요인은 컨테이너 내부의 온도이므로 온도기록계를 항시 점검 확인해야 한다.

다 과피흑변

과피흑변은 일종의 저온 장해(Chilling Injury)로, 저온 저장 초기에 여러 가지 형태로 발생된다. 유전적 요인으로 '금촌추', '신고', '추황배'에서 많이 나타나고, 재배 중에는 질소 비료의 과다 사용으로 많이 발생한다. 흑변되는 과피는 외피(큐티클층)에서는 나타나지 않고 내피에서만 나타나는데, 그것이 외피를 통해 검게 보이게 되는 것이 얼룩과와 다른 점이다. 재배 중 잦은 강우, 시비, 토양 상태 등 재배적 요인에 의해 발생한다. 칼슘 부족 등 저장양분의 부족에 의해 과실이 정상적인 발육이 안 되었을 경우, 수확 후 저온에 민감하게 반응하므로 흑변이 쉽게 진행되는 것으로 생각된다.

과피흑변 방지를 위해서는 수확 후 저온 저장을 하기 전에 그늘지고 통풍이 양호한 곳에서 과실을 싼 종이가 바싹 마를 정도로 약 일주일간 충분히 예건을 한다. 또한 급작스러운 저온에서는 과피흑변이 쉽게 발생하므로, 저온 저장을 할 시 온도를 서서히 떨어뜨리는 온도순화처리(상온온도에서부터 하루에 1℃ 또는 2℃씩 내림)를 하여 저온에 대한 민감도를 줄여주어 과피흑변을 방지할 수 있다.

(그림 7-9) 배 과피흑변의 다양한 증상 (2003, 국립원예특작과학원)

라 과심갈변

조생종인 '원황배'가 가장 심하므로 주의하도록 한다. 과심갈변은 진행되는 만큼 과육 내 이취(알코올 냄새 등)가 함께 진행되어 품질에 악영향을 미치게 된다. 이에 현장에서는 고온에 노출되는 장소와 기간이 길지 않도록 주의하는 것이 매우 중요하다. 과심갈변은 정상과에 비해 질소 함유량이 많고 칼슘 부족이 관찰되었다. 재배 조건에서 충실하지 못한 과실에서 과심갈변이 나타날 확률이 높음을 보여준다. '신고배'의 경우 '원황배'와 같은 경향이었으며, 5개월 저장 후 5℃ 저장에서 과심갈변이 심하게 나타났다. 그 경향과 증상은 '원황배'와 같다. 과심갈변은 온도가 높고 기간이 길수록 빠르고 심해진다.

(그림 7-10) '원황배' 과실의 과심갈변 증상의 예 (5℃, 2개월)
(2005, 국립원예특작과학원)

마 수확 후 저온 저장 중 얼룩과 발생 및 방지

재배지에서의 오염을 방지하고 저장고에 배를 입고시키기 전에 저장고 내 미생물 소독을 철저히 한다. 저장고 내 모든 부위의 온도 분포가 0℃로 일정하도록 한다. 저온 저장고 내 과습 조건은 얼룩과 발생의 증가를 더욱 촉진할 수 있다. 저장고 내 과다적재는 저장 시 과습 조건이 될 수 있으므로 적절한 적재량(저장고 총 공간의 80% 이내)을 지키도록 한다. 적재 시 반드시 팔레트 단위로 작업을 한다. 지나친 바닥 물뿌림도 과습의 원인이 될 수 있다.

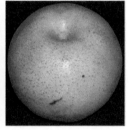

(그림 7-11) 얼룩과(좌) 및 오존 피해과(우) (2005, 국립원예특작과학원)

제Ⅷ장
배 경영

01 배 경영의 여건 분석

가 재배 면적 및 생산량 추이

(1) 생산 현황

2011년 배의 생산액은 2,373억 원으로 농업총생산액의 0.57%를 점유하고 있다. 농업총생산액 중 배 생산액의 점유율 변화를 보면 2000년 (1.2%)까지는 증가하였으나 이후 급격히 감소하였다. 무역자유화에 따른 외국산 수입과일류로의 소비 대체와 소비자 기호 변화 등으로 배의 수요 기반이 흔들리고, 배 재배 면적은 감소하였으나 생산량의 증가로 가격이 하락했기 때문인 것으로 판단된다.

표 8-1 배의 생산액 추이 (단위 : 억 원)

구분	1980	1985	1990	1995	2000	2005	2010	2011
생산액	160	531	1,172	2,865	3,872	3,387	2,281	2,373
점유율	0.25	0.41	0.66	1.09	1.21	0.97	0.55	0.57

출처 : 농림수산식품부, 농림수산식품통계연보, 각년도

배는 국민 소득 수준의 향상에 따라 고급 농산물의 수요가 증가하면서 2000년(2만 6,206ha)까지는 재배 면적이 증가하는 추세를 보였다. 이후 재배 면적 증가와 농산물 수입의 본격화로 배 가격 및 수익성이 상대적으로 저하하면서 배 재배 면적은 감소하여 2011년에는 1만 5,081ha이다.

(2) 경영 규모

2010년의 배 재배 농가 수는 2만 2,589호로 2000년에 비해 49.5%가 감소하였고, 호당 배 재배 규모는 0.71ha로 29.1% 증가하였다. 2010년 배 재배 규모별 농가 분포는 0.5ha 미만이 59.7%로 가장 많았다. 1ha 이상의 배 전문 경영농가는 18.5%에 불과해 다른 작목에 비해서는 경영이 전문화되지 못했다.

배 재배 농가 수와 규모의 변화 추이를 보면 농가 수는 감소하고, 호당 재배 규모는 증가하는 추세를 보이고 있다. 규모별 농가 수의 변화를 보면 2010년의 경우 1995년에 비해 1.5ha 미만의 규모에서는 감소하였으나, 1.5ha 이상의 규모에서는 증가하였다. 3.0ha 이상 규모에서의 증가폭이 54.2%로 가장 크고 다음으로 2.0~3.0ha 규모에서 33.4%, 1.5~2.0ha의 규모에서는 19.4%로 나타났다. 이는 가족노동을 중심으로 전문적인 경영을 하는 1.5~3.0ha 수준의 규모 경영체가 집약적인 경영 관리와 동시에 규모 경제를 실현할 수 있어 가장 경쟁력이 있었기 때문인 것으로 판단된다.

표 8-2 경영 규모 분포의 변화 (단위 : 호)

연도	계	0.5ha 미만	0.5~1.0 미만	1.0~1.5 미만	1.5~2.0 미만	2.0~3.0 미만	3.0ha 이상	호당
1980	21,340	13,020	5,958	1,308	452	542	60	0.47
1990	15,708	10,313	3,099	1,101	599	401	195	0.56
1995	**25,021**	**15,955**	5,315	**1,789**	**949**	**611**	**402**	**0.60**
2000	44,717	30,223	9,054	2,311	1,553	995	581	0.55
2005	36,533	24,164	7,229	2,055	1,523	901	661	0.59

연도	계	0.5ha 미만	0.5~1.0 미만	1.0~1.5 미만	1.5~2.0 미만	2.0~3.0 미만	3.0ha 이상	호당
2010	22,589 (100)	13,490 (59.7)	4,917 (21.8)	1,614 (7.2)	1,133 (5.0)	815 (3.6)	620 (2.7)	0.71
2010/1995	△9.7%	△15.4	△7.5	△9.8	19.4	33.4	54.2	17.8

출처 : 통계청, 농업총조사, 각년도

나 가격과 유통 여건

배의 생산량은 1990년 15만 9,000톤이었으나, 그 이후 재배 면적의 증가에 따라 2000년 처음으로 30만 톤을 상회하여 2008년 사상 최대치인 47만 1,000톤을 생산하였다. 이후 재배 면적의 감소와 태풍 등 기후적인 영향으로 생산량이 급속히 감소하고 있다. 10월 가격을 기준으로 생산량과 가격 간의 관계를 살펴보면, 생산량이 20만 톤 이하였던 1990년대에는 가격이 높게 형성되었다. 2000년 이후 가격이 하락하는 추세를 보이다가 최근 생산량의 감소로 가격이 상승하는 추세를 보이고 있다.

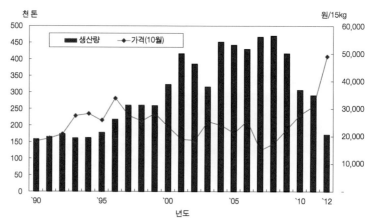

(그림 8-1) 배 생산량과 10월 가격 추이
주: 가격은 가락동 농수산물 도매시장, '신고' 상품, 15kg 경매 가격임

가격은 생산량의 증감에 따라 많은 영향을 받고 있다. 가격 하락을 피하기 위해서는 지나친 재배 면적의 확대를 방지하기 위한 철저한 관측과 정보의 확산이 있어야 한다. 한편으로는 수요 확대를 위한 품질 향상, 하품의 생과용 유통 감축, 기능성에 대한 지속적인 홍보 등과 더불어 수출 시장 개척을 위한 지속적인 노력이 필요하다. 그러나 이러한 수요 확대는 농가나 지역 단위에서는 한계가 있어, 전국 단위의 생산자 단체를 중심으로 이루어져야 한다.

배 월별 시장 반입량의 구성비를 보면 추석이 있는 9월에 가장 많으며 10월~익년 1월까지는 해에 따라 차이는 있으나 7~16% 수준을 나타내고 있다.

1990년대 초에는 생산량의 대부분이 1월 설날까지 출하가 완료되었다. 1990년대 중반 이후 저장에 의한 출하 조절의 기대 수익 수준이 높아 5~7월까지의 출하 비율이 상대적으로 높았는데, 저온 저장고의 보급이 증가하였기 때문이다. 그러나 1997년 이후 외국산 과일류의 수입 증가와 후식용 과채류의 시설재배 증가 등으로 저장과일의 수요가 감소하였다. 2001년산과 2002년산 배의 경우 2월 이후 가격이 하락하여 저장하면 할수록 농가의 손실이 크게 되는 현상이 나타났다.

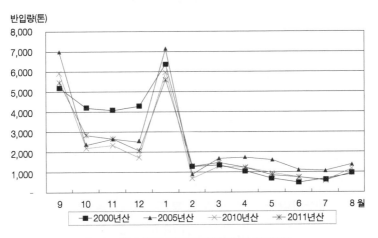

(그림 8-2) 배 월별 도매시장 반입량(가락동 도매시장)
출처 : http://www.garak.co.kr/

배 가격의 월별 변동 추이를 보면 주 수확기인 10월부터 2월까지는 변동 폭이 적으나 3월 이후부터는 변동 폭이 큰 것으로 나타났다.

배 가격은 대부분 수확기인 10월에 가격이 결정된다. 11월 이후부터는 10월 가격을 기준으로 매년 가격이 상승하는 것이 일반적이다.

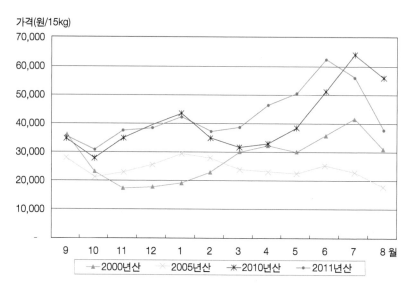

(그림 8-3) 배 연산별 월별 도매 가격 동향('신고' 상품)
출처 : http://www.garak.co.kr/

(2) 유통경로와 유통 비용

농산물의 대표적인 유통경로는 "생산자→(산지 공판장, 생산자 단체, 산지 유통인)→도매상→소매상→소비자"이다. 2011년 천안에서 출하된 배의 경우를 보면 유통에 참여하는 주체가 많아지면서 유통경로가 매우 다양화되었다.

1990년대 후반 대형 유통업체가 농산물 유통에 등장하면서 농산물 유통 구조의 변화가 일어나고 있다. 1990년대 초에 무역자유화에 따라 유통시장이 개방되면서 외국의 대형 유통업체가 농산물시장에 참여하였다. 이어 국내자본의 대형 유통업체인 이마트, 하나로클럽 등이 참여하였다. 이들의 참여로 "생산자(혹은 생산자 단체)→대형 유통업체→소비자"

의 단축된 새로운 유통경로가 중요한 위치를 점하게 되었다.

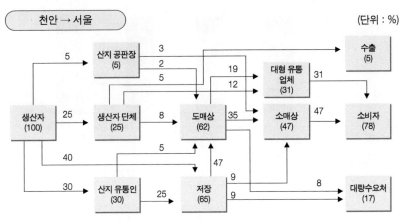

주1) 생산농가 고령화로 포전매매를 통한 산지 유통인의 출하 물량 증가 : (2010) 28% → (2011) 30%

(그림 8-4) 배 유통경로
출처: http://www.kamis.co.kr/

2011년 농수산물유통공사의 배 유통마진 조사 결과 천안에서 서울로 출하된 배 kg당 소비자 구입 가격은 4,127원이며 농가수취 가격은 52.7%인 2,173원으로 유통 비용은 47.3%인 것으로 나타났다. 유통 비용 중 가장 큰 비중을 차지하는 유통 단계는 소매 단계로 유통 비용의 52.2%를 점유하고 있다.

유통경로별 유통 비용을 보면 1990년대 후반에 등장한 "생산자 → 생산자 단체 → 하나로클럽 → 소비자"의 유통경로가 가장 유통 비용이 낮고 농가수취율은 54.7%로 높은 것으로 나타났다. 이는 유통효율의 증진으로 출하 단계의 유통 비용을 절감하고 유통 단계의 축소에 따른 도매 단계의 유통 비용이 절감되었기 때문이다.

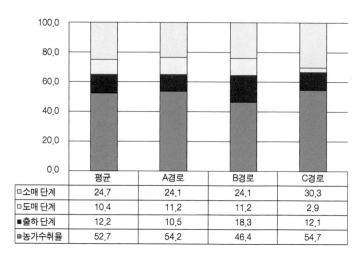

	평균	A경로	B경로	C경로
□소매 단계	24.7	24.1	24.1	30.3
□도매 단계	10.4	11.2	11.2	2.9
■출하 단계	12.2	10.5	18.3	12.1
■농가수취율	52.7	54.2	46.4	54.7

주) A경로 : 생산자 → (생산자 단체) → 도매상 → 소매상 → 소비자
B경로 : 생산자 → 산지 유통인 → 도매상 → 소매상 → 소비자
C경로 : 생산자 → (생산자 단체) → 농협유통 → 하나로클럽

(그림 8-5) 배 유통경로별 유통마진
출처: http://www.kamis.co.kr/

C경로의 경우 농협이 참여하고 있어 농가수취 가격 제고에 효과가 컸다. 다른 대형 유통업체의 경우는 유통효율 제고 효과가 농가수취 가격 제고보다는 소비자 구입 가격의 인하로 나타나, 생산자보다는 소비자에게 그 혜택이 가는 비중이 큰 경우가 많다.

대형 유통업체를 통한 유통경로에서는 소비자의 수요가 바로 시장에 표출되어 생산과 유통이 소비자 지향적으로 전환될 것이며, 대형 유통업체의 농산물 유통부담률은 더욱 커질 것이다. 그런데 대형 유통업체를 통한 유통은 가격 결정 방식, 농산물의 산지 처리 방식 등에 변화가 있을 것이다. 따라서 이러한 유통 환경의 변화에 적응하기 위한 농가의 노력이 필요하다.

02 경영 **분석**

가 경영 분석의 기초

모든 경영 행위는 기본적으로 소득과 순수익의 극대화를 추구하고 있다. 농업경영에 있어서는 경영 형태에 따라, 전통적인 가족경영의 경우는 소득, 기업적 가족경영은 경영주 보수, 기업경영은 순수익의 극대화를 추구하고 있다. 현재 우리 농가의 농업경영 목적은 소득 극대화에서 순수익 극대화로 이전되고 있는 과도기에 있다.

농업경영의 목적인 소득과 순수익의 내용을 살펴보면, 소득은 조수입 (수량×단가+부산물가액)에서 외부로 지출한 비용인 경영비를 뺀 부분으로 경영 활동을 통하여 농가에 남는 잉여이다. 이는 생산에 이용한 자가 노동, 자기자본, 자가토지에 대한 대가와 경영 활동의 이윤(순수익)이 포함된 혼합 소득이다.

순수익은 조수입에서 경영비뿐만 아니라 생산에 이용한 자가노동, 자기자본, 자가토지에 대해서도 비용으로 계산하여 뺀 나머지 부분으로 서로 다른 경영 여건에서의 경영 활동 효율을 비교할 수 있다.

조수입													
경영비										소득			
비료비	농약비	제재료비	광열동력비	감가상각비	수리비	임차료	위탁료	수선비	고용노력비	조성비	소득		
비료비	농약비	제재료비	광열동력비	감가상각비	수리비	임차료	위탁료	수선비	고용노력비	조성비	자가노력비	자본용역비	토지용역비	순수익
생산비													순수익

(그림 8-6) 소득과 순수익의 구성

나 소득 특성

배의 2011년 10a당 소득은 304만 5,000원으로, 시설 오이와 같은 노동, 자본 집약 작목에 비해서는 낮지만 일반 노지작물 중에는 소득이 높은 편으로 벼농사의 약 5배 수준이다. 노동 생산성은 시간당 2만 1,407원으로 벼농사의 37% 수준으로 낮으며 과수에서는 사과보다는 낮고 포도와 비슷한 수준이다.

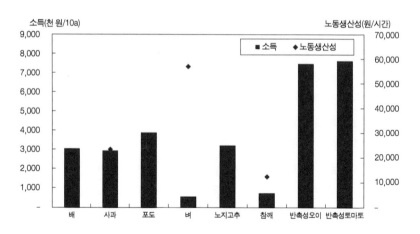

(그림 8-7) 배의 소득과 노동 생산성
출처 : 농촌진흥청, 2011년 농축산물 소득자료집, 2012

2011년 배 10a당 조수입은 1990년에 비해 2.95배로 증가하였다. 이는 수량에는 큰 차이가 없으나 배 가격이 상승하였기 때문이다. 같은 기간에 경영비는 조수입의 증가율에 비해 높은 3.7배로 증가하여, 소득은 2.58배로 증가하였다. 경영비의 증가율이 상대적으로 높았던 이유는 생력화를 위하여 대형 농기계의 투입이 증가하였고 포장 상자를 이용한 출하로 포장 비용 등 제재료비가 증가하였기 때문이다.

표 8-3 배 소득 추이 (단위 : 천 원, kg/10a)

구분		1990(A)	1995	2000	2005	2010	2011(B)	B/A
조수입	금액	1,770	3,659	3,067	4,092	5,132	5,228	2.95
	수량	1,960	2,377	2,428	2,647	2,538	2,477	1.26
	가격	900	1,539	1,260	1,522	1,974	2,052	2.28
경영비		589	1,092	1,411	1,527	2,099	2,183	3.70
소득		1,181	2,567	1,656	2,565	3,033	3,045	2.58

출처 : 농촌진흥청, 농축산물 소득자료집, 각년도

배 수익성의 추이를 보면 단위면적당 소득은 1990년을 기준으로 20년 동안 약 2.6배 증가하였다. 같은 기간에 도시 근로자의 소득은 4.5배로 증가함으로써 배의 10a당 소득이 상대적으로 저하된 것으로 볼 수 있다.

배 경영체 10a당 소득 5분위 상·하위 경영체 소득은 3.8배의 차이를 보이고 있다. 이는 상위 경영체의 경영비가 하위 경영체와 비슷하지만 조수입이 2.0배로 높았기 때문이다.

조수입의 차이는 수량에서는 38%, 가격에서는 48%로 상위농가는 수량과 가격에 모두 하위농가보다 높게 나타났다.

표 8-4 배의 10a당 소득 수준별 경영 성과　　　　　　　　　　(단위 : 천 원, kg, 시간/10a)

구분		상위(A)	상중위	중위	중하위	하위(B)	A/B
조수입	금액	7,479	5,843	4,999	4,306	3,738	2.00
	수량	3,029	2,677	2,531	2,252	2,191	1.38
	가격	2,521	2,211	1,991	1,932	1,705	1.48
비용	경영비	2,172	2,207	2,043	2,038	2,346	0.93
	생산비	3,831	3,369	3,390	3,290	3,426	1.12
수익	소득	5,307	3,636	2,956	2,268	1,392	3.81
	순수익	3,647	2,474	1,609	1,016	312	11.69
면적(ha)		1.2	1.4	1.2	1.6	1.9	0.63
노동시간	계	176.3	168.0	171.0	160.4	158.8	1.11
	자가	128.8	101.7	119.2	114.4	99.4	1.30
	고용	47.5	66.3	51.8	46.0	59.4	0.80

다　비용 특성

　　비목별 20년의 변화 추이를 보면 대농구 상각비, 광열 동력비 등 기계화 관련 비용이 11배, 12배로 각각 증가하였고 제재료비는 5배, 농약비, 비료비 등은 2~4배 정도로 증가하였다. 대농구 상각비의 증가는 배 경영비에서 비중이 큰 노력비의 절감을 위한 것으로, 같은 기간 동안 10a당 소요 노동력은 407시간에서 59%가 절감된 165시간이었다. 이에 따라 고용 노력비는 노임 단가의 상승에도 불구하고 1.9배 증가하는 데 머물렀다.

　　2011년 배 경영비의 비목별 특성을 보면 가장 큰 비중을 차지하는 비목은 상품성 향상을 위한 포장 자재 등의 제재료비로 28.8%를 점하고 있다. 다음은 노력비 절감을 위한 노력에도 불구하고 경영비의 19.3%를 점유하고 있는 고용 노력비이고 대농구 상각비, 유기질 비료비 순으로 나타났다. 한편 1차 생산비의 경우는 노력비의 비율이 45% 수준으로 배가 매우 노동 집약적인 작목임을 알 수 있다.

표 8-5 배의 10a당 경영비 구성 및 변화 (단위 : 원, 시간/10a)

구분		1990(A)	2000	2011(B)	B/A
경영비	무기질 비료비	32,168	79,196	89,117	2.77
	유기질 비료비	43,197	123,569	177,134	4.10
	농약비	68,979	150,770	170,741	2.48
	광열 동력비	8,703	41,364	106,280	12.21
	제재료비	117,472	355,324	627,675	5.34
	대농구 상각비	23,851	169,868	260,581	10.93
	영농시설 상각비	6,070	67,716	113,594	18.71
	수선비	11,947	20,895	42,621	3.57
	조성비	20,607	56,029	91,307	4.43
	기타 요금	28,767	25,254	83,380	2.90
	고용 노력비	227,392	321,089	420,228	1.85
	계	589,153	1,411,074	2,182,658	3.70
노동 시간	자가	267	174	112	0.42
	고용	140	79	53	0.38
	계	407	253	165	0.41

출처 : 농촌진흥청, 농축산물 소득자료집, 각년도

주요 경영비의 비목별 농가 간 차이, 수량 혹은 소득과의 관계 등 비목별 특성을 살펴본다.

농가 간 비목별 비용 편차가 큰 것은 조성비, 영농시설 상각비, 무기질 비료비, 유기질 비료비, 광열 동력비 순이다. 농약비와 제재료비는 농가 간에 차이가 크지 않은 것으로 나타났다.

주요 비목과 수량의 관계를 보면 경영비 전체는 수량 증대와 관계가 있으나 비목별로 살펴보면 제재료비가 수량과 밀접한 관계가 있는 것으로 나타났다.

소득과 비용의 관계는 수량과의 관계와 약간의 차이를 보이는데 무기질 비료비, 유기질 비료비, 조성비는 수량에는 긍정적이나 소득에는 부정적인 것으로 나타났다.

비용을 절감하는 것은 자칫 소득과 수량의 감소로 나타날 수 있어 조심해야 한다. 특히 수량 증대 및 품질 향상 기술의 도입으로 제재료비가 증가하고 있는 것으로 판단된다. 무기질 비료나 유기질 비료는 일부 과용이 우려되고 있어 적절한 이용이 요구된다.

표 8-6 배의 주요 비목의 수량, 소득과 관계 및 농가 간 차이

주요 비목별	농가간 차이 (변이계수)	비용과 관계	
		수량	소득
무기질 비료비	1.1	◇	△
유기질 비료비	0.8	◇	△
농약비	0.4	○	○
광열 동력비	0.7	○	○
제재료비	0.5	◎	◎
조성비	1.2	○	◇
대농구 상각비	0.6	○	○
영농시설 상각비	1.2	○	○
고용 노력비	0.6	○	△
경영비 전체	0.3	◎	○

주) 상관계수 −0.05 이하 △, −0.05~0.05 ◇, 0.05~0.35 ○, 0.35 이상 ◎

2011년 배의 kg당 생산비의 분포를 보면 kg당 생산비가 1,200원 미만인 농가가 전체의 30%이다. 나머지 70%는 kg당 생산비가 1,200원을 상회하고 있다. 37% 농가는 kg당 생산비가 1,500원 이상으로 경영 상황이 매우 취약한 것으로 나타났다.

앞으로 무역자유화에 따라 중국, 미국과 국제적인 경쟁을 해야 하는 상황에서 현재 생산비가 많이 소요되는 37%의 농가는 경영에 많은 어려

움이 예상된다. 따라서 비용 절감을 위한 농가의 노력이 더욱 요구되며, 또한 일부 고비용 농가는 작목전환 등 경영의 구조적인 개선이 필요하다.

03 경영 개선

Pear cultivation

가 경영 개선의 방향

경영 개선은 기본적으로 소득(순수익)을 증대하기 위하여 기술 혁신과 규모 확대로 생산량을 증대하고 품질을 향상시켜 농가수취 가격 제고와 조수입 증대 및 비용을 절감하는 방향으로 이루어져야 한다. 그러나 현실에서는 비용을 절감하기 위해 퇴비 사용량을 줄이면 수량이 감소하고 품질이 떨어지는 등 생산량 증대, 품질 향상, 비용 절감 등이 서로 상반되는 경우가 대부분이다.

따라서 합리적인 경영 개선이란 이러한 상반된 상황에서 농가의 여건에 맞는 의사 결정을 하고 이를 경영에 반영하는 작업으로 농가의 여건에 따라서 각기 다른 방식으로 이루어질 수 있다.

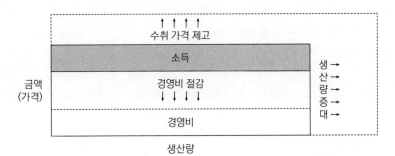

(그림 8-8) 경영 개선의 기본 방향

나 집약기술로 수량 증대

배 경영농가의 단수 수준 분포를 보면 기술 수준이 낮은 하위 19% 경영체의 10a당 수량은 2,000kg 미만이며 기술 수준이 높은 상위 8% 경영체의 단수는 3,500kg 이상이다.

단수 수준이 높을수록 경영비가 증가하는 경향을 보이고 가격은 다소 낮아지는 경향은 있으나, 수량 증대에 의한 조수입 증대가 상대적으로 높아 소득이 크게 증가하고 있다. 수량 증대는 이에 따른 비용 증가를 감안하더라도 중요한 경영 개선의 과제이다.

표 8-7 배의 10a당 단수 수준별 경영 성과(2011) (단위 : 천 원, kg/10a)

구분		2,000kg 미만	2,000kg ~2,500kg 미만	2,500kg ~3,000kg 미만	3,000kg ~3,500kg 미만	3,500kg 이상
농가 수(호)		36	64	49	22	14
조수입	금액	3,956	5,040	5,517	6,226	7,374
	수량	1,686	2,267	2,743	3,236	4,126
	가격	2,305	2,164	1,964	1,897	1,703
경영비		1,622	2,210	2,254	2,480	2,498
소득		2,334	2,830	3,263	3,746	4,876

다 생력화로 규모 확대

배 경영농가의 경영 규모를 살펴보면 1ha 미만과 1~2ha 수준이 각각 전체 농가의 36.8%, 35.1%로 가장 많은 비율을 차지하고 있다. 규모에 따른 수익성을 보면 1ha 미만에서 소득이 가장 높은 것으로 나타났으며 3ha 이상의 규모에서의 10a당 소득이 가장 낮은 것으로 나타났다. 이는 1ha 미만의 규모에서는 자가노력중심의 경영으로 집약적 생산에 따른 수량 증대와 고용 노력을 타 규모에 비하여 적게 투입되었기 때문이다. 단위면적당 소득은 1ha 미만의 농가가 높으나 전체적으로 배 전문 경영으로 가족이 영위할 수 있는 소득을 확보하기 위해서는 규모화가 필요하다.

규모 수준별 투입 노동 시간을 보면 규모화 시 고용 노동력의 증가로 노동 효율이 낮아질 수 있음에도 노동 시간이 감소하는 경향을 보이고 있다.

배 경영에 있어서 규모화는 면적 확대뿐만 아니라 단위면적당 경영비의 절감, 노력 절감 효과 등 유리성이 크다. 따라서 규모화를 통한 경영 개선이 바람직할 것으로 판단된다.

표 8-8 배의 경영 규모별 수익성과 노동 시간 　　　　　　　　(단위 : 천 원, 시간/10a)

구분		1ha 미만(A)	1ha~2ha 미만	2ha~3ha 미만	3ha 이상(B)	B/A
농가 수(호)		68	65	31	21	-
조수입	금액	5,628	5,177	5,174	4,565	0.81
	수량	2,641	2,608	2,297	2,327	0.88
	가격	2,137	1,959	2,208	2,009	0.94
비용	경영비	2,254	2,071	2,096	2,237	0.99
	생산비	3,852	3,388	3,095	2,964	0.77
수익	소득	3,374	3,107	3,079	2,328	0.69
	순수익	1,776	1,789	2,079	1,601	0.90
면적(ha)		0.6	1.3	2.3	3.7	6.17
노동 시간	자가	145.5	110.0	83.8	57.4	0.39
	고용	53.3	49.1	57.8	67.6	1.27
	계	198.8	159.1	141.6	125.0	0.63

　규모화를 위해서는 생력화가 전제되어야 한다. 생력화는 노동 시간의 절약, 노동강도의 약화, 노동집중의 분산으로 나누어 생각할 수 있다.

　배 재배에서 가장 노동력이 많이 소요되는 작업은 수확과 봉지 작업, 열매솎기 작업이며 이러한 작업들은 작업 시기가 한정되어 노동이 집중적으로 소요되기 때문에 규모 확대에 걸림돌이 되고 있다. 수확과 봉지 작업, 열매솎기 등의 작업에서의 생력화를 위해서는 작업의 효율성을 높이기 위한 Y자형 밀식재배를 도입하고 노동 시간의 분산 및 경영 안정을 위해 숙기별로 품종을 안배해야 한다. 적과제 및 수확기계의 도입은 아직 이루어지지는 않고 있으나 계속적인 개발 및 검토가 필요하다.

표 8-9 배 작업 단계별 소요 노동 시간 및 생력화 방안(2010)　　　　　(단위 : 시간/10a)

작업 단계별	노동 투하 시간				생력화 방안
	계(A)	자가	고용(B)	B/A(%)	
시비	6.8 (4.0)	6.6	0.2	2.9	관비재배
전지전정	20.8 (12.2)	17.8	3.0	14.4	Y자형 밀식재배
경운정지	1.9 (1.1)	1.9	–	–	대형 기계, 공동 이용
여름 관리	13.5 (7.9)	11.0	2.5	18.5	Y자형 밀식재배
결실 관리	6.0 (3.5)	3.7	2.3	38.3	인공수분, Y자형 밀식재배
열매솎기	24.8 (14.5)	13.9	10.9	44.0	Y자형 밀식재배
봉지 씌우기/벗기기	28.8 (16.8)	14.5	14.3	49.7	–
병해충 방제	8.1 (4.7)	7.4	0.7	8.6	SS기 이용, 적기 방제
제초	3.3 (1.9)	3.1	0.2	6.1	초생재배
수확	27.3 (16.0)	16.8	10.5	38.5	품종 안배, Y자형 밀식재배
운반 및 저장	7.3 (4.3)	5.9	1.4	19.2	작업로 설치
선별 및 포장	20.6 (12.0)	14.7	5.9	28.6	산지 유통센터 이용
기타	1.8 (1.1)	1.7	0.1	5.6	–
계	171.0 (100.0)	119.0	52.0	30.4	–

주) 여름 관리는 유인 및 하계전정, 결실 관리는 인공수분 작업임

　　생력화는 대형 기계의 이용을 전제로 하는 경우가 많은데, 이는 우선 작업로의 확보와 농기계의 공동 이용을 통한 경제성의 확보가 전제되어야 한다.

　　선별과 포장은 산지 유통센터를 통해 공동 작업, 공통 출하로 작업을 외부에 위탁하여 노동력의 집중을 완화하며 작업 효율을 증진한다. 또한 선별이 객관적 기준에 의해 정확하게 이루어짐으로써 상품의 신뢰성을 제고할 수 있다.

상품성 향상 및 판매 관리로 가격 제고

　배는 단위면적당 수량과 품질(가격)은 서로 상반된 관계를 보이는 경향이 있다. 즉 품질 관리에 중점을 둘 경우 수량성에 문제가 있고 수량성에 중점을 두면 품질(가격)에 문제가 있다. 가격 제고를 위한 포장, 선별, 브랜드화 등의 상품성 제고와 판로, 판매 시기 조절 등은 비용 증가를 유발할 수 있다. 따라서 배 경영은 품질과 수량, 가격과 비용 등을 조화시키는 경영 관리가 필요하다.

　판매 시기에 따른 가격의 차이는 매우 큰데, 이를 조절하는 방법은 품종, 저장 등이 있다.

　품종은 작업 시기의 집중 및 경영 안정을 고려하여 3~4개 품종을 안배하여 재배하는 것이 바람직하다. 저장의 경우는 최근 저장고의 증가와 수입과일(오렌지, 포도)의 증가로 배의 단경기 가격이 매우 불안정하다. 출하 시기를 유동적으로 분산하여 출하하며, 배 가격 및 저장량 동향 등의 국내 정보와 미국의 오렌지, 칠레의 포도 작황에 관한 정보에도 관심을 가져야 한다.

　또한 3월부터 출하하는 저온 저장 과일은 수입과일 및 국내 과채류와의 소비 경합의 문제를 고려하여 맛(당도)이 좋고 저장성이 높은 대과 중심으로 저장한다. 유통 과정에서의 품질 저하를 방지할 수 있는 시스템을 전제로 유통하여 경쟁력을 높여야 한다.

　상품성은 선별, 포장, 브랜드화 등과 관련된다. 선별의 경우 속박, 표기와 내용물의 불일치, 지역별·시기별·농가별 선별 기준의 불일치 등으로 소비자(상인)로부터 신뢰감을 잃을 경우 제값을 받기는 어렵다. 따라서 지역 공동의 선별 기준으로 산지 유통센터에서 공동 선별, 출하하는 방안을 고려할 필요가 있다. 선별 등급 기준은 선별 소요 노동력과 규모를 감안하여 소비자가 등급·선별 차이를 인식할 수 있어 가격 차별화 효과가 있도록 설정되어야 한다.

　포장의 디자인은 상품 보호, 운반 편리성, 상품 이미지, 특성 전달 등을 고려해야 한다. 포장 단위는 소비자의 취급 편리성, 소비자 구매력, 시기, 판로, 포장재 비용, 운송과 상하차 효율 등을 고려해야 한다. 특히 소비 수준 향상과 핵가족화 등으로 깨끗한 개방형 포장, 소포장 등이 선호되고 있다.

상품의 브랜드는 타 지역, 타 농가와 구별되는 기능이나 특색을 표현하는 것으로 가격 제고, 수요 확대, 안정화 등의 효과가 있어 농산물 브랜드화에 대한 기대가 농업인들 사이에 급증하고 있다. 하지만 농산물 브랜드 파워가 형성된 것은 극히 일부에 불과하다. 실제 브랜드의 형성을 위해서는 선별 철저, 품질 균일화, 전속 출하, 물량 규모화, 규격화, 디자인 다양화 등을 통해 지속적으로 소비자 인지도를 제고해야 한다.

새로운 농산물 판로로 대형 유통업체가 등장하고 있다. 대형 유통업체를 통한 판매는 기존의 도매시장 출하와는 다른 접근 방법과 출하 전략을 가져야 한다. 대형 소매업체와의 직거래는 업체별로 품질 규격에 대한 요구조건이 다르기 때문에 출하농가가 이러한 요구조건에 따라야 하며 업체마다 차이는 있으나 대체로 정기, 정량, 정품질, 정시 유통을 선호해, 이에 부응할 수 있어야 한다. 또한 직거래 계약을 체결할 때는 가격 결정 방식, 대금 결제 조건, 수송, 거래 규모 등이 사전에 충분히 검토되어야 한다.

〈부록 1〉

배 경영 표준 진단표

진단일자　년　월　일

진단횟수　[　　]번째

1. 농가 일반 현황

▶ 경영주 인적 사항

○ 경영주 성명 [　　　　　　　]　　　연령 [　　　　　　]세

○ 주소　　시도　　　시군구　　　읍면동　　　리　　　번지

○ 전화번호 [　]-[　]-[　　]　FAX번호 [　]-[　]-[　]

○ 전자우편 주소 [　　　　　　　　　　　　]

○ 배 재배 경력 [　　　]년

▶ 경영 규모 및 주요 농기계/시설

○ 전체 과수원 면적 [　　　]평

○ 주요 농기계 보유 현황　트랙터 [　　　]대,　　SS기 [　　　]대

▶ 생산 및 소득

○ 연간 배 생산량 [　　　]kg

○ 연간 추정 농업 소득

– 배 소득 [　　　]만 원,　배 이외 소득 [　　　]원

2. 경영 성과 지표

성과 지표	I	II	III	IV	V
300평당 수량 [　]kg	2,300kg 미만	2,300~3,200kg	3,200~4,100kg	4,100~5,000kg	5,000kg 이상
상등품률 [　]%	19% 이하	20~39%	40~59%	60~79%	80% 이상
300평당 소요 노동 [　]시간	360시간 이상	300~359시간	24~0299시간	180~239시간	180시간 미만
경영 규모 [　]평	1,500평 미만	1,500~3,000평	3,000~4,500평	4,500~6,000평	6,000평 이상

※ 경영 성과 지표별 [　]안에 숫자를 기록한 다음 해당 단계의 빈칸에 O표

※ 상등품률은 생산량 중에서 표준 출하 규격의 특품·상품이 차지하는 비율

3. 세부 평가 진단표

〈과원 구조〉

※ 각 항목 해당 빈칸에 O표를 하시오.

경영 성과 지표	I (20점)	II (40점)	III (60점)	IV (80점)	V (100점)
토양개량(유기물 함량, 질소, 인산, 칼리, 석회, pH)	토양검정을 하지 않았음	토양검정 결과 문제점이 3개 이상	토양검정 결과 문제점이 2개 이상	토양검정 결과 문제점이 1개 이상	토양검정 결과 문제점이 없음
배수시설	전 면적에 암거 및 명거배수시설 보완이 필요함	일부 면적에 암거 명거배수시설 보완이 필요함	전 면적에 명거배수시설은 되었으나 일부면적에 암거배수시설 보완이 필요함	일부 면적에 명거 및 암거배수 시설 또는 배수시설이 필요없는 토양	전 면적에 명거 및 암거(+홀 기공) 배수시설
관수시설	가뭄이 들어도 관수하지 못함	고랑관수 또는 이동식 스프링클러로 관수	50% 이하의 면적에 점적 또는 스프링클러 관수시설	대부분의 면적에 점적 또는 스프링클러 관수시설	전 면적에 점적 또는 스프링클러 관수시설, 자동 조절에 의한 관수
덕(지주)시설	덕 또는 지주시설 이 없음	덕 높이:2m 이하, 또는 2.2m 이상 〈Y자밀식 때〉 아치형 지주	덕 높이:2~2.2m 〈Y자밀식 때〉 삼각형 지주, 지주 높이: 2.5m 이상 또는 2.3m 이하, 주간 높이: 50cm 이하	덕 높이:2~2.2m 중간받침 지주설치 〈Y자밀식 때〉 삼각형 지주, 지주 높이: 2.3~2.5m 주간 높이: 50~70cm	덕 높이:2~2.2m 중간받침지주, 당김줄설치 〈Y자밀식 때〉 삼각형 지주, 지주 높이: 2.3~2.5m 주간 높이: 70~90cm
가지 유인	주지, 부주지 위주로 결실	가지가 활처럼 구부러지게 유인	주지 상·하부에서 발생한 가지를 곧게 유인	가지를 곧게 유인. 가지 끝이 수평보다 낮음	주지 측면에서 발생한 가지를 곧게 유인. 가지 끝이 수평보다 높음
수관 확보율	50% 이하	60~69%	70~79%	80~89%	90% 이상
새 가지 생장 저지율(7월초)	19% 이하	20~39%	40~59%	60~79%	80% 이상
조, 중, 만생 품종 안배 (과일판매 품종)	주 품종이 90% 이상, 품종 수는 2개 이하	주 품종이 90% 이상, 품종 수는 2개 이하	주 품종이 80% 이상, 품종 수는 3개 이상	주 품종이 70~79% 이상, 품종 수는 3개 이상	주 품종이 70% 미만, 품종 수는 3개 이상

※ 배수시설의 암거는 땅속, 명거는 땅위에 물이 고이는 것을 방지하는 시설
※ 수관 확보율은 전체면적에서 수관이 차지하는 비율을 주관적으로 판단
※ 신초 생장 정지율은 전체 신초 가운데 생장을 멈추는 신초의 비율

〈과수원 관리〉

세부 요소	I (20점)	II (40점)	III (60점)	IV (80점)	V (100점)
정지전정	정지전정법을 모르므로 매년 다른 사람에게 맡겨서 전정	주지와 부주지상의 단파지 위주로 전정	측지 위주로 전정, 5년생 이상의 굵은 결실지가 많음	측지 위주로 전정, 5년생 이상의 결실지가 없음	품종 특성에 따라 측지 또는 장과지 전정, 5년생 이상의 결실지 없음
시비	비료 판매처의 추천에 따라 시비	주위 독농가 과수원 시비를 모방하여 시비	토양 특성과 추천 시비량을 감안하여 시비	토양 특성과 수세비를 감안하여 시비	토양검정, 엽 분석 결과 및 수세를 감안하여 시비
잡초 관리	개화기부터 수확기까지 전면적의 잡초를 주로 인력으로 제초	개화기부터 수확기까지 전면적의 잡초를 주로 제초제로 제초	개화기부터 수확기까지 전면적의 잡초를 주로 베어서 깔음	개화기부터 수확기까지 수관 하부는 제초제 사용, 나머지는 베어 깔음	개화기부터 수확기까지 수관 하부는 피복하고, 나머지는 베어 깔음
병해충 병제 방법	주로 농약 판매처의 추천으로 농약을 선택하여 방제 작업	주로 독농가 과수원의 방제 작업을 모방하여 농약을 선택하여 방제	방제력에 따라 예방위주로 농약을 선택하고, 정기적으로 방제 작업	병해충 발생 예찰 결과에 따라 농약을 선택하고 방제 작업	주산지 공동으로 병해충 종합 관리 체계에 따라 농약을 선택하고 방제 작업
농약살포 횟수	16회 이상	14~15회	12~13회	10~11회	9회 이하
수분	수분에 무관심	수분수 가지 매달기	수분수 가지 흔들기 수분 작업	수분수 꽃을 미리 준비하고 꽃 맞추기 수분 작업	화분을 미리 준비하고 꽃 피는 순서에 따라 수분 작업
적뢰,적화, 적과	모든 품종을 동시에 인력 적과	조생종부터 인력 적과	조생종부터 적화, 적과	조생종부터 적뢰, 적화, 적과	단과지군 정리. 조생종부터 적뢰, 적화, 적과
평균 봉지 매수	15kg 상자당 43매 이상	15kg 상자당 39~42매	15kg 상자당 35~38매	15kg 상자당 31~34매	15kg 상자당 30매 이하

※ 평균 봉지 매수는 봉지 씌운 총 매수를 과일 상자 수로 나누어 산출

〈경영 관리〉

세부 요소	I (20점)	II (40점)	III (60점)	IV (80점)	V (100점)
농기계 이용 체계	경운기, 동력 분무기 (호스 끌고 다님)	경운기, 동력 분무기 (호스 깔아 놓음)	경운기, SS기	트랙터, SS기	트랙터, 부착 SS기 등의 작업기
자재 구입 (비료, 농약, 제재료)	자재 판매처가 추천하는 대로 개별 구입	대부분의 자재를 개별적으로 선택하고 협상하여 구입	금액 기준으로 30~59%를 생산자 조직 공동으로 구입	금액 기준으로 60~89%를 생산자 조직 공동으로 구입	금액 기준으로 90%를 생산자 조직 공동으로 구입
저장	저장하지 않음	야적 또는 간이 저장고에 저장	일반 저장고에 저장	개별적으로 저온 저장고에 저장	생산자 조직 공동 저장고에 저장을 맡김
선별 (등급화 포장)	선별하지 않음	개략적으로 선별하고, 포장은 하지 않음	인력으로 크기와 품질에 따라 선별하고, 표준 출하 규격으로 포장	농가에서 과일 선별기로 크기와 품질에 따라 선별하고, 표준 출하 규격으로 포장	생산자 조직 공동 선과장에 선별과 포장을 맡김
출하처	주로 농가를 찾아오는 산지 수집상에 판매	위탁상에 출하	산지 공판장에 상장 또는 직판장을 개설하여 판매	생산자 조직 브랜드로 도매시장에 개별 상장	생산자 조직이 시장 개척, 홍보, 출하처 관리
경영 기록 및 분석	수입·지출기록, 작업일지기록, 농약살포·약해기록, 경영 성과 분석을 모두 하지 않음	왼쪽 항목 중 1가지만 함	왼쪽 항목 중 2가지만 함	왼쪽 항목 중 3가지만 함	왼쪽 항목 중 모두 실시하고 있음
자금 관리	자금 관리에 대하여 특별히 신경쓰는 부분이 없음	자금 소요 및 조달에 관하여 대략적 계획 운영	연간 예상 수익과 소요 자금을 산출하여 연간 자금 운영 계획을 수립한 후 자금 관리	장기 사업 계획 수립에 의하여 연차별 자금 운영 계획을 수립하여 자금 관리	장기 사업 계획 수립에 의하여 연차별 자금확보계획 및 매년 월간 자금 흐름을 파악하여 자금 관리
농업 정보 활용	관심이 없음	신문, 텔레비전 등의 대중매체에 의존	농업관련 전문 잡지 구독	농업관련 기관에서 정보 수집 활용	컴퓨터 통신 등을 통하여 종합 정보 수집 이용

※ 생산자 조직이란 농협, 조합법인, 작목반 등을 의미

4. 종합 평가 진단표

세부 요소		배점	평가 등급					점수
			I	II	III	IV	V	
과원 구조 (40)	① 토양개량	7	1.4	2.8	4.2	5.6	7	
	② 배수시설	4	0.8	1.6	2.4	3.2	4	
	③ 관수시설	4	1	1.6	2.4	3.2	4	
	④ 덕(지주)시설	5	1	2	3	4	5	
	⑤ 가지 유인	5	1.2	2	3	4	5	
	⑥ 수관 확보율	6	0.8	2.4	3.6	4.8	6	
	⑦ 새 가지 생장 정지율	4	1	16	2.4	3.2	4	
	⑧ 품종 안내	5	1	2	3	4	5	
과원 관리 (30)	① 정지전정	5	0.8	2	3	4	5	
	② 시비	4	0.8	1.6	2.4	3.2	4	
	③ 잡초 관리	4	0.6	1.6	2.4	3.2	4	
	④ 병해충 방제 방법	3	0.8	1.2	1.8	2.4	3	
	⑤ 농약살포 횟수	4	0.8	1.6	2.4	3.2	4	
	⑥ 수분	4	0.8	1.6	2.4	3.2	4	
	⑦ 적뢰, 적화, 적과	4	0.4	1.6	2.4	3.2	4	
	⑧ 평균 봉지 매수	2	0.8	0.8	1.2	1.6	2	
경영 관리 (30)	① 농기계 이용 체계	4	0.8	1.6	2.4	3.2	4	
	② 자재 구입	4	0.8	1.6	2.4	3.2	4	
	③ 저장	3	0.6	1.2	1.8	2.4	3	
	④ 선별포장	4	0.8	1.6	2.4	3.2	4	
	⑤ 출하처	3	0.6	1.2	1.8	2.4	3	
	⑥ 경영 기록 및 분석	4	0.8	1.6	2.4	3.2	4	
	⑦ 자금 관리	4	0.8	1.6	2.4	3.2	4	
	⑧ 농업 정보 활용	4	0.8	1.6	2.4	3.2	4	
합계		100	(20)	(40)	(60)	(80)	(100)	

※ 세부 요소별 해당 평가 등급에 O표 한 후 해당 점수를 점수란에 기입

〈부록 2〉
배 경영 핵심사항

성공 요인	세부 요인	효과	목표

과수원 구조	^ 토양개량
	^ 관수, 배수시설
	^ 덕(지주)시설
	^ 가지 유인
	^ 적절한 신초 생장
	^ 조, 중, 만생 품종 안내
		– 과비 억제, 수분 조절, 풍해 방지, 적절한 수고 유지로
		  생력화, 수량 증대, 품질 향상
		– 공간의 최대 이용, 수세 안정으로 수량 증대,
		  품질 향상
		– 수확 노력 분산과 가루받이나무 배치
			〈노동 투하〉
			338시간/10a
			→ 180 미만

과수원 관리	^ 측지전정 ^ 유기물 사용, 적정 시비 ^ 초생재배 ^ 병해충 종합 관리 ^ 정밀 수분 ^ 적뢰, 적화, 적과 ^ 봉지 씌우기	– 반발 과번무 방지 – 과미, 미량요소 결핍 방지 – 토양유실 방지, 유기물 공급 – 식품 안정성 신뢰도 제고 – 수분율 향상으로 정형과 생산 – 노동력 분산 – 품질 향상(색택, 모양)	〈수량〉 2,439kg/10a → 5,000 이상 〈상등품률〉 30% → 80
경영 관리	^ 농기계 이용 체계 ^ 자재 구입 ^ 저장 ^ 선별, 포장, 출하 공동화 ^ 경영 기록 및 분석 ^ 자금 관리 ^ 농업 정보 활용	– 생력화 – 대량 구매 및 판매로 물류비 절감 – 출가 조절로 판매 가격 제고 – 상품의 균질화, 노동력 절감 – 지속적 경영 개선 – 경영의 안정성 확보 – 최신 경영 기술의 도입	

〈부록 3〉

배속(屬)의 기본종(基本種)과 이름의 지리적 분포

분류	學名	韓國名	英名	日本名	中國名	分布地域
아시아産 山梨類(2心室) Asian(pea) pears	P. calleryana D_{ECNE-}	콩배나무[1,2]	Callery(pea)pear	マメナシ	豆梨 棠梨	중국 중부, 남부, 한국 중부 이남
	P. koehnei $S_{CHNEID-}$			ダイワンイヌナシ		중국 남부, 대만
	P. fauriei $S_{CHNEID-}$	산돌배나무 (좀돌배나무,문배)	Faury(pea)pear	チョウセンマメナシ		한국
	P. dimorphophylla M_{AKINO}		Japanese(pea)pear	マメナシ	杜梨	일본 중부
	P. betulaefolia B_{UNGE}		Ussurian(pea)pear	ホクシマメナシ		중국 동북부, 중부
아시아産 大梨種(5心室) Asian large-fruited pears	P. pashia D. D_{ON-}	돌배[3](돌배나무)	Indian wild pear	ヤマナシ	川梨	인도, 네팔, 파키스탄, 중국 남부
	P. pyrifolia N_{AKAI}		Japanese pear	アオナシ	砂梨	한국 남부(전남, 경남, 중북, 강원)
	P. hondoensis N_{AKAI}, et K_{IKUCHI}			ホクシヤマナシ	秋子梨	일본, 중국 중남부, 대만, 일본 중남부
	P. ussuriensis M_{AX-}	산돌배[4]	Ussurian pear			한국 북부, 시베리아; 중국 동북부
地中海 沿岸 西 아시아種	P. amygdaliformis V_{ILL-}		Oleaster pear			지중해 지방; 남유럽
	P. elaeagrifolia P_{ALL-}					터키, 그림반도, 남동유럽, 이란 남부
	P. glabra B_{OISS-}				胡頹子梨	이란, 러시아
	P. salicifolia P_{ALL-}				柳協梨	북동아프리카, 레바논
	P. syriaca B_{OISS-}				敍利亞梨	이스라엘, 이란
	P. regelii R_{EHD-}					아프가니스탄, 러시아
北 아프리카 種	P. longipes Coss. et D_{UR-}					알제리
	P. gharbiana T_{RAB-}					모로코
	P. mamorensis T_{RAB-}					모로코
유럽種	P. communis L	서양배	pear snow pear		洋梨	서유럽, 남동유럽, 터키
	P. nivalis J_{ACQ-}					유럽 서부, 중부, 남부
	P. cordata D_{ESV-}					프랑스, 스페인

우리나라의 배 자생종

種名	韓國名	Variety名	韓國名	自生地
Pyrus ussuriensis M$_{AXIMOWICZ}$	산돌배[4] (전북, 경남을 제외한 전국)	P. ussuriensis var. pubescens N$_{AKAI}$ diamantica U$_{YEKI}$	털산돌배나무	경남, 강원, 경기
P. nankaiensis(N$_{AKAI}$) L$_{EE}$			금강산(돌) 배나무	금강산
P. seoulensis(N$_{AKAI}$) L$_{EE}$			남해배나무	경남 남해
			문배나무	서울 청량리
Pyrus acidula N$_{AKAI}$		" macrostipes(N$_{AKAI}$) L$_{EE}$	참배	평안남·북도
		" viridis(N$_{AKAI}$) L$_{EE}$	참실리	중부 지방
		" spontana(N$_{AKAI}$) L$_{EE}$	취안네(쥬안네)	평남
		" Max. var. chong kwa tong U$_{YEKI}$	靑過冬	평양
		" " var. pyriformis U$_{YEKI}$	長文梨	수원
		" " var. pyong be U$_{YEKI}$	병배	수원
		" " var. maliformis U$_{YEKI}$	牛黃梨	수원
		" " var. ovoidae Rehder f. major U$_{YEKI}$	黃梨	평양, 수원
		" " var. fusca U$_{YEKI}$	황실네	
		" " var. shampali N$_{AKAI}$	長肥梨	
		" " var. typica U$_{YEKI}$	林檎梨	
		" " var. typica f. P$_{ING-LI}$	平梨	
		" " var. maliformis Uek f. xcleroma	문배	
		" " var. scabra U$_{YEKI}$	荒州梨	
		" " var. typica U$_{YEKI}$ f.shull U$_{YEKI}$	秋梨	
P. hakunensis(N$_{AKAI}$) L$_{EE}$			백운산배나무	全南 광양 백운산

배 속(屬)의 기본종(基本種) 및 이들의 지리적 분포

種名	韓國名	Variety名	韓國名	自生地
Pyrus pyrifolia(BURM.) NAKAI	돌배나무[3]	P. pyrifolia var. culta(Makino) NAKAI	일본배	중남 이남 산지 / 전국 각지 재배
Pyrus calleryana	위봉배나무[2]	P. calleryana	콩배나무[1]	황해도, 중남, 경기 이남
Pyrus uipongensis UYEKI(2~3심실)		P. uipongensis UYEKI P. uyematsuana Makino(3~5심실) P. pseudouipongensis UYEKI P. pseudocalleryana UYEKI	위봉배나무 들배나무 개위봉배나무 좌위봉배나무	전북 완주군 위봉산 전남 해남군 두륜봉 경기도 고양시 "
Pyrus fauriei SCHNEID		P. fauriei var. major NAKAI P. fauriei SCHNEIDER	황실네(잠배, 문전<分錢 蔔梨>) 좀돌배나무	전라도, 중남, 강원
Pyrus montana NAKAI			돌배나무	경기도
Pyrus macropuncto NAKAI		P. ovoidea REHD. var. Longipes NAKAI ex.k.	꽃지돌배나무 청실네, 청실리	경기, 경남 하동, 강원 고성
Pyrus maximowicziana (LEVL) NAKAI			고실네	한국 중남부
Pyrus ruffa NAKAI			백실네	중부
Pyrus vilis NAKAI			분실네	"
Pyrus permatura NAKAI			花草梨	"
f. pubescens NAKAI				

[1] Challice, J. S. 1973, Numerical taxonic studies of the genus Pyrus using both chemical and botanical characters. Bot. J. Linn. Soc. 67

[2] 이창복. 1989. 대한식물도감. 향문사

[3] 한국동식물도감 제 15권 식물편(유용식물), 1974, 문교부

[4] 한국에멸달사 우리나라의 배 자생종. 동먼집위원회, 1980. p.204~205

배

■ 위험요인 : 적과, 봉지 씌우기, 수확 (허리, 목, 어깨, 손/손목, 다리/무릎)

작업 단계	전지·전정	기비	적화 수정, 적과	병해충 방제	봉지 씌우기	제초	수확·포장·운반
작업 시기	1~3월	12~3월	4~5월	2월~10월	6월	5~8월	8월~11월
주요 유해요인	중량물, 작업 자세	분진, 중량물, 작업 자세	작업 자세	소음, 농약, 온열, 작업 자세	작업 자세	작업 자세, 소음, 온열, 유해 가스, 진동	중량물, 작업 자세

작업구분		문제점	주요 개선 방안
인간공학적요인	적과, 봉지 씌우기, 수확 (작업 자세)	■ 목을 20도 이상 젖히고 상완이 90도 이상 들린 전형적인 위를 보는 자세, 사다리 오르내림 자세 지속 ■ 수확 시 손가락을 모두 펼쳐서 잡고 손목을 굴절, 회전시켜 손가락과 손목 부담 가중 ■ 사다리 위에서 불안전한 자세(다리, 허리 긴장)로 작업시 추락 위험에 노출	■ 가볍고 발판이 넓은 개량형 사다리 활용 (일반 사다리 사용 시 추락 대비용 안전 매트 설치) ■ 동력 전정가위, 손·손목 보호대 활용 ■ 이동형 리프트 차량활용(평지에서 활용) ■ 목, 어깨, 허리 등 스트레칭 실시 ■ 가벼운 작업이라도 계속하지 않으며 적절한 휴식
	병해충 방제 (작업 자세)	■ 농약 줄 잡아당길 때 노동력 많이 소요	■ 농약 자동 호스 방제릴 활용
	수확, 운반 (작업 자세, 중량물)	■ 운반 시(20~35kg) 허리를 45도 이상 숙인 상태에서 들거나 적재시 가슴 위까지 들어 올리는 자세	■ 이동형 리프트 겸용 동력 운반차 사용 ■ 이동과 상차기능까지 가능한 이동식 컨베이어 설치
화학적요인	병해충 방제 (농약)	■ 병해충 방제 시 안전 보호구 착용 인식이 부족하여 보호구 미착용 또는 일부 착용하더라도 전용 보호 장구가 아니어서 고농도 농약에 노출될 우려가 큼	■ 안전 보호구 착용, 덮개가 없는 SS기에 저비용으로 보조 덮개를 설치하여 농약 노출 최소화 ■ 농약 중독 예방, 안전사고 예방 등 교육 ■ 바람 등지고 뒤로 후진하면서 방제 ■ 농약 살포 전 건강상태 체크 ■ 병해충 방제 횟수 최소화(친환경 재배로 전환)
물리적요인	병해충 방제, 제초 (온열)	■ 고온 노출로 육체적인 피로와 열사병, 일사병 등 위험	■ 냉음료 섭취, 얼음 조끼 활용 ■ 차광시설(그늘막, 파라솔 등)활용 ■ 온도 높을 때 병해충 방제 삼가 ■ 뜨거운 한낮 작업 금지
	제초 (소음, 진동)	■ 스피드 스프레이(SS기), 예취기 등 장기간 작업시 청력 피로, 국소 진동 노출	■ 귀마개(대화가 가능 할 정도로 되어야 함), 방진 장갑, 발목 보호대, 보호 장화 등 보호구 착용

-출처 : 농촌진흥청, 「농작업 유해요인 개선 방안」, 2013.

배

1판 1쇄 인쇄 2024년 05월 07일
1판 1쇄 발행 2024년 05월 13일
저   자 국립원예특작과학원
발 행 인 이범만
발 행 처 **21세기사** (제406-2004-00015호)
　　　　　경기도 파주시 산남로 72-16 (10882)
　　　　　Tel. 031-942-7861   Fax. 031-942-7864
　　　　　E-mail : 21cbook@naver.com
　　　　　Home-page : www.21cbook.co.kr
　　　　　ISBN 979-11-6833-154-9

정가 30,000원